建筑职业技能培训教材

电 焊 工

(技师 高级技师)

建设部人事教育司组织编写

中国建筑工业出版社

图书在版编目（CIP）数据

电焊工（技师　高级技师）/建设部人事教育司组织编写. —北京：中国建筑工业出版社，2005
（建筑职业技能培训教材）
ISBN 978-7-112-07656-7

Ⅰ. 电… Ⅱ. 建… Ⅲ. 电焊-焊接工艺-技术培训-教材　Ⅳ. TG443

中国版本图书馆 CIP 数据核字（2005）第 107228 号

建筑职业技能培训教材
电　焊　工
（技师　高级技师）
建设部人事教育司组织编写

*

中国建筑工业出版社出版、发行（北京西郊百万庄）
各地新华书店、建筑书店经销
霸州市顺浩图文科技发展有限公司制版
廊坊市海涛印刷有限公司印刷

*

开本：850×1168毫米　1/32　印张：$13\frac{3}{4}$　字数：370千字
2005年10月第一版　2016年1月第六次印刷
定价：**24.00**元
ISBN 978-7-112-07656-7
（13610）

版权所有　翻印必究
如有印装质量问题，可寄本社退换
（邮政编码 100037）

本书根据建设部最新颁布的《职业技能标准、职业技能鉴定规范和职业技能鉴定试题库》，由建设部人事教育司组织编写。本书主要内容包括：识图知识、金属热处理与金属材料知识、电工基础、常用焊接材料、焊接电弧及焊接冶金过程、常用金属材料的焊接方法、工艺及其应用、异种金属焊接、铸铁的焊接、焊接缺陷与质量检验、焊接应力和变形、典型金属结构的焊接、焊接工程施工管理等。

本书可作为电焊工技师、高级技师培训教材，也可作为相关专业工程技术人员参考用书。

* * *

责任编辑：吉万旺　朱首明
责任设计：董建平
责任校对：关　健　刘　梅

建设职业技能培训教材编审委员会

顾　　　问： 李秉仁
主 任 委 员： 张其光
副主任委员： 陈　付　　翟志刚　　王希强
委　　　员： 何志方　崔　勇　沈肖励　艾伟杰　李福慎
　　　　　　　杨露江　阚咏梅　徐　进　于周军　徐峰山
　　　　　　　李　波　郭中林　李小燕　赵　研　张晓艳
　　　　　　　王其贵　吕　洁　任予锋　王守明　吕　玲
　　　　　　　周长强　于　权　任俊和　李敦仪　龙　跃
　　　　　　　曾　葵　袁小林　范学清　郭　瑞　杨桂兰
　　　　　　　董海亮　林新红　张　伦　姜　超

出版说明

为贯彻落实《中共中央、国务院关于进一步加强人才工作的决定》精神，加快培养建设行业高技能人才，提高我国建筑施工技术水平和工程质量，我司在总结各地职业技能培训与鉴定工作经验的基础上，根据建设部颁发的木工等16个工种技师和6个工种高级技师的《职业技能标准、职业技能鉴定规范和职业技能鉴定试题库》组织编写了这套建筑职业技能培训教材。

本套教材包括《木工》（技师　高级技师）、《砌筑工》（技师　高级技师）、《抹灰工》（技师）、《钢筋工》（技师）、《架子工》（技师）、《防水工》（技师）、《通风工》（技师）、《工程电气设备安装调试工》（技师　高级技师）、《工程安装钳工》（技师）、《电焊工》（技师　高级技师）、《管道工》（技师　高级技师）、《安装起重工》（技师）、《工程机械修理工》（技师　高级技师）、《挖掘机驾驶员》（技师）、《推土铲运机驾驶员》（技师）、《塔式起重机驾驶员》（技师）共16册，并附有相应的培训计划和大纲与之配套。

本套教材的组织编写本着优化整体结构、精选核心内容、体现时代特征的原则，内容和体系力求反映建筑业的技术和发展水平，注重科学性、实用性、人文性，符合相应工种职业技能标准和职业技能鉴定规范的要求，符合现行规范、标准、新工艺和新技术的推广要求，是技术工人钻研业务、提高技能水平的实用读本，是培养建筑业高技能人才的必备教材。

本套教材既可作为建设职业技能岗位培训的教学用书，也可供高、中等职业院校实践教学使用。在使用过程中如有问题和建议，请及时函告我们。

建设部人事教育司
2005年9月7日

前　言

技师是技术工人队伍中具有高级技能的人才,是生产一线的重要力量,对提高产品质量、市场竞争力、单位荣誉等起着非常重要的作用。做好技师评聘工作,对鼓励广大技术工人钻研本身业务,提高技术素质,推动本单位技术进步以及稳定工人队伍有积极的促进作用。

为适应经济发展和技术进步的客观需要,进一步完善技师评聘制度和评聘工作的开展,满足建设行业对工人技师培训和考评的需要,根据建设部颁布的《职业技能标准》、电焊工(技师 高级技师)的理论知识(应知)、操作技能(应会)要求,结合全国建设行业全面实行建设职业技能岗位培训与鉴定的要求,按照《职业技能鉴定规范》电焊工(技师 高级技师)的鉴定内容而编写的。

本书主要包括识图知识、金属热处理与金属材料知识、电工基本知识、常用焊接材料、焊接电弧及焊接冶金过程、常用金属材料的焊接方法工艺及其应用、异种金属焊接、铸铁焊接、焊接缺陷与焊接质量检验、焊接安全技术与劳动保护等内容。

本教材汲取了有关教材的优点,采用了国家现行新标准和法定计量单位。适合考前培训用,可作为考前复习和自测使用,也可供技师考评及职业技能鉴定部门在命题时参考。

本教材一～六章由中国建筑一局(集团)有限公司培训中心高级讲师郭瑞编写,第七～十二章由中建一局安装公司高级工程师王守明编写。

本书在编写过程中,得到了中国建筑一局(集团)有限公司培训中心大力支持和帮助。陕西省建筑安装技工学校吕玲高级讲师对本书的编写提出了许多宝贵意见，在此一并表示感谢。

技师（高级技师）培训教材的编写我们是第一次，所以在教材中难免会有不足和错误之处，诚恳地希望专家和广大读者批评指正。

目 录

一、识图知识 ··· 1
(一) 装配图与零件图 ··· 1
(二) 焊接装配图与焊接符号 ·· 5

二、金属热处理与金属材料知识 ·· 15
(一) 金属及热处理知识 ··· 15
(二) 常用金属材料知识 ··· 22

三、电工基础 ··· 37
(一) 正弦交流电、三相交流电的基本概念 ························· 37
(二) 变压器与三相异步电动机的结构和基本工作
原理 ·· 43
(三) 低压电器 ·· 44

四、常用焊接材料 ··· 47
(一) 药皮的作用、类型、焊芯牌号及焊条的分类 ··············· 47
(二) 焊剂及分类 ··· 52
(三) 氩气和钨极 ··· 54

五、焊接电弧及焊接冶金过程 ··· 56
(一) 直流电弧的结构和温度 ··· 56
(二) 电弧静特性曲线的意义,电弧电压和弧长的
关系 ·· 57
(三) 对弧焊电源的基本要求 ··· 59
(四) 常用交、直流弧焊机的构造和使用方法 ······················ 61
(五) 焊丝金属的熔化及熔滴过渡 ····································· 66
(六) 焊缝金属的脱氧、脱硫、脱磷及合金化 ······················ 69
(七) 焊接熔池的一次结晶、二次结晶,焊接热循环的

含义及焊接接头组织和性能的变化……………………… 73
六、**常用金属材料的焊接方法、工艺及其应用** ……………… 80
 (一) 焊接接头 ……………………………………………… 80
 (二) 坡口形式、坡口角度和坡面角度的含义 …………… 80
 (三) 焊接工艺参数对焊缝形状的影响 …………………… 82
 (四) 手弧焊 ………………………………………………… 88
 (五) 埋弧焊 ………………………………………………… 91
 (六) 气体保护焊的工艺特点、焊接工艺参数 …………… 94
 (七) 等离子弧焊和切割 …………………………………… 101
 (八) 电渣焊 ………………………………………………… 105
 (九) 材料的焊接性及估算公式 …………………………… 108
 (十) 低合金结构钢及珠光体耐热钢的焊接性、焊接
   工艺和焊接方法 ……………………………………… 109
 (十一) 奥氏体不锈钢的焊接性、焊接工艺和焊接
    方法 ………………………………………………… 115
 (十二) 铁素体不锈钢与马氏体不锈钢的焊接
    工艺 ………………………………………………… 121

七、**异种金属焊接** ……………………………………………… 123
 (一) 金属材料的基本性能 ………………………………… 123
 (二) 异种金属的分类及其焊接性 ………………………… 126
 (三) 异种钢焊接 …………………………………………… 132
 (四) 不同珠光体钢的焊接 ………………………………… 140
 (五) 不同奥氏体钢的焊接 ………………………………… 145
 (六) 珠光体钢与奥氏体钢的焊接 ………………………… 153
 (七) 珠光体钢与高铬钢（铁素体钢，马氏体钢）的
   焊接 …………………………………………………… 163
 (八) 奥氏体钢与铁素体钢的焊接 ………………………… 168
 (九) 复合材料的焊接 ……………………………………… 172
 (十) 有色金属及其异种有色金属的焊接 ………………… 179
 (十一) 钢与有色金属的焊接 ……………………………… 222

八、铸铁的焊接 ························ 232
　（一）概述 ························ 232
　（二）铸铁焊接性分析 ··············· 238
　（三）灰铸铁焊接 ··················· 239
　（四）球墨铸铁焊接 ················· 251
九、焊接缺陷与质量检验 ··············· 256
　（一）焊接缺陷 ····················· 256
　（二）焊接质量检验 ················· 259
　（三）焊接质量检验标准 ············· 269
十、焊接应力和变形 ··················· 283
　（一）焊接应力和变形的基本概念 ····· 283
　（二）焊接应力 ····················· 285
　（三）焊接残余变形 ················· 293
　（四）焊接结构破坏 ················· 300
　（五）接头应力分布及其强度计算 ····· 315
十一、典型金属结构的焊接 ············· 324
　（一）压力容器的焊接 ··············· 324
　（二）梁、柱的焊接 ················· 336
十二、焊接工程施工管理 ··············· 351
　（一）焊接劳动安全卫生技术与管理 ··· 351
　（二）焊接质量管理 ················· 387
　（三）施工组织设计 ················· 416
附录 ································ 425
参考资料 ···························· 427

一、识图知识

（一）装配图与零件图

1. 装配图概述

装配图是表达机器或部件的工作原理、结构形状和装配关系的图样。在生产过程中，装配图是进行装配、检验、安装及维修的重要技术资料。如图 1-1 为千斤顶的装配图。一张完整的装配图应有以下内容。

（1）视图

视图是用以说明机器或部件的工作原理、结构特点、零件之间的装配连接关系及主要零件的结构形状。

（2）尺寸

装配图的尺寸是标注与机器或部件的性能、规格及装配安装等有关的尺寸。

（3）技术要求

用文字和符号指明机器或部件在装配、安装、检验及调试中应达到的要求。

（4）标题栏、明细表及零件序号

在装配图中，用标题栏填写部件的名称、图号、比例等，还需对每个零件编写序号，并在标题栏上方画出明细栏，然后按零件序号，自下向上详细列出每个零件的名称、数量、材料等。

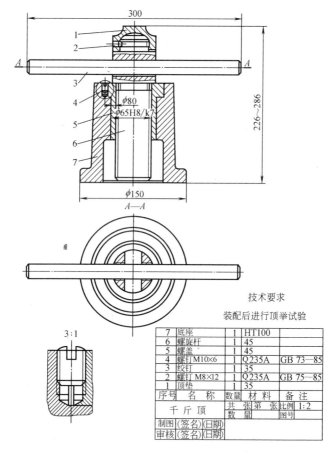

图 1-1 千斤顶装配图

2. 装配图表达方法

有关机件的各种表达方法都适用于装配图,但装配图还有其规定画法和特殊表达方法。

(1) 规定画法

装配图中,对于连接件和实心件,当剖切面通过基本轴线或对称面时,这些零件按不剖处理。当需要表达零件局部结构时,可采用局部剖视图。

相邻两个零件的接触面和配合面之间，规定只画一条轮廓线；相邻两个零件的非接触面，即使间隔很小，也必须画两条线。两个相邻接的零件在剖视图中的剖面线方向应该相反，或方向一致而间隔不等。

（2）特殊表达方法

1) 沿零件的结合面剖切和拆卸画法　在装配图中，为了把装配体某部分零件表达得更清楚，可以假想沿某些零件的结合面进行剖切或假想把某些零件拆卸后绘制，拆卸后需要说明时可注上"拆去件××"。

2) 零件的单独画法　在装配图中，可用视图、剖视图或剖面单独表达某个零件的结构形状，但必须在视图上方标注对应说明。

3) 假想画法　在装配图上，当需要表达某些零件的运动范围和极限位置时，可用双点画线画出该零件在极限位置的外形图。当需要表达本部件与相邻部件的装配关系时，可用双点画线画出相邻部分的轮廓线。

4) 简单画法　装配图中若干相同的零件组（如螺栓连接等），可仅详细地画出一组或几组，其余的以点画线表示中心位置即可。

装配图中的标准件，如滚动轴承的一边应用规定表示法，而另一边允许用交叉细实线表示；螺母上的曲线允许用直线替代简化；零件的圆角、倒角、退刀槽等工艺结构允许省略不画。剖面厚度小于 2mm 时，允许以涂黑来代替剖面线。

3. 装配图的尺寸标注

装配图的尺寸标注与零件图不同，在装配图中，只需标注下列几种尺寸。

（1）规格尺寸

说明机器（或部件）的规格性能的尺寸，它是设计产品的主要根据。

（2）外形尺寸

表示机器（或部件）的总长、总宽和总高尺寸。外形尺寸表明了机器（或部件）所占的空间大小，供包装、运输和安装时参考。

4. 零件图

零件图是表示零件结构、大小及技术要求的图样。机器或部件在制造过程中，首先根据零件图做生产前的准备工作，然后按照零件图中的内容要求进行加工制造、检验。它是组织生产的重要技术文件之一。零件图所表达的内容，由图 1-2 滑动轴承的轴承座零件图中可看出，有标题栏、图形、尺寸、技术要求等。按这样的图纸所确定的内容进行生产，能够制造出符合设计要求的合格的产品。

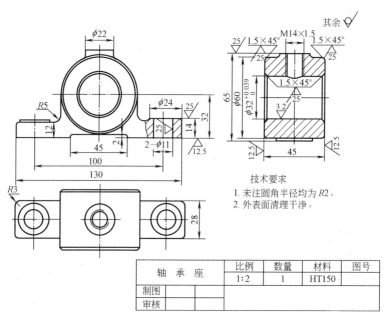

图 1-2　轴承座零件图

5．装配体测绘

设备的分解、组装、维修、仿制等生产过程中有时要进行装配体的测绘。装配体测绘的步骤和方法是：
（1）观察与了解装配体；
（2）拆卸装配体，绘制装配图示意图；
（3）零件测绘，画零件草图；
（4）画装配图和零件图。

（二）焊接装配图与焊接符号

1．焊接装配图的特点

通常所指的焊接装配图就是指实际生产中的产品零部件或组件的工作图。它与一般装配图的不同在于图中必须清楚地表示与焊接有关的问题，如坡口与接头形式、焊接方法、焊接材料型号和焊接及验收技术要求等。图 1-3 为一筒体的焊接装配图。

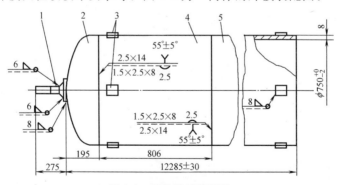

图 1-3 筒体焊接装配图

1—管子；2—封头；3—定位块；4—下筒体；5—上筒体

2．焊缝的符号及标注

焊缝符号是工程语言的一种，是用符号在焊接结构设计的图样中标注出焊缝形式、焊缝和坡口的尺寸及其他焊接要求。我国的焊缝符号是由国家标准 GB/T 324—1988 统一规定的。

(1) 焊缝符号 一般由基本符号与指引线组成。必要时还可加上辅助符号、补充符号和焊缝尺寸符号。其详细内容如下：

1) 常用焊接方法的代号。《金属焊接及钎焊方法在图样上的表示代号》GB/T 5185—1985 规定了各种焊接方法用数字代号表示。常用焊接方法的数字代号见表 1-1。

常用焊接方法的数字代号　　　　表 1-1

焊接方法	焊条电弧焊	氧乙炔气焊	钨极氩弧焊	埋弧焊	电渣焊	熔化极气体保护焊
数字代号	111	311	141	12	72	MIG:惰性气体保护焊 131 MAG:活性气体保护焊 135

2) 基本符号 基本符号是表示焊缝横截面形状的符号，见表 1-2。

基本符号　　　　表 1-2

序号	名称	示意图	符号
1	卷边焊缝① （卷边完全熔化）		八
2	I 形焊缝		‖
3	V 形焊缝		V
4	单边 V 形焊缝		V
5	带钝边 V 形焊缝		Y
6	带钝边单边 V 形焊缝		Y

续表

序号	名　称	示意图	符　号
7	带钝边 U 形焊缝		Y
8	带钝边 J 形焊缝		Ρ
9	封底焊缝		 ⌒
10	角焊缝	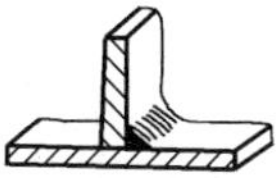	 ◿
11	塞焊缝或槽焊缝	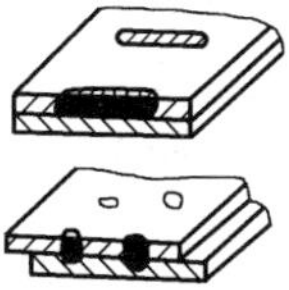	 ⊓
12	点焊缝	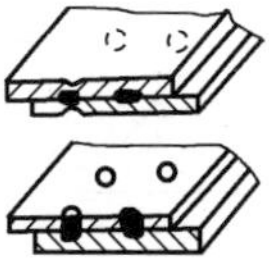	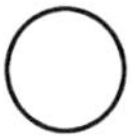 ○
13	缝焊缝	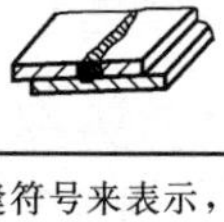	⊖

① 不完全熔化的卷边焊缝用 I 形焊缝符号来表示，并加注焊缝有效厚度 S。

3）辅助符号　辅助符号是表示焊缝表面形状特征的符号。如提出对焊缝表面形状和焊缝如何布置等要求，均可以用辅助符号表示（见表 1-3）。不需要确切地说明焊缝的表面形状时，可以不用辅助符号。辅助符号的应用示例，见表 1-4。

7

辅助符号   表 1-3

序号	名称	示意图	符号	说明
1	平面符号		——	焊缝表面齐平（一般通过加工）
2	凹面符号		⌣	焊缝表面凹陷
3	凸面符号		⌢	焊缝表面凸起

辅助符号的应用示例   表 1-4

名称	示意图	符号
平面V形对接焊缝		▽
凸面X形对接焊缝		⋈
凹面角焊缝		
平面封底V形焊缝		

4) 补充符号 补充符号是为了补充说明焊缝的某些特征而采用的符号，见表 1-5，补充符号应用示例见表 1-6。

补充符号   表 1-5

序号	名称	示意图	符号	说明
1	带垫板符号		▭	表示焊缝底部有垫板

续表

序号	名称	示意图	符号	说明
2	三面焊缝符号	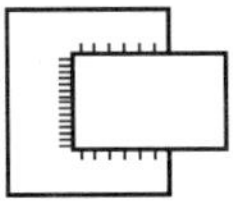	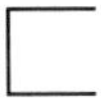	表示三面带有焊缝
3	周围焊缝符号	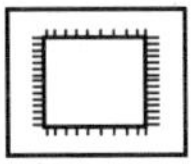	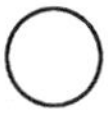 ○	表示环绕工件周围焊缝
4	现场符号		 ▶	表示在现场或工地上进行焊接
5	尾部符号		 <	可以参照有关标准标注焊接工艺方法等内容

补充符号的应用示例　　　　　表 1-6

示意图	标注示例	说明
	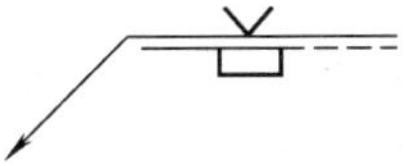	表示 V 形焊缝的背面底部有垫板
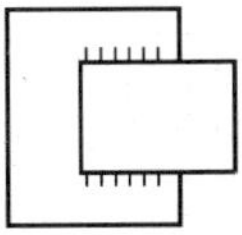		工件三面带有焊缝，焊接方法为焊条电弧焊
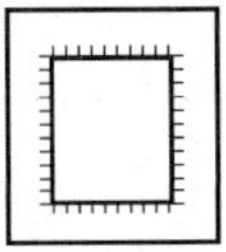	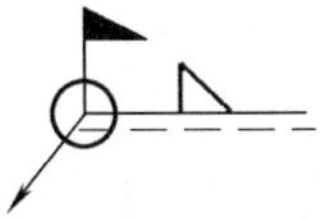	表示在现场沿工件周围施焊

5）指引线　指引线一般由带有箭头的指引线（简称箭头线）和两条基准线（一条为实线，另一条为虚线）两部分组成，如图 1-4 所示。

6）焊缝尺寸符号　焊缝尺寸符号见表 1-7 所示。

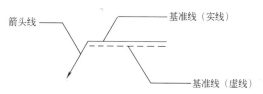

图 1-4 指引线

焊缝尺寸符号 表 1-7

符号	名称	示意图	符号	名称	示意图
δ	工件厚度		e	焊缝间距	
α	坡口角度		K	焊角尺寸	
b	根部间隙		d	熔核直径	
p	钝边		S	焊缝有效厚度	
c	焊缝宽度		N	相同焊缝数量符号	
R	根部半径		H	坡口深度	
l	焊缝长度		h	余高	
n	焊缝段数		β	坡口面角度	

常用焊缝的尺寸标注方法示例如表 1-8 所示。

常用焊缝的尺寸标注方法示例　　　表 1-8

名称	示意图	焊缝尺寸符号	示例
对接焊缝	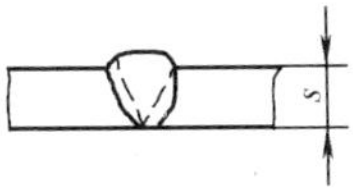	S：焊缝有效厚度	 S ∨ S ‖ S Y
卷边焊缝	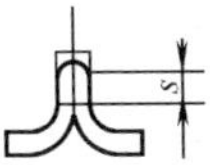	S：焊缝有效厚度	 S ‖ S 八
连续角焊缝	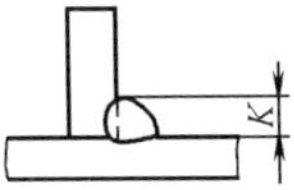	K：焊角尺寸	 K △
间断角焊缝	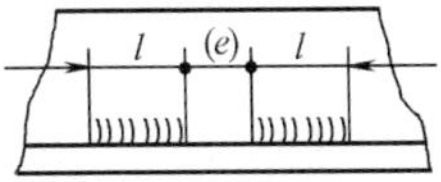	l：焊缝长度（不计弧坑） e：焊缝间距 n：焊缝段数	 K △ $n×l(e)$
交错间断角焊缝	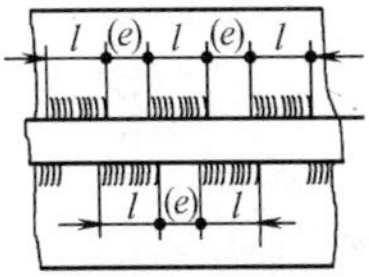	l e n　见表 1-7 K	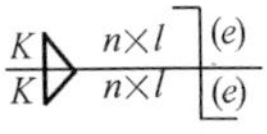 $\dfrac{K}{K}$ △ $\dfrac{n×l\ \ (e)}{n×l\ \ (e)}$

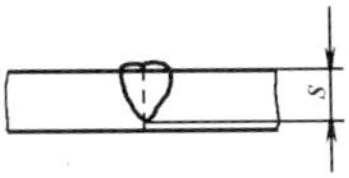

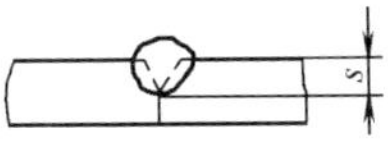

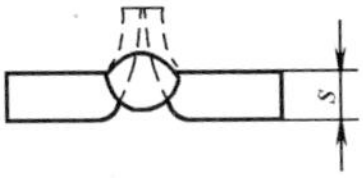

（2）焊缝符号在图样上的表示方法　在标注 V、单边 V、J 等形式焊缝时箭头线应指向带有坡口一侧，如图 1-5（b）所示，必要时，允许箭头线弯折一次，如图 1-5（c）所示。

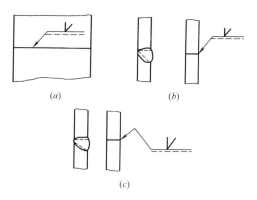

图 1-5 箭头线的位置

(a)、(b) 箭头线指向带有坡口一侧的焊件；(c) 必要时允许弯折一次

基准线的虚线可以画在基准线实线的下侧或上侧。

基本符号相对基准线的位置有如下规定（见图 1-6）：

1) 如果焊缝在接头的箭头侧，则基本符号标在基准线的实线侧。

2) 如果焊缝在接头的非箭头侧，则基本符号标在基准线的

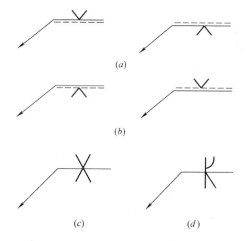

图 1-6 基本符号相对基准线的位置

(a) 焊缝在接头的箭头侧；(b) 焊缝在接头的非箭头侧；
(c) 对称焊缝；(d) 双面焊缝

虚线侧。

3）标注对称焊缝及双面焊缝时，可以不加虚线。

必要时，基本符号可附带有尺寸符号及数据。焊缝尺寸符号及数据的标注原则为：

1）焊缝横截面的尺寸标在基本符号的左侧。

2）焊缝长度方向尺寸标在基本符号的右侧。

3）坡口角度、坡口面角度、根部间隙等尺寸标在基本符号的上侧或下侧。

4）相同焊缝数量符号标在尾部。

5）当标注的尺寸数据较多又不易分辨时，可在数据前面加相应的尺寸符号。

焊缝符号在图样上的识别示例，如表1-9所示。

焊缝符号在图样上的识别示例　　　　表1-9

焊缝形式	图样代号	备注
		单面坡口对接焊缝
		不开坡口,双面对接焊缝
		单边角焊缝
		交错双面角焊缝
		单面坡口带垫板对接焊缝 要求焊缝表面平

续表

焊缝形式	图样代号	备注
		单面坡口带封底对接焊缝
		对称 X 形坡口双面对接焊缝
		不对称 X 形坡口双面对接焊缝

14

二、金属热处理与金属材料知识

（一）金属及热处理知识

1. 金属晶体结构的一般知识

（1）晶体结构

1）晶体与非晶体　在物质内部，凡是原子呈无序堆积状况的，称为非晶体，例如普通玻璃、松香等，都属于非晶体。相反，凡是原子作有序、有规则排列的称为晶体。大多数金属和合金都属于晶体。

凡晶体都具有固定的熔点，其性能呈各向异性，而非晶体则没有固定熔点，而且表现为各向同性。

2）晶格与晶胞　晶体内部原子是按一定的几何规律排列的，如图 2-1 所示。为了形象地表示晶体中原子排列

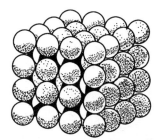

图 2-1　晶体内部原子排列示意图

的规律，可以将原子简化成一个点，用假想的线将这些点连接起来，就构成了有明显规律性的空间格子。这种表示原子在晶体中排列规律的空间格架叫晶格，如图 2-2 所示。

由图可见，晶格是由许多形状、大小相同的最小几何单元重复堆积而成。能够完整地反映晶格特征的最小几何单元称为晶胞，如图 2-2（b）所示。

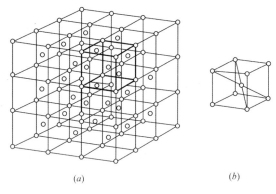

图 2-2 晶格与晶胞示意图
(a) 晶格；(b) 晶胞

晶有如下三种晶格：

1) 体心立方晶格 它的晶胞是一个立方体，原子位于立方体的八个顶角上和立方体的中心，如图 2-3 所示。属于这种晶格类型的金属有铬、钒、钨、钼及 α-铁等金属。

2) 面心立方晶格 它的晶胞也是一个立方体，原子位于立方体八个顶上和立方体六个面的中心，如图 2-4 所示。属于这种晶格类型的金属有铝、铜、铅、镍、γ-铁等金属。

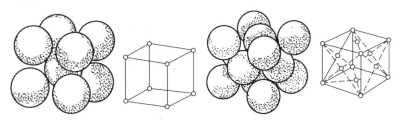

图 2-3 体心立方晶胞   图 2-4 面心立方晶胞

3) 密排六方晶格 它的晶胞是个正六方柱体，原子排列在柱体的每个角顶上和上、下底面的中心，另外三个原子排列在柱体内，如图 2-5 所示。属于这种晶格类型的金属有镁、铍、镉及锌等金属。

4) 金属的结晶及晶粒度对力学性能的影响 金属由液态转

变为固态的过程叫结晶。这一过程是原子由不规则排列的液体逐步过渡到原子规则排列的晶体的过程。金属的结晶过程由晶核产生和长大这两个基本过程组成。

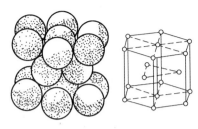

图 2-5　密排六方晶胞

在金属的结晶过程中，每个晶核起初都自由地生长，并保持比较规则的外形。但当长大到互相接触时，接触处的生长就停止，只能向尚未凝固的液体部分伸展，直到液体全部凝固。这样，每一颗晶核就形成一颗外形不规则的晶体。这些外形不规则的晶体通常称为晶粒。晶粒的大小对金属的力学性能影响很大。晶粒越细，金属的力学性能越好。相反，若晶粒粗大，力学性能就差。晶粒大小通常分为八级，一级最粗，八级最细。晶粒大小与过冷度有关，过冷度越大，结晶后获得的晶粒就越细。"过冷度"是指理论结晶温度和实际结晶温度之差。

（2）同素异构转变

1）同素异构转变　有些金属在固态下，存在着两种以上的晶格形式。这类金属在冷却或加热过程中，随着温度的变化，其晶格形式也要发生变化。金属在固态下随温度的改变由一种晶格转变为另一种晶格的现象，称为同素异构转变。具有同素异构转变的金属有铁、钴、钛、锡、锰等。以不同的晶格形式存在的同一金属元素的晶体称为该金属的同素异构晶体。

2）纯铁的同素异构转变　图 2-6 为纯铁的冷却曲线。由图可见，液态纯铁在 1538℃ 进行结晶，得到具有体心立方晶格的 δ-Fe，继续冷却到 1394℃ 时发生同素异构转变，δ-Fe 转变为面心立方晶格的 γ-Fe，再冷却到 912℃ 时又发生同素异构转变，γ-Fe 转变为体心立方晶格的 α-Fe。直到室温，晶格的类型不再发生变化。金属的同素异构转变是一个重结晶过程，遵循着结晶的

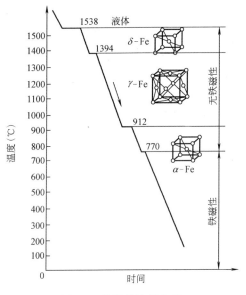

图 2-6 纯铁的冷却曲线

一般规律：有一定的转变温度；转变时需要过冷；有潜热产生，转变过程也是由晶核形成和晶核长大来完成的。但同素异构转变属于固态转变，又有本身的特点，例如转变需要较大的过冷度，晶格的变化伴随着体积的变化，转变时会产生较大的内应力。

2. 合金的组织结构及铁碳合金的基本组织

(1) 合金的组织结构类型

合金是一种金属元素与其他金属元素或非金属，通过熔炼或其他方法结合成的具有金属特性的物质。组成合金的最基本的独立物质称为组元。与组成合金的纯金属相比，合金除具有更好的力学性能外，还可以调整组成元素之间的比例，以获得一系列性能各不相同的合金，而满足生产的要求。

组成合金最基本的独立物质称为组元，简称元。组元可以是金属元素、非金属元素或稳定的化合物。根据合金中组元数目的多少，合金可分为二元合金、三元合金和多元合金。

在合金中具有相同的物理和化学性能并与其他部分以界面分开的一种物质部分称为相。液态相称为液相,固态物质称为固相。在固态相,物质可以是单相的,也可以是多相组成的。由数量、形态、大小和分布方式不同的各种相组成了合金的组织。

1) 固溶体　固溶体是合金中一组元溶解其他组元,或组元之间相互溶解而形成的一种均匀固相。在固溶体中保持原子晶格不变的组元叫溶剂,而分布在溶剂中的另一组元叫溶质。根据溶质原子在溶剂晶格中所处位置不同,可分为以下几种。

(A) 间隙固溶体。溶质原子分布于溶剂晶格间隙之中而形成的固溶体。由于溶剂晶格的空隙尺寸有限,故能够形成间隙固溶体的溶质原子,其尺寸都比较小。通常原子直径的比值($d_质/d_剂$)<0.59时,才有可能形成间隙固溶体。间隙固溶体一般都是有限固溶体。

(B) 置换固溶体。溶质原子置换了溶剂晶格中某些节点位置上的溶剂原子而形成的固溶体,称为置换固溶体。形成这类固溶体的溶质原子其大小必须与溶质原子相近。置换固溶体可以是无限固溶体,也可以是有限固溶体。

在固溶体中溶质原子的溶入而使溶剂晶格发生畸变,这种现象称为固溶强化。它是提高金属材料力学性能的重要途径之一。

2) 金属化合物　合金组元间发生相互作用而形成一种具有金属特性的物质称为金属化合物。金属化合物的晶格类型和性能完全不同于任一组元。可用化学分子式来表示。一般特点是熔点高、硬度高、脆性大,因此不宜直接使用。金属化合物存在于合金中一般起强化相作用。

3) 混合物　两种或两种以上的相,按一定质量百分数组成的物质称为混合物。混合物中各组成部分,仍保持自己原来的晶格。混合物的性能取决于各组成相的性能,以及它们分布的形态、数量和大小。

(2) 铁碳合金基本组织

钢铁材料是现代工业中应用最为广泛的合金,它们都是铁和碳两个组元组成的合金。铁碳合金中，碳可以与铁组成化合物，也可以形成固溶体，或形成混合物。

1）铁素体　碳溶解在 α-Fe 中形成的间隙固溶体为铁素体，用符号 F 来表示。由于 α-Fe 是体心立方晶格，晶格间隙较小，所以碳在 α-Fe 中溶解度较低，在 727℃ 时 α-Fe 中最大溶碳量仅为 0.0218%，并随温度降低而减少；室温时，碳的溶解度降到 0.008%。由于铁素体含碳量低，所以铁素体的性能与纯铁相似，即具有良好的塑性和韧性，强度和硬度也较低。

2）奥氏体　碳溶解在 γ-Fe 中所形成的间隙固溶体，称为奥氏体，用符号 A 来表示。由于 γ-Fe 是面心立方晶格，晶格的间隙较大，故奥氏体的溶碳能力较强。在 1148℃ 溶碳量可达 2.11%，随着温度的下降，溶解度逐渐减少，在 727℃ 时，溶碳量为 0.77%。奥氏体的强度和硬度不高，但具有良好的塑性，是绝大多数钢在高温进行锻造和轧制时所要求的组织。

3）渗碳体　渗碳体是含碳量为 6.69% 的铁与碳的金属化合物。其分子式为 Fe_3C，常用符号 C 表示。渗碳体具有复杂的斜方晶体结构，它与铁和碳的晶体结构完全不同。按计算，其熔点为 1227℃，不发生同素异构转变。渗碳体的硬度很高，塑性很差。是一个硬而脆的组织。在钢中，渗碳体以不同形态和大小的晶体出现于组织中，对钢的力学性能影响很大。

4）珠光体　珠光体是铁素体和渗碳体的混合物，用符号 P 表示。它是渗碳体和铁素体片层相间、交替排列而成的混合物。在缓慢冷却条件下，珠光体的含碳量为 0.77%。由于珠光体是由硬的渗碳体和软的铁素体组成的混合物，所以，其力学性能决定于铁素体和渗碳体的性质和它们各自的特点，大体上是两者的平均值。故珠光体的强度较高，硬度适中，具有一定的塑性。

5）莱氏体　莱氏体是含碳量为 4.3% 的合金，在 1148℃ 时从液相中同时结晶出来奥氏体和渗碳体的混合物。用符号 Ld 表示。由于奥氏体在 727℃ 时还将转变为珠光体，所以在室温下的莱氏体由珠光体和渗碳体组成，这种混合物仍叫莱氏体，用符号

Ld 来表示。莱氏体的力学性能和渗碳体相似，硬度高，塑性很差。

6）马氏体　碳在 α-Fe 中的过饱和固溶体称为马氏体。由于溶入过多的碳而使 α-Fe 晶格严重畸变，增加了塑性变形的抗力，从而具有高硬度。马氏体中过饱和的碳越多，硬度就越高。

3. 钢的热处理

钢在固态下加热到一定温度，在这个温度下保持一定时间，然后以一定冷却速度冷却到室温，以获得所希望的组织结构和工艺性能，这种加工方法称为热处理。焊缝及热影响区在焊接过程中会经历不同的热处理过程。

热处理之所以能使钢的性能发生变化，其根本原因是由于铁有同素异构转变，从而使钢在加热和冷却过程中，其内部发生了组织与结构变化的结果。

根据加热、冷却方法的不同可分为退火、正火、淬火、回火等。

（1）退火

将钢加热到适当温度，并保持一定时间，然后缓慢冷却（一般随炉冷却）的热处理称为退火。

退火的作用是：1）降低钢的硬度，提高塑性，以利于切削加工及冷变形加工；2）细化晶粒，均匀钢的组织及成分，改善钢的性能或为以后的热处理作准备；3）消除钢中的残余内应力，以防止变形和开裂。

（2）正火

将钢材或钢件加热到 Ac_3，或 Ac_{cm} 以上 30～50℃，保温适当的时间后，在静止的空气中冷却的热处理工艺称为正火。

正火的特点是：正火的冷却速度比退火稍快，故正火钢的组织较细，它的强度、硬度比退火钢高。

（3）淬火

将钢件加热到 Ac_3，或 Ac_1 以上某一温度，保持一定时间，然后以适当速度冷却（达到或大于临界冷却速度），获得马氏体或贝氏体组织的热处理工艺。

淬火的特点是把奥氏体化的钢件淬火成马氏体，从而提高钢的硬度、强度。淬火马氏体不是热处理所要求的最终组织。在淬火后，必须配以适当的回火。淬火马氏体在不同的回火温度下，可以获得不同的力学性能。

(4) 回火

钢件淬火后，再加热到 Ac_1 点以下的某一温度，保温一定时间，然后冷却到室温的热处理工艺称为回火。

淬火处理所获得的淬火马氏体组织很硬、很脆，并存在大量的内应力，而易于突然开裂。因此，淬火后必须经回火热处理才能使用。

回火的特点：1) 减少或消除工件淬火时产生的内应力，防止工件在使用过程中的变形和开裂；2) 通过回火提高钢的韧性，适当调整钢的强度和硬度，使工件达到所要求的力学性能，以满足各种工件的需要；3) 稳定组织，使工件在使用过程中不发生组织转变，从而保证工件的形状和尺寸不变，保证工件的精度。

（二）常用金属材料知识

1. 常用金属材料的物理、力学性能

在机械制造中，大量的零件是用金属材料制造的；由于各种零件的工作条件不同，这就要求合理地选择使用材料，了解各种材料的性能。达到既节约金属，又保证产品质量的目的。

(1) 常用金属材料的物理性能

1) 密度　某种物质单位体积的质量称为该物质的密度。金属的密度即是单位体积金属的质量。

一般密度小于 $5×10^3 kg/m^3$ 的金属称为轻金属,密度大于 $5×10^3 kg/m^3$ 的金属称为重金属。常见金属的密度见表2-1。

2) 熔点 纯金属和合金从固态向液态转变时的温度称为熔点。纯金属都有固定的熔点。如表2-1所示。合金的熔点决定于它的成分,例如,钢和生铁虽然都是铁和碳的合金,但由于含碳量不同,熔点也不同。熔点对于金属和合金的冶炼、铸造和焊接都是重要的工艺参数。

3) 导热性 金属材料传导热量的性能称为导热性。

导热性的大小通常用热导率来衡量。热导率符号是 λ,热导率越大,金属的导热性越好。银的导热性最好,铜、铝次之。常见金属导热性见表2-1。合金的导热性比纯金属差。

导热性是金属材料的重要性能之一。在制定焊接、铸造和热处理工艺时,必须考虑材料的导热性,防止金属材料在加热或冷却过程中形成过大的内应力,以免金属材料变形或破坏。

4) 热膨胀性 金属材料随着温度变化而膨胀、收缩的特性称为热膨胀性。一般来说金属受热时膨胀而体积增大,冷却时收缩而体积缩小。

热膨胀的大小用线胀系数 α_l 和体胀系数 α_V 表示。计算公式为

$$\alpha_l = \frac{l_2 - l_1}{\Delta t l_1}$$

式中 α_l ——线胀系数,1/K 或 1/℃;

l_1 ——膨胀前长度,m;

l_2 ——膨胀后长度,m;

Δt ——温度变化量 $\Delta t = t_2 - t_1$,K 或 ℃。

体胀系数近似为线胀系数的3倍。常用金属的线胀系数如表2-1所示。

在实际工作中考虑热胀性的地方很多,例如异种金属焊接时要考虑它们的热胀系数是否接近,否则会因热胀系数不同。使金属构件变形,甚至损坏。

常用金属的物理性能 表 2-1

金属名称	符号	密度 ρ(20℃) (kg/m³)	熔点 (℃)	热导率 λ W/(m·K)	线胀系数 α_l(0~100℃) (10^{-6}/℃)	电阻率 ρ(0℃) 10^{-6}(Ω·cm)
银	Ag	10.49×10^3	960.8	418.6	19.7	1.5
铜	Cu	8.96×10^3	1083	393.5	17	1.67~1.68(20℃)
铝	Al	2.7×10^3	660	221.9	23.6	2.655
镁	Mg	1.74×10^3	650	153.7	24.3	4.47
钨	W	19.3×10^3	3380	166.2	4.6(20℃)	5.1
镍	Ni	4.5×10^3	1453	92.1	13.4	6.84
铁	Fe	7.87×10^3	1538	75.4	11.76	9.7
锡	Sn	7.3×10^3	231.9	62.6	2.3	11.5
铬	Cr	7.19×10^3	1903	67	6.2	12.9
钛	Ti	4.508×10^3	1677	15.1	8.2	42.1~47.8
锰	Mn	7.43×10^3	1244	4.98(-192℃)	37	185(20℃)

5) 导电性 金属材料传导电流的性能称为导电性。衡量金属材料导电性的指标是电阻率 ρ，电阻率越小，金属导电性越好。金属导电性以银为最好，铜、铝次之。常见金属的电阻率见表 2-1。合金的导电性比纯金属差。

6) 磁性 金属材料在磁场中受到磁化的性能称为磁性。根据金属材料在磁场中受到磁化程度的不同，可分为铁磁材料（如铁、钴等）、顺磁材料（如锰、铬等）、抗磁性材料（如铜、锌等）三类。铁磁材料在外磁场中能强烈地被磁化；顺磁材料在外磁场中，只能微弱地被磁化；抗磁材料能抗拒或削弱外磁场对材料本身的磁化作用。工程上实用的强磁性材料是铁磁材料。

磁性与材料的成分和温度有关，不是固定不变的。当温度升高时，有的铁磁材料会消失磁性。

（2）常用金属材料的力学性能

所谓力学性能是指金属在外力作用时表现出来的性能，包括强度、塑性、硬度、韧性及疲劳强度等。

表示金属材料各项力学性能的具体数据是通过在专门试验机上试验和测定而获得的。

1) 强度 是指材料在外力作用下抵抗塑性变形和破裂的能力。抵抗能力越大，金属材料的强度越高。强度的大小通常用应力来表示，根据载荷性质的不同，强度可分为抗拉强度、抗压强度、抗剪强度、抗扭强度和抗弯强度。在机械制造中常用抗拉强度作为金属材料性能的主要指标。

（A）屈服强度。钢材在拉伸过程中当载荷不再增加，甚至有所下降时，仍继续发生明显的塑性变形现象，称为屈服现象。材料产生屈服现象时的应力，称为屈服强度。用符号 σ_s 表示。其计算方法如下为

$$\sigma_s = \frac{F_s}{S_0}$$

式中　F_s——材料屈服时的载荷，N；

S_0——试样的原始截面积，mm^2。

有些金属材料（如高碳钢、铸铁等）没有明显的屈服现象，测定 σ_s 很困难。在此情况下，规定以试样长度方向产生0.2％塑性变形时的应力作为材料的条件屈服极限，用 $\sigma_{0.2}$ 表示。

屈服强度标志着金属材料对微量变形的抗力。材料的屈服强度越高，表示材料抵抗微量塑性变形的能力也越高。因此，材料的屈服强度是机械设计计算时的主要依据之一，评定金属材料质量的重要指标。

（B）抗拉强度。钢材在拉伸时，材料在拉断前所承受的最大应力，称为抗拉强度，用符号 σ_b 表示。其计算方法如下为

$$\sigma_b = \frac{F_b}{S_0}$$

式中　F_s——试样破坏前所承受的最大拉力，N；

S_0——试样的原始横截面积，mm^2。

抗拉强度是材料破坏前所承受的最大应力。σ_b 的值越大，表示材料抵抗拉断的能力越大。它也是衡量金属材料强度的重要

指标之一。其实用意义是：金属结构所承受的工作应力达到材料的抗拉强度时就会产生断裂，造成严重事故。

2) 塑性　断裂前金属材料产生永久变形的能力，称为塑性。一般用抗拉试棒的延伸率和断面收缩率来衡量。

（A）延伸率。试样拉断后的标距长度伸长量与试样原始标距长度比值的百分率，称为延伸率，用符号 δ 来表示。其计算方法如下为

$$\delta = \frac{L_1 - L_0}{L_0} \times 100\%$$

式中　L_1——试样拉断后的标距长度，mm；

L_0——试样原始标距长度，mm。

（B）断面收缩率。试样拉断后截面积的减小量与原截面积之比值的百分率，用符号 ψ 来表示。其计算方法如下为

$$\psi = \frac{S_0 - S_1}{S_0} \times 100\%$$

式中　S_0——试样原始截面积，mm^2；

S_1——试样拉断后断口处的截面积，mm^2。

δ 和 ψ 的值越大，表示金属材料的塑性越好。这样的金属可以发生大量塑性变形而不破坏。

（C）冷弯试验。将试件在室温下按规定的弯曲半径进行弯曲，在发生断裂前的角度，叫冷弯角度，用 α 表示，其单位为度。

冷弯角度越大，则钢材的塑性越好。弯曲试验在检验钢材和焊接接头性能、质量方面有重要意义。它不仅能考核塑性，而且还可以发现受拉面材料中的缺陷以及焊缝、热影响区和母材三者的变形是否均匀一致。根据其受拉面所处位置不同，有面弯、背弯和侧弯试验。

3) 硬度　材料抵抗局部变形，特别是塑性变形、压痕或划痕的能力称为硬度。硬度是衡量钢材软硬的一个指标，根据测量方法不同，其指标可分为布氏硬度（HBS）、洛氏硬度（HR）、维氏硬度（HV）。依据硬度值可近似地确定抗拉强度值。

4) 冲击韧性　金属材料抗冲击载荷不致被破坏的性能，称为韧性。它的衡量指标是冲击韧性值。冲击韧性值指试样冲断后缺口处单位面积所消耗的功，用符号 $α_K$ 表示。$α_K$ 值越大，材料的韧性越好；反之，脆性越大。材料的冲击韧性值与温度有关，温度越低，冲击韧性值越小。

5) 疲劳强度　金属材料在无数次重复交变载荷作用下，而不致破坏的最大应力，称为疲劳强度。实际上并不可能做无数次交变载荷试验，所以一般试验时规定，钢在经受 $10^6 \sim 10^7$ 次，有色金属经受 $10^7 \sim 10^8$ 次交变载荷作用时不产生破坏的最大应力，称为疲劳强度，根据载荷变化的特点，符号分别为 $σ_{-1}$ 和 $σ_0$。

6) 蠕变　在长期固定载荷作用下，即使载荷小于屈服强度，金属材料也会逐渐产生塑性变形的现象称蠕变。蠕变极限值越大，材料的使用越可靠。温度越高或蠕变速度越大，蠕变极限就越小。

2. 常用金属材料的牌号、性能和用途

(1) 碳素结构钢的牌号、性能和用途

碳素钢简称碳钢，是指含碳量小于 2.11% 的铁碳合金。碳钢中除含有铁、碳元素外，还有少量硅、锰、硫、磷等杂质。碳素钢比合金钢价格低廉，产量大，具有必要的力学性能和优良的金属加工性能等，在机械工业中应用很广。

1) 分类　常用的分类方法有以下几种：

(A) 按钢的含碳量分类为：

A) 低碳钢　含碳量<0.25%；

B) 中碳钢　含碳量 0.25%～0.60%；

C) 高碳钢　含碳量>0.60%。

(B) 按钢的质量分类　根据钢中有害杂质硫、磷含量多少可分为：

A) 普通质量钢 $S \leqslant 0.05\%$，$P \leqslant 0.045\%$；

B) 优质钢 $S \leqslant 0.035\%$，$P \leqslant 0.035\%$；

C) 高级优质钢 $S \leqslant 0.025\%$，$P \leqslant 0.025\%$；

D) 特级质量钢 $S < 0.015\%$，$P < 0.025\%$。

（C）按钢的用途分类为：

A) 结构钢。主要用于制造各种机械零件和工程结构件，其含碳量一般都小于 0.70%。

B) 工具钢。主要用于制造各种刀具、模具和量具，其含碳量一般都大于 0.7%。

2) 普通碳素结构钢　因价格便宜，产量较大，大量用于金属结构和一般机械零件。

碳素结构钢的牌号由代表屈服点的拼音字母"Q"、屈服点数值、质量等级符号和脱氧方法符号四个部分按顺序组成。

（2）优质碳素结构钢

优质碳素结构钢的牌号用两位数字表示，这两位数字表示该钢平均含碳量的万分之几，例如 45 表示平均含碳为 0.45% 的优质碳素结构钢。

优质碳素结构钢根据钢中含锰量不同，分为普通含锰钢（Mn 含量小于 0.80%）和较高含锰量钢（Mn 含量等于 0.70%～1.20%）两组。较高含锰量钢在牌号后面标出元素符号"Mn"或汉字"锰"。若为沸腾钢或为了适应各种专门用途的某些专用钢，则在牌号后面标出规定的符号。

08～25 钢含碳量低，属低碳钢。这类钢的强度、硬度较低，塑性、韧性及焊接性良好，主要用于制作冲压件、焊接结构件及强度要求不高的机械零件及渗碳件。

30～55 钢属于中碳钢。这类钢具有较高的强度和硬度，其塑性和韧性随含碳量的增加而逐步降低，切削性能良好。这类钢经调质后，能获得较好的综合性能。主要用来制造受力较大的机械零件。

60 钢以上的牌号属高碳钢。这类钢具有较高的强度、硬度和弹性，但焊接性不好，切削性稍差，冷变形塑性低。主要用来制造具有较高强度、耐磨性和弹性的零件。

含锰量较高的优质碳素结构钢，其用途和上述相同牌号的钢基本相同，主要用来制作淬透性稍好、截面稍大或要求力学性能稍高的零件。

(3) 合金钢的牌号、性能和用途

合金钢是在碳钢的基础上为获得特定的性能，而有目的地加入一种或多种合金元素的钢。加入的元素有硅、锰、铬、镍、钨、钼、钒、钛、铝及稀土等元素。

1) 分类及编号

(A) 按用途分类：

合金结构钢　用于制造机械零件和工程结构的钢；

合金工具钢　用于制造各种加工工具的钢；

特殊性能钢　具有某种特殊物理、化学性能的钢，如不锈钢、耐热钢。

(B) 按所含合金元素总含量分类：

低合金钢　合金元素总含量<5%；

中合金钢　合金元素总含量5%~10%；

高合金钢　合金元素总含量>10%。

2) 合金钢的性能特点

(A) 普通低合金结构钢。普通低合金结构钢虽然是一种低碳（C<0.20%），低合金（一般合金元素总量<3%）的钢，由于合金元素的强化作用，这类钢比相同含碳量的碳素结构钢的强度（特别是屈服点）要高得多，并且有良好的塑性、韧性、耐蚀性和焊接性。广泛用来制造桥梁、船舶、车辆、锅炉、压力容器、输油（气）管道和大型钢结构。

(B) 不锈钢。不锈钢是具有抗大气、酸、碱、盐等腐蚀作用的不锈耐酸钢的统称。通常是在大气中能抵抗腐蚀作用的钢，称不锈钢。在较强腐蚀介质中能抵抗腐蚀作用的钢，称耐酸钢。要达到不锈耐蚀的目的，必须使钢的Cr含量≥13%。

A) 马氏体型不锈钢。具有较高的抗拉强度，较好的热加工性和良好的切削加工性，但冷冲压性和焊接性较差，耐蚀性较其他不锈钢差。焊后应力较大,必须在几小时内进行退火。

B) 铁素体型不锈钢。这类钢从室温加热到高温(960~1000℃)组织无明显变化,具有较高的耐蚀性、良好的抗氧化性和高的塑性;焊接性能比马氏体型好。广泛用于化工生产。

C) 奥氏体型不锈钢。18-8型镍铬钢是典型的奥氏体不锈钢。奥氏体不锈钢在450~850℃易产生晶间腐蚀。在固溶处理状态下塑性很好($\delta=40\%$),适宜于进行各种冷塑性变形,但对加工硬化很敏感,所以切削性很差,焊接性能比上述两种不锈钢好。焊后为消除焊接应力,以防止应力腐蚀,一般重新加热到850~950℃,保温1~3h,然后空冷或水冷,进行去应力回火。

(C) 耐热钢。耐热钢是指在高温下具有一定热稳定性和热强性的钢。金属材料的耐热性包括高温抗氧化性和高温强度两个部分。

A) 抗氧化钢。其特点是在高温下不起氧化皮。主要用于长期在高温下工作,但要求强度不高的零件。如各种加热炉板、渗碳箱等。常用的有4Cr9Si2、1Cr13SiAl等。

B) 珠光体耐热钢。其含碳量均为低碳,低碳除有良好的工艺性能外,对高温性能也有利。所以一般用于工作温度在300~500℃,要求受较大负荷的构件。如锅炉、汽轮机零件等,其用量非常大。这类钢的热处理一般是采用正火。常用钢材有:15CrMo、12CrMoV。

(4) 有色金属的牌号、性能和用途

通常把铁及其合金称为黑色金属,而把非铁及其合金称为有色金属。这里只介绍常用的铝、铜及钛及其合金。

1) 铝及合金。

(A) 工业纯铝 银白色金属。特性如下:Ⅰ密度为$2.72\times10^3 kg/m^3$,为轻金属;熔点660℃。Ⅱ导电性、导热性好,仅次于银和铜。Ⅲ因表面有致密的氧化膜,抗大气腐蚀性能好。Ⅳ塑性好。Ⅴ焊接性和铸造性能差。

工业纯铝的牌号、性能和用途见表2-2。

工业纯铝的牌号、性能和用途 表2-2

牌号	纯度（Al%）	σ_b（N/mm²）	δ(%)	硬度（HBS）	用　途
L1	99.7				
L2	99.6				导电体及防腐蚀器械
L3	99.5	60～90	13～30	20～28	
L4	99.3				制造各种优质铝合金
L5	99.0				
L6	98.8				制造普通铝合金及日用品

（B）铝合金　纯铝加入适当硅、铜、镁、锌、锰等合金元素，形成铝合金，再经过冷变形和热处理，强度可以显著提高。

铝合金按其成分和工艺特点，可分类如下：

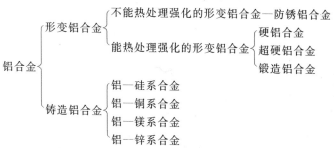

A）形变铝合金　塑性好，适于进行压力加工。其牌号、性能和用途见表2-3。

常用形变铝合金的牌号、性能和用途 表2-3

类别	牌号	力学性能（退火）			用　途
		σ_b（N/mm²）	δ(%)	硬度（HBS）	
防锈铝	LF5	270	23	70	主要用于制造耐腐蚀性好的容器，如防锈蒙皮及受力小的结构件
	LF11	270	23	70	
	LF21	130	24	30	
硬铝	LY1	160	24	33	用于制造飞机的大梁、隔框、空气螺旋及蒙皮等，在仪表制造中也有广泛的应用
	LY11	180	18	45	
	LY12	230	18	42	
超硬铝	LC4	220	10	—	主要用于飞机上受力较大的结构件，如飞机上梁、起落架等
锻铝	LD2	130	24	30	主要用于航空及仪表工业制造形状复杂、质量轻并且强度要求较高的锻件或冲压件

B）铸造铝合金 塑性较差，适于铸造。牌号、成分和用途见表2-4。

常用铸造铝合金牌号、性能和特点　　　　　表2-4

类别	牌号	机械性能(不低于)			特　点
		σ_b (N/mm^2)	δ(%)	硬度 (HBS)	
铝硅合金	ZL101	210	2	60	铸造性能好,力学性能良好
	ZL102	160	2	50	有优良的铸造性,力学性能较低
铝铜合金	ZL201	300	8	70	耐热性好,铸造及抗蚀性差
	ZL202	110	—	50	
铝镁合金	ZL301	280	9	60	力学性能较高,抗蚀性好
铝锌合金	ZL401	250	1.5	90	力学性能较高,适用压铸

2）铜及铜合金。

（A）纯铜　纯铜为紫红色，又称为紫铜。纯铜有以下特点：Ⅰ密度为8.9×10^3kg/m^3，熔点1083℃。Ⅱ有很高的导电性、导热性和良好的耐蚀性。Ⅲ强度低（$\sigma_b=200\sim250$N/mm^3），硬度不高（35HBS），具有良好的塑性。

纯铜的成分和用途见表2-5。

工业纯铜的成分和用途　　　　　表2-5

牌号	Cu(%)	杂质(%)		杂质总量 (%)	主　要　用　途
		Bi	Pb		
T1	99.95	0.002	0.005	0.05	电线、电缆、导电螺钉、雷管、化工用蒸发器、贮藏器和各种管道
T2	99.9	0.002	0.005	0.1	
T3	99.7	0.002	0.01	0.3	一般用的铜材,如电气开关、垫圈、垫片、铆钉、管嘴、油管、管道
T4	99.5	0.003	0.05	0.5	

（B）铜合金　其分类如下：

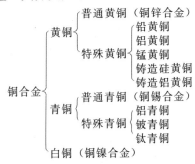

A) 黄铜 是以锌为主加元素的铜合金,具有良好的力学性能,便于加工成型。常用黄铜的牌号性能及用途见表 2-6。黄铜中加入铅能改善了切削性能,但大大地恶化了焊接性能。

常用黄铜的牌号、代号和用途 表 2-6

组别	牌号	代号	化学成分(%) Cu	化学成分(%) 其他	力学性能 σ_b (N/mm²)	力学性能 δ (%)	(HBS)	用途
普通黄铜	90黄铜	H90	88.0~91.0	余量锌	260/480	45/4	53/130	双金属片、供水和排水管、艺术品、证章
普通黄铜	68黄铜	H68	67.0~70.0	余量锌	320/660	55/3	/150	复杂的冲压件、散热器外壳、波纹管、轴套、弹簧
普通黄铜	62黄铜	H62	60.5~63.5	余量锌	330/600	49/3	56/140	销钉、铆钉、螺钉、螺母、垫圈、夹线板、弹簧
特殊黄铜	90-1锡黄铜	HSn90-1	88.0~91.0	0.25~0.75Sn 余量锌	280/520	45/5	/82	船舶零件、汽车、拖拉机的弹性套管
特殊黄铜	80-3硅黄铜	HSi80-3	79.0~81.0	2.5~4.0Si 余量锌	300/600	58/4	90/110	船舶零件、蒸汽(<265℃)条件下工作的零件
特殊黄铜	58-2锰黄铜	HMn58-2	57.0~60.0	1.0~2.0Mn 余量锌	400/700	40/10	85/175	海轮和弱电上用的零件
特殊黄铜	61-1铅黄铜	HPb61-1	59.0~61.0	0.6~1.0Pb 余量锌	370/670	45/4	HPB$\frac{28}{8}$	结构零件,如分流器、导电排
特殊黄铜	59-3-2铝黄铜	HAl 59-3-2	57.0~60.0	25~3.5AL 2.0~3.0Ni 余量锌	380/650	50/15	75/155	船舶、电机及其他在常温下工作的高强度、耐腐蚀零件

B) 青铜 铜与除锌、镍以外的元素组成的合金统称为青铜。青铜具有比纯铜甚至比大多数黄铜高得多的强度和耐磨性,

但导热性（除铍青铜外）比黄铜和纯铜降低几倍到几十倍，却具有较窄的温度结晶区间，因而大大地改善了焊接性。常见青铜的牌号、性能和用途见表 2-7。

常用青铜牌号、成分、力学性能及用途　　　表 2-7

类别	牌号	化学成分(%) 第一主加元素	其他	力学性能[①] σ_b (N/mm²)	δ (%)	硬度 (HBS)	主要用途
锡青铜	QSn4-3	Sn3.5~4.4	Zn2.7~3.3 余量Cu	$\frac{350}{550}$	$\frac{40}{4}$	$\frac{60}{160}$	弹性元件、管配件、化工机械中耐磨元件及抗磁元件
	QSn6.5~0.1	Sn6.0~7.0	P0.1~0.25 余量Cu	$\frac{350\sim450}{700\sim800}$	$\frac{60\sim70}{7.5\sim12}$	$\frac{70\sim90}{160\sim200}$	弹簧、接触片、振动片、精密仪器中的耐磨元件
	ZQSn10-1	Sn9.0~11.0	P0.6~1.2	$\frac{220}{250}$	$\frac{3}{5}$	$\frac{80}{90}$	重要的减摩零件，如轴承、轴套、蜗轮、摩擦轮、机床丝杠、螺母
	ZQSn6-6-3	Sn5.0~7.0	Zn5.0~7.0 Pb2.0~4.0 余量Cu	$\frac{180}{200}$	$\frac{8}{10}$	$\frac{60}{65}$	中速、中载荷的轴承、轴套、蜗轮及压力10Pa以下的蒸汽管配件和水管配件
非锡青铜	QAl7	AL6.0~8.0		$\frac{470}{980}$	$\frac{70}{3}$	$\frac{70}{154}$	重要用途的弹簧和弹性元件
	ZQA19-4	AL8.0~10.0	Fe2.0~4.0 余量Cu	$\frac{400}{500}$	$\frac{10}{12}$	$\frac{106}{110}$	耐磨件（压下螺母、轴承、蜗轮、齿圈）及在蒸汽、海水中工作的高强度耐蚀件
	QBe2	Be1.9~2.2	Ni0.2~0.5 余量Cu	$\frac{500}{1250}$	$\frac{40}{3}$	$\frac{90}{330}$HV	重要的弹簧与弹性元件、耐磨零件以及在高速、高压和高温下工作的轴承
	QSi3-1	Si2.75~3.5	Mn1.0~1.5 余量Cu	$\frac{350\sim400}{650\sim750}$	$\frac{50\sim60}{1\sim5}$	$\frac{80}{180}$	弹簧在腐蚀介质中工作的零件及蜗轮、蜗杆、齿轮、轴衬制动销等

注：力学性能数值：分母为50%变形程度的硬化状态，分子为600℃下退火状态。

C) 白铜 白铜按合金中镍的含量分类。在焊接结构中使用多的是含镍 10%、20%、30% 的合金。由于镍无限固溶于铜,白铜具有单一的 α 相组织。白铜的导热性和导电性与碳钢接近,因此,易于焊接,不需要预热。白铜对铅、硫、磷等杂质很敏感,在焊接时应严格限制这些杂质的含量。常用的白铜是 B30(铜 70 镍 30),不仅强度高,而且不产生应力腐蚀。

3) 钛及钛合金。

纯钛呈银白色,密度为 $4.50 \times 10^3 \mathrm{kg/m^3}$;熔点 1668℃;线胀系数较小;热导率较小。

钛在固态下有同素异构转变,在 882.5℃ 以下为密排六方晶格,称为 α 钛;在 882.5℃ 以上至熔点为体心立方晶格,称为 β 钛。

钛有很强的化学活性,与氧亲和力很大,在室温下都能形成稳定而致密的氧化膜。由于氧化膜的保护作用,因此钛具有良好的耐腐蚀性。

纯钛强度较低,但塑性好,易于加工成型,焊接及切削加工性能良好。

(A) 工业纯钛 工业纯钛是指用工业方法生产的纯钛。工业纯钛中含有少量的杂质,使钛的强度、硬度显著增加,而塑性、韧性明显下降。其力学性能见表 2-8。

钛及常用钛合金的一般力学性能　　　　表 2-8

牌号	半成品种类	试样状态	试验温度	屈服强度 σ_s (MPa)	抗拉强度 σ_b (MPa)	伸长率 δ (%)	冲击韧度 α_k (J/cm²)	
TA1	棒材	退火	室温	—	420	35	105	
TA2	棒材	退火	室温	—	540	31	90	
TA3	棒材	退火	室温	—	630	24	80	
TA7	板、棒	退火	20	650~850	750~950	8~15	40	α 型
TB2		淬火+时效	350	—	—	—	—	β 型
TC4	棒材	800℃ 1h 空冷	20	953	1060	14.5	56	α+β 型

注:表列数值为实测值,往往比标准规定的性能高,不可作为设计依据。

工业纯钛塑性韧性好、耐腐蚀、焊接性好和容易加工成型，在很多领域获得应用。例如，航空、化工、造船等工业部门用于在350℃以下工作，受力不大的各种耐腐蚀零件等。

（B）钛合金　按钛合金退火状态的室温平衡组织进行分类，可分为α型钛合金、β型钛合金和α+β型钛合金。分别用TA、TB、TC表示。应用较广的三种钛合金如TA4、TB2、TC4，见表2-8。

α型钛合金不能热处理强化，只能冷作硬化。高温（500～600℃）下的强度和蠕变极限是三类合金中最高的。抗氧化性和焊接性能好，组织稳定，但塑性、冲压性能差。应用最广的TA4工作温度可达450℃。

β型钛合金中，如TB2合金，强度高，冷成型性好，焊接性尚可，通过淬火和时效可以进一步强化，主要用于制作250℃以下长时间工作或350℃以下短时间的，要求成型性好的结构件或紧固件。

α+β型钛合金可热处理强化。这类合金具有良好的锻压、焊接和切削加工性能，在150～500℃温度下有良好的耐热性。TC1、TC4合金还具有良好的低温韧性、抗海水应力腐蚀及抗热盐应力腐蚀的能力。

三、电工基础

（一）正弦交流电、三相交流电的基本概念

1. 正弦交流电的基本概念

交流电是指大小和方向随时间作周期性变化的电流。交流电又可分为正弦交流电和非正弦交流电两类。正弦交流电是指按正弦规律变化的交流电。

正弦交流电通常是由交流发电机产生的，其基本原理可参考三相交流发电机原理图图3-1，当转子磁场转动时，定子线圈因切割磁力线而产生感应电动势，由于转子磁极与定子所形成的气隙分布特意做成不均匀，以达到气隙中磁通密度的分布按正弦的规律变化，这样在线圈中产生的感应电动势，必然也按正弦规律变化。

正弦交流电的基本参量和三要素：

（1）最大值　交流电在变化中出现的最大瞬时值称为最大值（或称峰值、振幅）。分别用大写字母 E_m、U_m、I_m 表示。最大值有正有负，习惯上都以绝对值表示，最大值是正弦交流电的三要素之一。

（2）频率　交流电在1s内变化的次数为频率。用字母 f 表示，单位为赫（Hz）。我国使用的交流电频率为50Hz，习惯上将50Hz称为工频。

周期　交流电每变化一次所需的时间称为周期。用字母 T 表示，单位为秒（s）。$T=\dfrac{1}{f}$，50Hz交流电周期为0.02s。

角频率（又称角速度）：是指交流电在 1s 内变化的电角度，用字母 ω 表示，单位为弧度/秒（rad/s）。$\omega = 2\pi f$，50Hz 交流电角频率为 314rad/s。

周期、频率、角频率都是反映交流电变化的快慢，并称为正弦交流电的要素之一。

（3）初相角　把线圈刚开始转动瞬时（$t=0$ 时）的相位角称为初相角，也称初相位或初相，用 ϕ 表示。初相角也是正弦交流电的三要素之一。

由三相交流电数学表达式 $e = E_m \sin(\omega t + \phi)$ 知，当正弦交流电的最大值 E_m、角频率（或频率或周期）ω 和初相角 ϕ 确定后，该正弦交流电的变化情况就可完全确定，因此称这三个量为正弦交流电的三要素。

相位差　称两个同频率正弦交流电的相位之差为相位差。实际即为初相位之差。

2. 交流电路中的电阻、电抗与功率因数

（1）纯电阻电路　与直流电路相同，欧姆定律、功率计算公式完全适用。

（2）纯电感电路　电压相位超前电流 90°，电压电流之间的关系如下：

$$\frac{U_L}{I_L} = \omega \cdot L = X_L$$

式中　X_L——感抗，Ω；

ω——电源角频率，rad/s；

L——电感，H。

（3）纯电容电路　电流超前电压 90°，电压电流之间的关系如下：

$$\frac{U_C}{I_C} = \frac{1}{\omega C} = X_C$$

式中 X_C——容抗，Ω；
C——电容，F。

(4) R、L 串联电路　电路的波形图和矢量图见图。

绘制串联电路的矢量图时，由于流过各元件的电流为同一电流，常选用电流矢量作为参考矢量，画在水平位置上。电阻两端的电压与电流同相，故 $\bar{U}_R$ 和 $\bar{I}$ 同方向。电感两端的电压超前电流90°，故 $\bar{U}_L$ 和 $\bar{I}$ 垂直，且方向向上。$\bar{U}_R$ 和 $\bar{U}_L$ 合成矢量为 $\bar{U}$。

根据电路图，如 U_L、U_R 和 U 构成一个直角三角形，称电压三角形。把电压三角形的三边均乘以电流 I 即得功率三角形，把电压三角形的三边均除以电流 I 即得阻抗三角形。注意阻抗和功率不是矢量。

由电压三角形可知：$U=\sqrt{U_R^2+U_L^2}$，U 为总电压。

由阻抗三角形可知：$Z=\sqrt{R^2+X_L^2}$，Z 为总阻抗。

由功率三角形可知：$S=\sqrt{P^2+Q^2}$。

S 为视在功率，$S=U \cdot I$，单位为伏安（VA）；P 为有功功率，$P=U_R \cdot I$，单位为瓦（W）；Q 为无功功率，$Q=U_L \cdot I$，单位为乏（Var）。

功率因数：有功功率与视在功率的比值称为功率因数，用 $\cos\varphi$ 表示，有

$$\cos\varphi = \frac{P}{S}$$

【例】　将电感 $L=25.5\mathrm{mH}$，电阻 $R=6\Omega$ 的线圈串接到电压有效值 $U=220\mathrm{V}$、角频率 $\omega=314\mathrm{rad/s}$ 的电源上。试求：(1) 线圈的阻抗 Z；(2) 电路中的电流 I；(3) 电感线圈两端的电压 U_R、U_L；(4) 电流的有功功率 P、无功功率 Q、视在功率 S；(5) 功率因素 $\cos\varphi$。

【解】　(1) $X_L=\omega L=314\times25.5\times10^{-3}\Omega=8\Omega$

$$Z=\sqrt{R^2+X_L^2}=\sqrt{6^2+8^2}\Omega=10\Omega$$

(2) $I=U/Z=220/10\mathrm{A}=22\mathrm{A}$

(3) $U_R = IR = 22 \times 6\text{V} = 132\text{V}$
　　$U_L = IX_L = 22 \times 8\text{V} = 176\text{V}$
(4) $P = I^2 \times R = 22^2 \times 6\text{W} = 2904\text{W}$
　　$Q = I^2 \times X_L = 22^2 \times 8\text{Var} = 3872\text{Var}$
　　$S = IU = 22 \times 220\text{VA} = 4840\text{VA}$
(5) 功率因素 $\cos\varphi = P/S = 6/10 = 0.6$

答：线圈的阻抗 $Z = 10\Omega$，电路中的电流 $I = 22\text{A}$，电感线圈两端的电压 $U_R = 132\text{V}$，$U_L = 176\text{V}$，电流的有功功率 $P = 2904\text{W}$，无功功率 $Q = 3872\text{Var}$，视在功率 $S = 4840\text{VA}$，功率因素 $\cos\varphi = 0.6$。

3. 三相交流电的基本概念

(1) 三相交流电的定义　通常把三相电动势、电压和电流统称为三相交流电。

三相对称交流电动势是指电路系统中同时作用有三个大小相等、频率相同、初相角互差 $120°$ 的电动势。

(2) 三相交流电动势的产生　三相交流电动势由三相交流发电机产生，其示意图见图 3-1。它主要由转子和定子构成。转子是电磁铁，其磁极表面的磁场按正弦规律分布，定子中嵌有三个彼此相隔 $120°$、匝数与几何尺寸相同的线圈，各线圈的起端分别用 A、B、C 表示，末端分别用 X、Y、Z 表示，并把三个线圈分别称为 A 相线圈、B 相线圈和 C 相线圈。

当原动机带动转子作顺时针方向转动时，

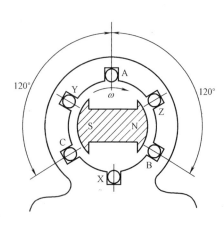

图 3-1　三相发电机原理图

就相当于各线圈作逆时针方向转动切割磁力线而产生感应电动势，每个线圈中产生的感应电动势分别为 e_A、e_B、e_C。由于各线圈结构相同，空间位置互差 $120°$，因此三个电动势的最大值和频率相同，而初相互差 $120°$，若以 A 相为参考正弦量，则可得它们的瞬时表达式为

$$e_A = E_m \cdot \sin\omega t$$
$$e_B = E_m \cdot \sin(\omega t - 120°)$$
$$e_C = E_m \cdot \sin(\omega t + 120°)$$

波形图和矢量图如图 3-2 所示，通常把它们称为对称三相交流电动势，并规定每相电动势的正方向为从线圈的末端指向始端。

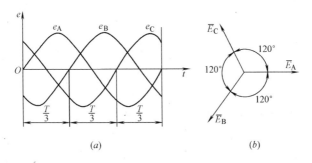

图 3-2 三相正弦交流电的波形图和矢量图
(a) 波形图；(b) 矢量图

4. 电源的星形接法和三角形接法（图 3-3）

(1) 电源的星形接法（Y） 它是目前低压供电系统中采用最多的供电方式，它是把发电机三个线圈末端 X、Y、Z 连成一点，称为中性点，用符号 O 表示，这种接法称为电源的星形接法（Y 形接法），从中性点引出的输电线称为中性线 N，简称中线，中线通常与大地相接，把接大地的中性点称为零点，接地的中性线称为零线。

从三个线圈始端 A、B、C 引出的输电线称为端线,俗称火线。输电线常用颜色区分:黄色代表 A 相、绿色代表 B 相、红色代表 C 相,黑色(或白色)代表零线、黄绿相间代表保护线 PE 线。由于各相电动势相位互差 120°,因此用相序来表示它们达到最大值的先后次序为 A—B—C。

星形接法可有两种电压:

1)相电压 相线与中线间的电压,其有效值分别以 U_A、U_B、U_C 或 $U_相$ 表示。

2)线电压 任意两相线之间的电压,其有效值分别用 U_{AB}、U_{BC}、U_{CA} 表示,或用 $U_线$ 表示。

Y 形接法,线电压与相电压的关系式为

$$U_线 = \sqrt{3} U_相$$

必须指出,线电压的相位超前相电压 30°。

在四线制供电系统中,中性线的连接必须可靠。并且不得装设开关或熔断器。

(2)电源的三角形接法(△) 三相电源的三个绕组首尾相接,由三个接点引出三根电源线的电源接线方法称为电源的三角形接法(△形接法)。三角形接法,没有中性线。

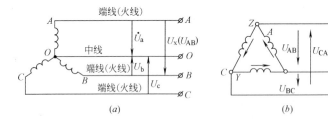

图 3-3 电源三相绕组的接法
(a)Y 形接法;(b)△形接法

Y 形接法的线电压等于相电压:$U_线 = U_相$。

△形接法的线电流与相电流的关系则为:$I_线 = \sqrt{3} I_相$。

(二) 变压器与三相异步电动机的结构和基本工作原理

1. 变压器

变压器的作用除了改变电压之外,还可以变换阻抗。

变压器是利用电磁感应的原理工作的。其与电源连接的绕组称为初级绕组;与负载连接的绕组称为次级绕组。与一次侧有关的量在文字符号下方标以"1";与二次侧有关的量标以"2"。

变压器初级绕组有 N_1 匝,次极绕组有 N_2 匝。当初级绕组接交流电压 u_1 时,在初级绕组中就有交流电流 i_1 流过,并产生交变磁通 ϕ。其绝大部分通过磁导率很大的铁心,并称为主磁通,有少部分通过空气闭合,称为漏磁通,通常漏磁通很少,为方便讨论把它忽略不计当交变的主磁通通过次级绕组时,由电磁感应定律知,在次级绕组中产生与电源频率相同的互感电动势 E_2,次级的开路电压 U_{20} 等于 E_2。有如下关系:

$$\frac{U_1}{U_{20}}=\frac{N_1}{N_2}=n$$

式中 U_1 ——初级绕组交流电压有效值,V;

U_{20} ——次级绕组交流空载电压有效值,当绕组内阻大大小于负载阻抗时次级电压 $U_2 \approx U_{20}$,V;

N_1 ——初级绕组匝数;

N_2 ——次级绕组匝数;

n ——变比(初、次级的电压比),等于匝数比。

变压器本身的损耗很小,忽略不计时可认为输入功率 P_1 等于输出功率 P_2。即 $U_1 I_1 = U_2 I_2$ 所以有:

$$\frac{I_1}{I_2}=\frac{U_2}{U_1}=\frac{N_2}{N_1}=\frac{1}{n}$$

式中 I_1 ——初级绕组交流电流有效值,A;

I_2——次级绕组交流电流有效值，A。

【例】 已知某变压器的初级电压为 220V，次级电压为 36V，初级的匝数为 2200 匝，求该变压器的变压比和次级的匝数。

【解】
$$\frac{U_1}{U_{20}} = \frac{N_1}{N_2} = n$$

$$n = \frac{220}{36} = 6.11$$

$$N_2 = \frac{N_1}{n} = \frac{2200}{6.11} 匝 = 360 匝$$

答：变压器的变压比为 6.11，次极的匝数为 360 匝。

2. 三相异步电动机的结构和工作原理

（1）三相异步电动机的结构　三相异步电动机具有结构简单、制造、使用和维修方便，运行可靠以及重量轻、成本低的优点，但它的调速性能差，且影响电网的功率因数。

异步电动机有两大组成部分：

1）定子　主要由铁心、定子绕组和机座等组成。

2）转子　主要由转轴、转子铁心、转子绕组、风扇等组成。根据绕组结构分为笼型和绕线型两种。

（2）三相异步电动机的工作原理　给定子的三相绕组加上三相交流电压，绕组中的三相电流产生了一个旋转的磁场。此磁场相对转子绕组的相对运动在转子绕组中产生了感生电流。此电流又在磁场中受到电磁力的作用，电磁力矩使转子随旋转磁场转动。异步电动机工作时，转子的转速低于磁场转速，所以称异步。

（三）低压电器

1. 低压开关

主要包括低压断路器、刀型开关、接触器等。

（1）低压断路器主要用作不频繁接通与断开电路和线路保护。常用低压断路器多为空气式。自动空气断路器（自动开关）的短路保护功能由其内部过电流电磁脱扣器完成。其功能按保护性能分，有非选择性和选择性两类。非选择性断路器，一般为瞬时动作，只作短路保护；也有的为长延时动作，只作过负荷保护用。选择型断路器，有两段保护和三段保护两种。

（2）刀型开关主要用作电路隔离，也能开合负荷电流。按其灭弧结构分，有带灭弧罩和不带灭弧罩的。带灭弧罩的刀开关，能通断一定的负荷电流，其钢栅片灭弧罩能使负荷电流产生的电弧有效地熄灭。

（3）交流接触器。交流接触器适合于频繁性操作的电气设备，可以用按钮开关操作。远地接触器的主要功能是接通和断开电力设备的工作电流，在断开大的电流时利用灭弧装置迅速熄灭电弧，防止触头烧损。若接触器触头压力不足，使接触电阻较大，电流通过触点时产生的热量也会将接触器烧损。

2. 熔断器

熔断器主要用作线路和设备的短路和过载保护。

3. 热继电器

热继电器主要由热元件（由两种膨胀系数不同的金属压轧而成）、辅助接点等部件组成，是作为交流电动机或其他设备过载保护用电器。当导线中电流超过额定电流一定值时，电流产生的热量超过散失的热量温度缓慢升高，使双金属片弯曲，辅助触点动作，断开控制电路或发出过载信号。

4. 漏电保护器

漏电保护器利用的是当有漏电流产生时，供电线路产生的感应信号，断开供电线路。当发生触电事故时，产生的危害与通过人体的电流大小和持续时间有关。开关箱内漏电保护器的动作电流应不大于30mA,动作时间应不超过0.1s。

5. 开关箱、分配电箱

施工现场使用的分配电箱和开关箱的距离不宜超过30m。施工现场使用的开关箱与其控制的固定式用电设备的距离不宜超过3m。

四、常用焊接材料

（一）药皮的作用、类型、焊芯牌号及焊条的分类

涂有药皮的供手弧焊用的熔化电极叫焊条。它由药皮和焊芯两部分组成。

1. 药皮的作用及类型

（1）药皮的作用 压涂在焊芯表面上的涂料层叫药皮。药皮具有下列作用：

1）提高焊接电弧的稳定性 药皮中含有钾和钠成分的"稳弧剂"，能提高电弧的稳定性，使焊条容易引弧，稳定燃烧以及熄灭后的再引弧。

2）保护熔化金属不受外界空气的影响 药皮中的"造气剂"高温下产生的保护性气体与熔化的焊渣使熔化金属与外界空气隔绝，防止空气侵入。熔化后形成的熔渣覆盖在焊缝表面，使焊缝金属缓慢冷却，有利于焊缝中气体的逸出。

3）过渡合金元素使焊缝获得所要求的性能 药皮中加入一定量的合金元素，有利于焊缝金属脱氧并补充合金元素，以得到满意的力学性能。

4）改善焊接工艺性能，提高焊接生产率 药皮中含有合适的造渣、稀渣成分，使焊渣可获得良好的流动性，焊接时，形成药皮套筒，使熔滴顺利向熔池过渡，减少飞溅和热量损失，提高生产率和改善工艺过程。

（2）药皮的类型 焊接结构钢用的焊条药皮类型有：钛铁矿

型、钛钙型、铁粉钛钙型、高纤维素钠型、高纤维素钾型、高钛钠型、高钛钾型、铁粉钛型、氧化铁型、铁粉氧化铁型、低氢钠型、低氢钾型、铁粉低氢型。其中用的最广的有如下两种：

1）钛钙型 药皮中含 30% 以上的氧化钛和 20% 以下的钙或镁的碳酸盐矿石。熔渣流动性良好，脱渣容易，电弧稳定，熔深适中，飞溅少，焊波整齐，适用于全位置焊接，焊接电源为交直流均可。

2）低氢钠型 药皮主要组成物是碳酸盐矿石和萤石，碱度较高。熔渣流动性好，焊接工艺性能一般，焊波较粗，角焊缝略凸出，熔深适中，脱渣性较好，焊接时要求焊条干燥，并采用短弧焊。可全位置焊接，焊接电流为直流反接。熔敷在金属上具有良好的抗裂性和力学性能。

2. 焊芯牌号

(1) 焊芯牌号表示方法 焊芯的牌号用"H"表示，其后的牌号表示与钢号表示方法相同。焊条的直径是以焊芯直径来表示的，常用的焊条直径有 $\phi2$、$\phi2.5$、$\phi3.2$、$\phi4$、$\phi5$ 等几种。焊条的长度取决于焊芯的直径、材料、药皮类型等。

(2) 焊芯用钢材分类 按国家标准 GB 1300 规定的"焊接用钢丝"有 44 种，可分为碳素结构钢、合金结构钢、不锈钢三大类，见表 4-1。

3. 焊条的分类、焊条型号的编制及选用原则

(1) 焊条的分类

1) 按焊条的用途分类 可分为碳钢焊条、低合金钢焊条、不锈钢焊条、堆焊焊条、铸铁焊条、镍及镍合金焊条、铜及铜合金焊条、铝及铝合金焊条、特殊用途焊条共 9 种。

2) 按焊条药皮熔化后的熔渣特性分类 可分为：

(A) 酸性焊条。其熔渣的成分主要是酸性氧化物，具有较强的氧化性，合金元素烧损多，因而力学性能较差，特别是塑性

常用焊丝的牌号 表 4-1

钢种	牌号	代号
碳素结构钢	焊 08 焊 08 高 焊 08 锰 焊 15 高	H08 H08A H08Mn H15A
合金结构钢	焊 10 锰 2 焊 08 锰 2 硅 焊 10 锰硅 焊 08 锰钼高 焊 08 锰 2 钼钒高 焊 08 铬钼高 焊 08 铬镍 2 钼高	H10Mn2 H08Mn2Si H10MnSi H08MnMoA H08Mn2MoVA H08CrMoA H08CrNi2MoA
不锈钢	焊 1 铬 5 钼 焊 1 铬 13 焊 0 铬 19 镍 焊 0 铬 19 镍钛 焊 1 铬 19 镍钛 焊 1 铬 25 镍 13 焊 1 铬 15 镍 13 锰 6	H1Cr5Mo H1Cr13 H0Cr19Ni H0Cr19NiTi H1Cr19NiTi H1Cr25Ni13 H1Cr15Ni13Mn6

和冲击韧性比碱性焊条低。同时，酸性焊条脱氧、脱磷硫能力低，因此，热裂纹的倾向也较大。但这类焊条焊接工艺性较好，对弧长、铁锈不敏感，且焊缝成形好，脱渣性好，广泛用于一般结构。

（B）碱性焊条。熔渣的成分主要是碱性氧化物和铁合金。由于脱氧完全，合金过渡容易，能有效地降低焊缝中的氢、氧、硫。所以，焊缝的力学性能和抗裂性能均比酸性焊条好。可用于合金钢和重要碳钢的焊接。但这类焊条的工艺性能差，引弧困难，电弧稳定性差，飞溅较大，不易脱渣，必须采用短弧焊。

（2）焊条型号的编制

1) 碳钢和低合金钢焊条型号 按 GB 5177、GB 5118 规定，碳钢和合金钢焊条型号编制方法见表 4-2、表 4-3、表 4-4。

碳钢和合金钢焊条型号编制方法　　　　表 4-2

E	× ×	× ×	后缀字母	元素符号
焊条	熔敷金属抗拉强度最小值(MPa)	焊接电流的种类及药皮类型(见表 4-3) "0""1":适用于全位置焊 "2":适用于手焊及平角焊 "4":适用于立向下焊	熔敷金属化学成分分类代号见表 4-3	附加化学成分的元素符号

碳钢和合金钢焊条型号的第三、四位数字组合的含义　　表 4-3

焊条型号	药皮类型	焊接位置	电流种类
E××00	特殊型	平、立、横、仰	交流或直流正、反接
E××01	钛铁矿型		交流或直流正、反接
E××03	钛钙型		交流或直流正、反接
E××10	高纤维素钠型		直流反接
E××11	高纤维素钾型		交流或直流反接
E××12	高钛钠型		交流或直流正接
E××13	高钛钾型		交流或直流正接
E××14	铁粉钛型		交流或直流正、反接
E××15	低氢钠型		直流反接
E××16	低氢钾型		交流或直流反接
E××18	铁粉低氢		交流或直流反接
E××20	氧化铁型	平焊、平角焊	交流或直流正接
E××22			交流或直流正接
E××23	铁粉钛钙型		交流或直流正、反接
E××24	铁粉钛型		交流或直流正、反接
E××27	铁粉氧化铁型		交流或直流正接
E××28	铁粉低氢型		交流或直流反接
E××48		平、立、横、仰、立向下	交流或直流反接

焊条熔敷金属化学成分的分类　　　　表 4-4

焊条型号	分类	焊条型号	分类
E××××-A1	碳钼钢焊条	E××××-NM	镍钼钢焊条
E××××-B1～5	铬钼钢焊条	E××××-D1～3	锰钼钢焊条
E××××-C1～3	镍钢焊条	E××××-G、M、M1、W	所有其他低合金钢焊条

2) 不锈钢焊条型号　按 GB 983 规定，不锈钢焊条编制方

法如表 4-5 所示。

不锈钢焊条型号的编制方法　　　　　表 4-5

	E — ×	— ××	— ××	— ××	— ××
焊条	熔敷金属的含碳量 "00"含碳量不＞0.04% "0"含碳量不＞0.10% "1"含碳量不＞0.15% "2"含碳量不＞0.20% "3"含碳量不＞0.45%	熔敷金属的含铬量,以近似值的百分之几表示	熔敷金属的含镍量,以近似值的百分之几表示	熔敷金属中其他重要的合金元素 不标数字则;含量低于 1.5% "2":含量≥1.5% "3"含量≥2.5% "4"含量≥3.5%	焊条药皮及焊接电流种类 "15":焊条为碱性药皮,适用于直流反接焊接 "16"焊条为碱性或其他类型药皮,适用交流或直流反接焊接

举例如下：

(3) 选用原则

1) 等强度原则　对于承受静载或一般载荷的工件或结构,通常选用抗拉强度与母材相等的焊条。例:20 钢抗拉强度在 400MPa 左右,可以选用 E43 系列的焊条。

2) 同等性能原则　在特殊环境下工作的结构如要求耐磨、耐腐蚀、耐高温或低温等具有较高的力学性能,应选用能保证熔敷金属的性能与母材相近或近似的焊条。如焊接不锈钢时,应选用不锈钢焊条。

3) 等条件原则　根据工件或焊接结构的工作条件和特点选择焊条。如焊件需要承受动载荷或冲击载荷,应选用熔敷金属冲击韧性较高的低氢型碱性焊条。反之,焊一般结构时,应选用酸性焊条。

（二）焊剂及分类

1. 焊剂

埋弧焊与电渣焊时，能够熔化形成熔渣和气体，对熔化金属起保护并进行复杂的冶金反应的一种颗粒状物质叫焊剂。

2. 焊剂的分类

（1）熔炼焊剂　将一定比例的各种配料放在炉内熔炼，然后经过水冷，使焊剂形成颗粒状，经烘干、筛选而制成的一种焊剂。优点是化学成分均匀，可以获得性能均匀的焊缝。由于高温熔炼过程中，合金元素会被氧化，所以不能依靠熔炼焊剂来向焊缝大量添加合金。熔炼焊剂是目前生产中使用最广泛的一类焊剂。

（2）烧结焊剂　将一定比例的各种粉状配料加入适量的粘结剂，混合搅拌后经高温（400～1000℃）烧结成块，然后粉碎，筛选而制成的一种焊剂。

（3）粘结焊剂　将一定比例的粉状配料加入适量粘结剂，经混合搅拌、粒化和低温（400℃以下）烘干而制成的一种焊剂，以前称陶质焊剂。

后两种焊剂都属于非熔炼焊剂，由于没有熔炼过程，所以化学成分不均匀，因而造成焊缝性能不均匀，但可以在焊剂中添加铁合金，增大焊缝金属合金化。目前这两种焊剂在生产中应用还不广。

3. 焊剂的牌号

焊剂牌号前加"焊剂"两字或"HJ"。后面的三位数字中的第一位表示 MnO 的含量，第二位数字表示 SiO_2 和 CaF_2 的含量。具体含量见表4-6、表4-7。

焊剂牌号与氧化锰的平均含量 表4-6

牌　号	焊剂类型	MnO平均含量
焊剂1××	无锰	<2%
焊剂2××	低锰	2%～15%
焊剂3××	中锰	15%～30%
焊剂4××	高锰	>30%
焊剂5××	粘结型	—
焊剂6××	烧结型	—
焊剂7××	待发展	—

焊剂牌号与二氧化硅、氟化钙的平均含量 表4-7

牌　号	焊剂类型	SiO_2、CaF_2 平均含量	
焊剂×1×	低硅低氟	$SiO_2<10\%$	$SiO_2<10\%$
焊剂×2×	中硅低氟	$SiO_2\approx10\%～30\%$	$SiO_2<10\%$
焊剂×3×	高硅低氟	$SiO_2>30\%$	$SiO_2<10\%$
焊剂×4×	低硅中氟	$SiO_2<10\%$	$SiO_2\approx10\%～30\%$
焊剂×5×	中硅中氟	$SiO_2\approx10\%～30\%$	$SiO_2\approx10\%～30\%$
焊剂×6×	高硅中氟	$SiO_2>30\%$	$SiO_2\approx10\%～30\%$
焊剂×7×	低硅高氟	$SiO_2<10\%$	$SiO_2>30\%$
焊剂×8×	中硅高氟	$SiO_2\approx10\%～30\%$	$SiO_2>30\%$
焊剂×9×	待发展		

例如：焊剂431，属于熔炼焊剂高锰、高硅，化学成分见表4-8。该焊剂为玻璃状颗粒，粒度0.4～3mm，可交直流两用，直流电源时采用反接。

焊剂431的化学成分 表4-8

电源种类	化学成分（%）							
	MnO	SiO_2	CaF_2	MgO	CaO	Al_2O_3	FeO	S	P
交直流	34.5～38	40～44	3～6.5	5～7.5	≤5.5	≤4	≤1.5	≤0.10	≤0.10

焊剂350属熔炼型中锰、中硅、中氟焊剂，其化学成分 $MnO\approx15\%～30\%$，$SiO_2\approx10\%～30\%$、$CaF_2\approx10\%～30\%$。

（三）氩气和钨极

1. 氩气（Ar）

氩气是一种无色无味的单原子惰性气体。

（1）氩气的性质　氩气的质量是空气的1.4倍，能在熔池上方形成较好的覆盖层。氩气不与金属反应又不溶于金属，同时能量损耗低，电弧稳定，适于焊接。

（2）对氩气纯度的要求　氩气的纯度应达到99.99%。

（3）贮运　氩气可在低于-184℃温度以下以液态形式贮存和运送。焊接时氩气装入钢瓶中供使用。氩气瓶是一种钢质圆柱形高压容器，外表涂成灰色并注有"氩"字标志字样。我国常用的氩气瓶的容积为33、40、44L，最高工作压为15MPa。

氩气瓶在使用中应直立放置，严禁敲击，碰撞等。不得用电磁起重搬运机搬运，防止日光暴晒。

2. 钨极

钨是一种难熔的金属材料，能耐高温，其熔点为3657～3873K，沸点为6173K，导电性好，强度高。

（1）纯钨极　牌号是W1、W2。含钨99.65%以上，一般使用在要求不严格的情况下。在使用交流电时，纯钨极电流承载能力较低，抗污染能力差，要求焊机有较高的空载电压。目前很少采用。

（2）钍钨极　牌号是WTh-7、WTh-10、WTh-15，含有1%～2%氧化钍的钨极，其电子发射率较高，电流承载能力较好，寿命较长并且抗污染性能较好，引弧容易，电弧稳定。成本较高，具有微量放射性。

（3）铈钨极　牌号是Wce-5、Wce-13、Wce-20。在纯钨中分别加入0.5%、1.3%、2%的氧化铈，与钍钨极相比，在直流小电流焊接时，易于建立电弧，引弧电压比钍钨极低50%，电弧燃烧稳定，弧束较长，热量集中，烧损率比钍钨极低5%～50%，最大许用电流密度比钍钨极高5%～8%，几乎没有放射性等。是我国建议尽量采用的钨极。

（4）锆钨极　牌号是WZr-15。性能在纯钨极和钍钨极之间。用于交流焊接时，具有纯钨极理想的稳定特性和钍钨极的载流量及引弧特性等综合性能。

五、焊接电弧及焊接冶金过程

（一）直流电弧的结构和温度

1. 焊接电弧的性质

焊接电弧——焊接电弧是指由焊接电源供给的具有一定电压的两电极间或电极与焊件间气体介质中产生的强烈而持久的放电现象。

2. 直流电弧的结构

直流电弧由阴极区、阳极区和弧柱区组成，其结构见图5-1。

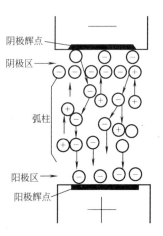

图 5-1 焊接电弧的构造

（1）阴极区 电弧靠近负极的区域为阴极区，阴极区很窄，电场强度很大。在阴极表面有一个明亮的斑，称为阴极斑点。它是电子发射时的发源地，电流密度很大，也是阴极温度最高的地方。

（2）阳极区 电弧靠近正电极的区域为阳极区，阳极区较阴极区宽，在阳极表面也有一个光亮的斑，称为阳极斑点。它是集中接受电子时的微小区域，阳极区电场强度比阴极小得多。

(3) 弧柱区　在阴极区和阳极区之间为弧柱区，其长度占弧长的绝大部分。在弧柱区充满了电子、正离子、负离子和中性的气体分子或原子，并伴随着激烈的电离反应。

3. 焊接电弧的温度分布

焊接电弧中三个区域的温度分布是不均匀的。一般情况下阳极斑点温度高于阴极斑点温度，分别占放出热量的43%和36%；但都低于该种电极材料的沸点，弧柱区的温度最高，但沿其截面分布不均，其中心部温度最高，可达5000~8000K，离开弧柱中心线，温度逐渐降低。

(二) 电弧静特性曲线的意义，电弧电压和弧长的关系

1. 电弧静特性曲线的意义

(1) 焊接电弧静特性曲线及其意义　在电极材料、气体介质和弧长一定的情况下，电弧稳定燃烧时，焊接电流和电弧电压的关系称为电弧的静特性。电弧静特性曲线如图5-2所示。静特性曲线呈U形，它有三个不同区域，当电流较小时（ab区）电弧静特性是属于下降特性区，随着电流增加电压减小；当电流稍大时（bc区），电弧特性属于水平特性区，也就是电流变化而电压几乎不变；当电流较大时（cd区），电弧静特性属上升特性区，电压随电流的增加而升高。

在弧长不同时可得到相似的不同的外特性曲线族。弧长增加时，静特性曲线上移，见图5-3。

(2) 不同焊接方法的电弧静特性曲线　不同的电弧焊接方法，在一定的条件下，其静特性只是曲线的某一区域。

1) 手工电弧焊　由于使用电流受限制（手弧焊设备的额定电流不大于500A），故其静特性曲线无上升特性区。

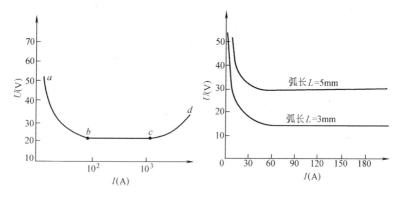

图 5-2 电弧静特性曲线　　图 5-3 电弧长度对静特性的影响

2）埋弧自动焊　在正常电流密度下焊接时，其静特性为平特性区；采用大电流密度焊接时，其静特性为上升特性区。

3）钨极氩弧焊　一般在小电流区间焊接时，其静特性为下降特性区；在大电流间焊接时，静特性为平特性区。

4）细丝熔化极气体保护焊　由于电流密度较大，所以其静特性曲线为上升特性区。

2. 电弧电压和弧长的关系

电弧电压由阴极电压降、阳极电压降和弧柱电压降三部分组成。其中阴极电压降和阳极电压降在一定电极材料和气体介质的场合下，基本上是固定的数值，弧柱电压降在一定的气体介质条件下和弧柱长度（实际上是电弧长度）成正比。所以电弧电压可以表示为

$$U = a + bL$$

式中　a——阴极和阳极电压降之和，即 $U_阴 + U_阳$，V；

　　　b——弧柱单位长度上的电压降，V/mm；

　　　L——弧柱长度，mm。

所以当电弧拉长时，电弧电压升高；当弧长缩短时，电弧电

压降低。

（三）对弧焊电源的基本要求

1. 对空载电压的要求

当焊机接通电网而输出端没有接负载（即没有电弧时），焊接电流为零，此时输出端的电压称为空载电压，常用 $U_空$ 表示，在确定空载电压的数值时，应考虑以下几个方面：

（1）电弧的燃烧稳定　引弧时，必须有较高的空载电压，才能使两极间高电阻的接触处击穿。空载电压太低，引弧将发生困难，电弧燃烧也不够稳定。

（2）经济性　电源的额定容量和空载电压成正比，空载电压越高，则电源容量越大，制造成本越高。

（3）安全性　过高的空载电压会危及焊工的安全。

因此，我国有关标准中规定最大空载电压 $U_{空最大}$ 如下数值。

弧焊变压器：$U_{空最大} \leqslant 80\text{V}$

弧焊整流器：$U_{空最大} \leqslant 90\text{V}$

2. 对焊接电流的要求

当电极和焊件短路时，电压为零，此时焊机的输出电流称作短路电流，常用 $I_短$ 来表示，在引弧和熔滴过渡时经常发生短路。如果短路电流过大，电源将出现过载而有烧坏的危险，同时还会使得焊条过热，药皮脱落，并使飞溅增加。但是如果短路电流太小，则会使引弧和熔滴过渡发生困难，因此，短路电流值应满足以下要求：

$$1.25 < \frac{I_短}{I_工} < 2$$

式中　$I_工$——工作电流，A；

$I_{短}$——短路电流，A。

3. 对电源外特性的要求

焊接电源输出电压与输出电流之间的关系称为电源的外特性，外特性用曲线来表示，称之为外特性曲线。

弧焊电源外特性曲线的形状对电弧及焊接参数的稳定性有重要的影响。在弧焊时，弧焊电源供电，电弧作为用电负载，电源—电弧构成一个电力系统。为保证电源—电弧系统的稳定性，必须使弧焊电源外特性曲线的形状与电弧静特性曲线的形状作适当的配合。

弧焊电源外特性曲线有若干种，如图 5-4 所示，可供不同的弧焊方法及工作条件选用。

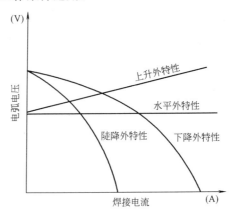

图 5-4 电源外特性曲线

电弧的静特性曲线与电源的外特性曲线的交点就是电弧燃烧的工作点。手弧焊焊接时要采用具有陡降外特性的电源。因为手弧焊时，电弧的静特性曲线呈 L 形。当焊工由于手的抖动，引起弧长变化时，焊接电流也随之变化，当采用陡降的外特性电源时，同样的弧长变化，它所引起的焊接电流变化比缓降外特性或平特性要小得多，有利于保持焊接电流的稳定，从而使焊接过程稳定。

4. 对电源动特性的要求

焊接过程中,电弧总在不断地变化,弧焊电源的动特性,就是指弧焊电源对焊接电弧这样的动负载所输出的电流和电压与时间的关系。它是用来表示弧焊电源对负载瞬变的反应能力。弧焊电源动特性对电弧稳定性、熔滴过渡、飞溅及焊缝成形等有很大影响,它是直流弧焊电源的一项重要技术指标。

5. 对电源调节特性的要求

当弧长一定时,每一条电源外特性曲线和电弧静特性曲线的交点中,只有一个稳定工作点,即只有一个对应的电流值和电压值。

所以,选用不同的焊接工艺时,要求电源能够通过调节,得出不同的电源外特性曲线,即要求电源具有良好的调节特性。

(四) 常用交、直流弧焊机的构造和使用方法

1. 常用交流弧焊机的构造

弧焊变压器是一种具有下降外特性的降压变压器,通常又称为交流弧焊机。获得下降外特性的方法是在焊接回路中串一可调电感,见图5-5,此电感可以是一个独立的电抗器,也可以利用弧焊变压器本身的漏感来代替。

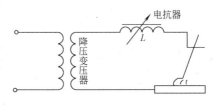

图 5-5 弧焊变压器工作原理

常用国产弧焊变压器型号见表 5-1。

弧焊变压器的型号　　　　　　表 5-1

类　　　型	形　　式	国产常用牌号
串联电抗器类	分体式	BP
	同体式	BX-500 BX2-500,700,1000
增强漏感类	动铁心式	BX1-135,300,500
	动圈式	BX3-300,500 BX3-1-300,500
	抽头式	BX6-120,160

（1）分体式弧焊机

这类弧焊变压器分别由一台独立的降压变压器和一台独立的电抗器组成。其结构原理，与图 5-5 相同。

（2）同体式弧焊机

焊机由一台具有平特性的降压变压器上面叠加一个电抗器组成，见图 5-6，变压器与电抗器有一个共同的磁轭，使结构变得紧凑。

（3）动铁漏磁式弧焊机

焊机由一台一次、二次绕组分别绕在两边心柱上的变压器，中间再插入一个活动铁心所组成，见图 5-7。

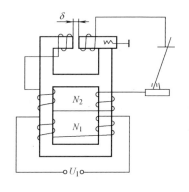
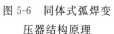
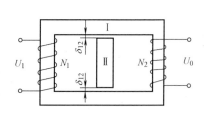

图 5-6　同体式弧焊变　　　　图 5-7　动铁漏磁式弧焊
　　压器结构原理　　　　　　　　变压器结构原理

（4）动圈式弧焊机

焊机有一个高而窄的口字形铁心，目的是为了保证一次、二次线圈之间的距离 δ_{12} 有足够的变化范围，见图5-8。一次和二次线圈都分别做成匝数相同的两组，用夹板夹成一体。次级可有丝杆带动上下移动，改变 δ_{12} 的距离。

（5）抽头式弧焊机

焊机的结构，见图5-9。其工作原理与动圈式弧焊变压器相似。一次线圈分绕在口字形铁心的两个心柱上，二次级线圈仅绕在一个心柱上。所以

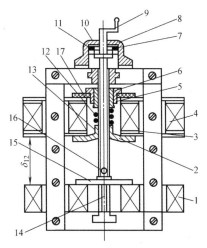

图5-8 动圈式弧焊变压器结构原理图
1——次线圈；2—下夹板；3—下衬套；4—二次线圈；5—螺母；6—上衬套；7—弹簧垫圈；
8—铜垫圈；9—手柄；10—丝杆固定压板；
11—滚珠轴承；12—压力弹簧；13—丝杆；
14—螺钉；15—压板；16—滚珠；17—上夹板

一次、二次线圈之间产生较大的漏磁，从而获得下降的外特性。电流调节是有级的。

2. 常用直流弧焊机

（1）硅弧焊整流器

硅弧焊整流器将50Hz的单相或三相交流电，利用降压变压器降为几十伏的电压，经硅整流器整流和电抗器滤波获得直流电，对焊接电弧供电。图5-10为硅弧焊

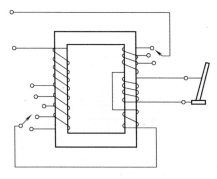

图5-9 抽头式弧焊变压器结构原理

整流器基本原理框图。

硅弧焊整流器按其外特性调节方法分类为动绕组式、动铁心式、附加变压器式、自调电感式和抽头式等;按使用范围可分为单站、多站和交直流两用式等硅弧焊整流器。

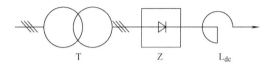

图 5-10　硅弧焊整流器基本原理框图

抽头式硅弧焊整流器:由抽头式硅弧焊变压器和硅整流器组成。主电路电气原理如图 5-11 所示。通过主变压器 T 的抽头换挡来调节焊接工艺参数。这种电源不能遥控,没有网络电压补偿,但具有无功功率小、效率高的优点,具有缓降特性。

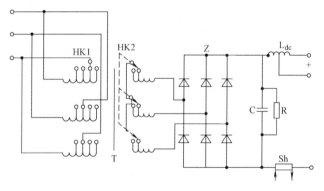

图 5-11　抽头式硅弧焊整流器主电路原理图
HK1、HK2—换挡开关;Sh—分流器

(2) 晶闸管整流弧焊机　晶闸管整流弧焊机利用晶闸管桥(SCR)来整流,可获得所需的外特性及调节电压和电流,而且完全用电子电路来实现控制功能。

图 5-12 为晶闸管整流弧焊机的原理框图。电源系统由:T 三相降压变压器、SCR 晶闸管桥、L 输出电抗器组成。M 为电流、电压反馈检测电路;G 为给定电压电路;K 为运算放大电

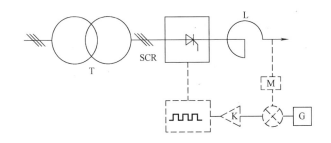

图 5-12 晶闸管整流弧焊机基本原理图

路,它把反馈电压信号和给定电压信号比较后的电压进行放大并送到脉冲移相电路,从而实现对外特性的控制和工艺参数调节。除利用电抗器调节动特性外,还可通过控制输出波形来控制金属熔滴过渡和减少飞溅。触发系统、控制系统、反馈系统等几部分组成。电流负反馈电路和电压负反馈电路均由集成运算放大器构成,电流负反馈电路使弧焊机获得陡降外特性。动特性十分理想。有滤波和调节动特性的功能。

(3) 逆变式弧焊机 逆变式弧焊机由整流器、逆变器、降压变压器、低压整流器、电抗器组成。整机闭环控制,改善了焊接性能。

图 5-13 是逆变式弧焊机电源基本原理框图。把网路单相或三相 50Hz 交流电整流成直流电,再借助大功率电子开关器件(如晶体管、场效应管等),把直流电变换成几千至几万赫兹的中频交流

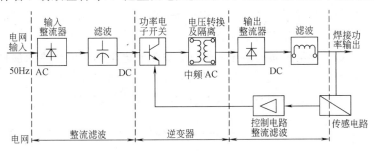

图 5-13 逆变式弧焊机电源原理框图

电,后经中频变压器降压和输出整流器整流,最后经电抗器滤波即得所需的焊接电压和电流。输出电流可以是直流或交流。

逆变式弧焊电源特点是:体积小、重量轻和节省材料;高效节能;具有良好的动特性和弧焊工艺性能;调节速度快,对所有焊接工艺参数都可无级调节。

逆变式弧焊电源的大功率电子开关器件可采用晶闸管组、晶体管组或场效应管组。采用 IGBT(绝缘门极双极性晶体管)作为开关器件的 IGBT 逆变弧焊机集中了场效应管开关频率高,晶体管通过电流能力强的优点,体现出最新的科技水平。

(五) 焊丝金属的熔化及熔滴过渡

1. 焊丝金属的熔化

(1) 焊丝金属的加热　熔化极电弧焊时,焊丝具有两个作用:一方面作为电弧的一个极;另一方面向熔池提供填充金属。焊接时加热并熔化焊丝的热量有:电阻热、电弧热、化学热(在一般情况下仅占 1%~3%,常忽略不计)。

1) 电阻热　从导电的接触点到焊丝末端的长度称为伸出长度,当电流在焊条上通过时,将产生电阻热。电阻热的大小决定于焊条或焊丝的伸出长度、电流密度和焊条金属的电阻。

2) 电弧热　电弧产生热量仅有一部分用来熔化焊丝,大部分热量是用来熔化母材、药皮或焊剂,另外还有相当部分热量消耗在辐射、飞溅和母材传热上。

(2) 焊丝金属的熔化　焊丝金属受到电阻热和电弧热的加热后,开始熔化。表示金属熔化特性的主要参数是熔化速度。

在正常焊接参数内,熔化速度与焊接电流成正比,即

$$g_m = \frac{G}{t} = \alpha_p I$$

式中　g_m——焊丝金属的熔化速度,g/h;

G——熔化的焊丝质量，g；

I——焊接电流，A；

t——电弧燃烧时间，h；

α_p——焊丝的熔化系数，g/(A·h)。

焊条（或焊丝）的熔化系数 α_p 表示在 1h 内 1A 电流所能熔化的焊丝的金属质量，是表示熔化速度快慢的一个参数。如果忽略电阻热对金属加热的影响，则当焊丝的材料及其直径一定时，其熔化系数为一个常数。

2. 焊丝金属的熔滴过渡

弧焊时，在焊丝端部形成的向熔池过渡的液态金属滴叫熔滴。熔滴通过电弧空间向熔池转移的过程叫熔滴过渡。

(1) 熔滴上的作用力

1) 重力 焊接时，熔滴由于本身的重力而具有下垂的倾向。平焊时起促进熔滴过渡的作用。

2) 表面张力 金属熔化后，在表面张力的作用下形成球滴状，使液体金属不会马上脱离焊条。表面张力的大小与熔滴的成分、温度及环境气氛有关。与焊丝直径成正比。另外还与保护气体的性质有关。平焊时表面张力阻碍熔滴过渡，其他位置则有利于过渡。

3) 电磁压缩力 当两根平行载流导体通过同方向电流时，会产生使导体相吸的电磁力。焊接时，可以把熔滴看成由许多平行载流导体所组成，这样熔滴上就受到由四周向中心的电磁压缩力。在任何焊接位置，电磁压缩力的作用方向都是促使熔滴过渡的。

4) 斑点压力 电弧中的带电质点——电子和阳离子，在电场的作用下向两极运动，撞击在两极的斑点上而产生机械压力，这个力称为斑点压力。斑点压力的作用方向是阻碍熔滴向熔池过渡，并且正接时的斑点压力较反接时大。

5) 等离子流力 由于电弧截面处电磁压缩力大小不同，使电弧气流的两端形成压力差,使等离子体迅速流动产生压力,这种压力称为等离子流力。这种力有利于熔滴过渡。

6)电弧气体的吹力　焊条末端形成的套管内含有大量气体,并顺着套管方向以挺直而稳定的气流把熔滴送到熔池中去。不论焊接位置如何,电弧气体的吹力都将有利于熔滴金属的过渡。

(2)熔滴过渡的形态

1)滴状过渡　当电弧长度超过一定值时,熔滴依靠表面张力的作用,自由过渡到熔池,而不发生短路。

滴状过渡形式又可分为粗滴过渡和细滴过渡,粗滴过渡时飞溅大,电弧不稳定,成形不好。熔滴尺寸的大小与焊接电流、焊丝成分有关。

2)短路过渡　焊丝端部的熔滴与熔池短路接触,由于强烈的热和磁收缩的作用使其爆断,直接向熔池过渡,这种形式称为短路过渡。短路过渡能在小功率电弧下实现稳定的金属熔滴过渡和稳定的焊接过程。所以适合于薄板或需低热输入的情况下的焊接。

3)喷射过渡　熔滴是细小颗粒并以喷射状态快速通过电弧空间向熔池过渡的形式,称为喷射过渡。产生喷射过渡除了要有一定的电流密度外,还必须有一定的电弧长度。其特点是熔滴细、过渡频率高,电弧稳定,飞溅小,熔深大,焊缝成形美观,生产效率高等优点。

(3)熔滴过渡时的飞溅　熔焊过程中,熔化的金属颗粒和熔渣向周围飞散的现象叫飞溅。

1)气体爆炸引起的飞溅　由于冶金反应时在液体内部产生大量 CO 气体,气体的析出十分猛烈,造成液体金属(熔滴和熔池金属)发生粉碎形的细滴飞溅。

2)斑点压力引起的飞溅　是短路过渡的最后阶段,在熔滴和熔池之间发生烧断开路,这时的电磁力使熔滴往上飞去,引起强烈飞溅。

(4)熔滴过渡时的蒸发　液态金属在任何温度下都能够蒸

发,温度越高,蒸发越快。

(六) 焊缝金属的脱氧、脱硫、脱磷及合金化

1. 焊缝金属的脱氧

氧能以氧化铁和原子氧形式溶解在液态铁中,使焊缝金属的强度、硬度、塑性、韧性及抗蚀能力下降,而且使飞溅、气孔和冷、热脆性倾向增大。

(1) 先期脱氧 焊条药皮在加热过程中进行的脱氧反应叫先期脱氧。其特点是脱氧过程和脱氧产物与熔滴金属不发生直接关系。并且只是脱去药皮加热阶段放出的部分氧。

(2) 沉淀脱氧 在熔滴和熔池中,利用溶解在液态金属中的脱氧剂,直接与熔于液态金属中的 FeO 作用,把铁还原出来,这种脱氧方式称沉淀脱氧。常用的脱氧剂有锰铁、硅铁、钛铁、铝铁等。

1) 锰的脱氧 脱氧反应式如下:

$$Mn + FeO = Fe + MnO$$

锰脱氧反应后生成的 MnO 呈碱性,不熔于铁,但能与酸性氧化物形成复合物进入熔渣,所以酸性焊条多用锰脱氧。

2) 硅的脱氧 脱氧反应式如下:

$$Si + 2FeO = 2Fe + SiO_2$$

硅的脱氧能力比锰强,反应后生成 SiO_2 呈酸性,熔点高,黏度大,不利于脱渣,所以常用硅、锰联合脱氧。使酸性的 SiO_2 与碱性的氧化物结合,包括氧化亚铁在内,形成硅酸盐,进入熔渣中。

3) 钛的脱氧 脱氧反应式如下:

$$Ti + 2FeO = 2Fe + TiO_2$$

钛的脱氧能力极强,脱氧后生成的 TiO_2 不熔于铁,与 FeO 或其他碱性氧化物生成复合物进入熔渣中。

钛不仅能脱氧,还能去除氮。细化晶粒,改善焊缝金属的力学性能。

4) 铝的脱氧 脱氧的反应式如下:

$$2Al + 3FeO = 3Fe + Al_2O_3$$

铝的脱氧能力比钛还强,同时还能去除氮,细化焊缝晶粒。但脱氧产物的熔点极高,达 2050℃,极易形成夹渣,引起飞溅,使焊缝成形不良,所以铝脱氧时数量上应加以限制。

(3) 扩散脱氧 利用 FeO 既能溶解在熔池的金属中,又能溶解在熔渣中的特性,扩散 FeO 从熔池进入熔渣中,这种方式的脱氧称为扩散脱氧。

酸性熔渣中由于含有较多的酸性氧化物,所以扩散脱氧是主要脱氧方式。熔渣中加入一定量的锰,可以进一步增强脱氧效果。

碱性熔渣中含有较多的碱性氧化物,所以基本上不能进行扩散脱氧,而是用硅、钛等脱氧剂进行脱氧,锰只起掺合金的作用。

2. 焊缝金属的脱硫

硫是焊缝金属中极有害的杂质,是焊缝产生热裂纹的主要原因,硫能引起偏析,降低焊缝金属的冲击韧性和耐腐蚀性能。

硫在钢中主要以 FeS 和 MnS 两种硫化物的形态存在。

MnS 不溶解于液态铁中,能在熔渣中排除。

FeS 能溶解于液态铁中,冷却时,FeS 从熔池中析出,并与 Fe 或 FeO 形成低熔点共晶,聚集在晶界上,破坏晶粒间的联系而引起热裂纹。

焊接时硫的来源主要来自母材、焊丝、药皮。脱硫方法有元素脱硫和熔渣脱硫两种。

元素脱硫常用的脱硫元素是锰,反应式如下:

$$FeS+Mn = MnS+Fe$$

脱硫产物 MnS 不溶于金属而进入熔渣中。

熔渣脱硫是利用熔渣中的碱性氧化物进行脱硫,其反应式如下:

$$FeS+MnO = FeO+MnS$$
$$FeS+CaO = FeO+CaS$$

脱氧产物 CaS 不溶于金属,而进入熔渣中被排除。

用 CaF_2 脱硫时,氟能与硫化物生成挥发性的化合物而脱硫。同时,CaF_2 与 SiO_2 作用产生 CaO,CaO 又能进一步脱硫。

在酸性焊条药皮形成的熔渣中,有大量的酸性氧化物,能与碱性的 MnO、CaO 等氧化物结合成复化物,因此脱硫效果不好。

碱性焊条药皮形成的熔渣中,有大量的碱性氧化物、萤石和铁合金等,因此,脱硫效果好。

3. 焊缝金属的脱磷

磷在钢中主要以 Fe_2P 和 Fe_3P 的形式存在。Fe_3P 等能与铁形成低熔点共晶,聚集于晶界,易引起热裂纹。更严重的是,这些低熔点共晶削弱了晶粒间的结合力,使钢在常温或低温时变脆(即冷脆性),造成冷裂。所以,磷在焊缝金属中是有害杂质。

脱磷时,要求在熔渣中,同时具有足够的游离 CaO 和 FeO,才能有较好的脱磷效果。在碱性熔渣中,虽有较多的 CaO,但 FeO 含量很少,所以脱磷效果较差。在酸性熔渣中,虽有较多的 FeO,但含有的 CaO 较少,所以脱磷能力更差。因此无论是碱性熔渣或酸性熔渣,脱磷都较困难,为了减少焊缝中的含磷量,只有限制母材、焊丝、药皮和焊剂中的含磷量。

4. 焊缝金属的合金化

焊缝金属的合金化就是把所需的合金元素,通过焊接材料过渡到焊缝金属（堆焊金属）中去，使焊缝金属成分达到所需的要求。

焊接过程中，熔池金属中的合金元素由于氧化和蒸发而损失，从而降低了焊缝金属的合金成分和力学性能。因此，必须根据合金元素的损失情况，向熔池中补充一定量的合金元素。合金化的方式主要有如下几种。

（1）应用合金焊丝　利用含合金元素的焊丝再配以药皮或焊剂，使合金元素过渡到焊缝中去。优点是：焊缝成分稳定、均匀、合金损失少。但是某些金属不宜于轧制、拔丝，所以不能采用这种方式。

（2）应用药芯焊丝或药芯焊条　其优点是药芯中各种合金成分的比例可以任意调整，合金的损失比较少。缺点是不易制造，合金成分难以混合均匀。

（3）应用合金药皮或陶质焊剂　它的优点是简单方便，制造容易，但由于氧化损失较大，且有一部分残留在渣中，故合金利用率低。

（4）应用合金粉末　把一定颗粒度的粉末直接撒在焊件表面上或坡口内，与熔化金属熔合，进行合金化。其优点是不必经过轧制、拔丝等工序，合金比例可任意配制，合金的损失不大，但焊缝成分的均匀性较差。

（5）应用置换反应　在药皮或焊剂中放入金属氧化物，通过熔渣与液态金属的置换反应过渡合金元素。埋弧焊主要靠这种方式进行合金化。此种方法的缺点是合金化的程度有限，而且还伴随着焊缝金属中含氧量的增加。

合金元素在过渡时，有一部分被烧损掉，为了评价合金元素的利用程度，常运用合金过渡系数这一概念，即焊接材料中的合金元素过渡到焊缝金属中的数量与其原始含量的百分比。影响合金过渡系数的因素很多，其中主要因素有焊接熔渣的酸碱度、合金元素与氧的亲和力等。

焊接熔渣的碱度越大，越有利于合金元素过渡，合金元素与氧的亲和力愈弱，则该合金元素的过渡系数越大。此外，电弧越长，过渡系数越小。所以短弧焊接有利于合金过渡。

（七）焊接熔池的一次结晶、二次结晶，焊接热循环的含义及焊接接头组织和性能的变化

1. 焊接熔池的一次结晶

焊缝金属由液态转变为固态的凝固过程，即焊缝金属晶体结构的形成过程，称为焊缝金属的一次结晶。它遵循着金属结晶的一般规律。

（1）特点

1）熔池的体积小，冷却速度大　使含碳量高、含合金元素较多的钢种、铸铁等容易产生硬化组织和结晶裂纹。

2）熔池中的液态金属处于过热状态　因此合金元素的烧损比较严重，使熔池中作为晶核的质点大为减少，促使焊缝得到柱状晶。

3）熔池是在运动状态下结晶　即熔池的前半部处在熔化过程，其后半部处在结晶过程。此外，熔池在结晶过程中，由于熔池内部气体外逸、焊条的摆动、气体的吹力而使熔池发生搅拌作用，这一点有利于气体、夹杂物的排除，有利于得到致密而性能良好的焊缝。

（2）过程

熔池的一次结晶包括产生晶核和晶核长大两个过程。随着电弧移去，熔池液体金属逐渐降低到凝固温度时，形成最原始的微小晶体——晶核。在熔池中，最先出现晶核的部位是熔合线上（见图 5-14a 中焊缝的轮廓线上），因为熔合线处的散热条件好，是熔池中温度最低的地方，也是最先达到凝固温度的部位。随着熔池温度的不断降低，晶核开始向着与散热方向相反的一方长大，由于熔池的散热方向垂直于熔合线的方向指向金属内部，所

以晶体只能向熔池中心生长，从而形成柱状结晶。当柱状晶体不断长大至互相接触时，焊缝这一断面的结晶过程结束。

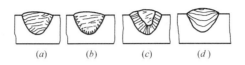

图 5-14　焊接熔池的结晶过程

（a）开始结晶；（b）晶体长大；（c）柱状结晶；（d）结晶结束

（3）一次结晶过程中的偏析

由于冷却速度快，已凝固的焊缝金属中的化学成分来不及扩散，因此化学成分分布是不均匀的，这种现象叫偏析。

1）显微偏析　在一个晶粒内部和晶粒之间的化学成分是不均匀的，这种现象称为显微偏析。影响显微偏析的主要因素是金属的化学成分。因为金属的化学成分决定金属结晶区间的大小，结晶区间越大，越容易产生显微偏析，严重的偏析会引起热裂等缺陷。

2）区域偏析　熔池结晶时，由于柱状晶体的不断长大和推移，会把杂质"赶"向熔池中心，使熔池中心的杂质比其他部位多，这种现象称为区域偏析。焊缝的断面形状对区域偏析的分布有很大的影响，窄而深的焊缝，杂质聚集在焊缝中心，极易形成热裂纹；宽而浅的焊缝，杂质便聚集在焊缝上部，具有较高的抗热裂能力，见图 5-15。

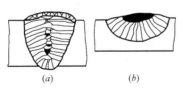

图 5-15　焊缝断面形状对偏析分布的影响

（a）窄而深焊缝；（b）宽而浅焊缝

另外，焊接材料的合金成分或杂质越多，则区域偏析越严重，熔池的冷却速度越慢，各种元素和杂质越易集中，区域偏析也越严重。焊接速度越大时，柱状晶的成长方向越垂直于焊缝的中心，易形成脆弱的结合面（见图 5-16a）。偏析会聚集在焊缝中心线附近，此处易产生焊缝的纵向裂纹。当焊速越小时，柱状晶成长方向越弯曲（见图 5-16b），偏析的情况有所减轻。

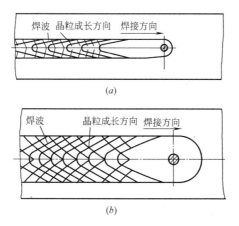

图 5-16 焊接速度对柱状晶长成方向的影响
(a) 快速焊；(b) 慢速焊

3) 层状偏析 焊缝断面上不同分层的化学成分分布不均匀的现象称为层状偏析。层状偏析是由于熔池在凝固过程中，晶粒成长速度发生周期性变化，从而形成周期性的偏析。

层状偏析中常集中了一些有害元素，因而缺陷也往往出现在偏析中。图 5-17 是由层状偏析造成的气孔。层状偏析同样使焊缝的力学性能不均匀，耐腐蚀性能也不一致。

(4) 夹杂

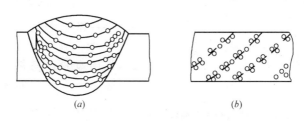

图 5-17 层状分布的气孔
(a) 焊缝横断面；(b) 焊缝纵断面

1) 氧化物夹杂　主要是 SiO_2、MnO、TiO_2 和 Al_2O_3 等,一般都以硅酸盐的形式存在。这些夹杂物的危害性较大,是在焊缝中引起夹渣的原因之一。

2) 硫化物夹杂　主要是 MnS 和 FeS,以 FeS 形式存在的夹杂,对钢的性能影响最大,它是促使形成热裂纹的主要因素之一。

2. 二次结晶

一次结晶结束后,熔池转变为固体焊缝,高温的焊缝金属冷却到室温时,要经过一系列的相变过程,这种相变过程就称为焊缝金属的二次结晶。二次结晶的组织及性能与冷却速度有关,以低碳钢为例,冷却速度越大,珠光体含量越高,而铁素体量越少,硬度和强度都有所提高,而塑性和韧性则有所降低。

3. 焊接热循环的含义及影响因素

(1) 概念

在焊接过程中热源沿焊件移动,在焊接热源作用下,焊件上某点的温度随时间变化的过程,叫该点的焊接热循环。当热源向该点靠近时,该点的温度随之升高,直至达到最大值,随着热源的离开,温度又逐渐降低,整个过程可以用一条曲线来表示,叫热循环曲线,见图 5-18。显然,焊接是一个不均匀的加热和冷却过程,这种过程必然会造成热影响区的组织和性能的不均匀性。焊接热循环的主要参数是加热速度、最高

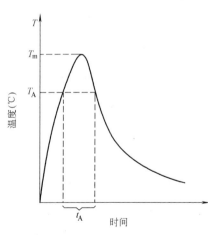

图 5-18　焊接热循环曲线

温度 T_m，在相变温度 T_A 以上停留时间 t_A 和冷却速度。

（2）影响因素

1）焊接工艺参数和线能量　焊接工艺参数如电流、电压和焊接速度等，对焊接热循环有很大影响。在功率大、焊接速度快时，加热时间短、范围窄、冷却得快；焊接速度慢时，则相反。

熔焊时，由焊接能源输入给单位长度焊缝上的能量，称为线能量，亦称热输入。

电弧焊接时的线能量，可用下式表示为

$$\frac{q}{v} = \eta \frac{I_{焊} U_{焊}}{v}$$

式中　$\frac{q}{v}$——线能量，I/cm；

$I_{焊}$——焊接电流，A；

$U_{焊}$——电弧电压，V；

v——焊接速度，cm/s；

η——电弧的有效热功率利用系数。手工电弧焊 $\eta \approx 0.70 \sim 0.80$，埋弧自动焊 $\eta \approx 0.85 \sim 0.95$，钨极氩弧焊 $\eta = 0.50$。

η 与电弧长度有关，弧长增加时 η 降低，反之则增加。

线能量对热影响区的大小和接头的性能有直接的影响。线能量越大，热影响区越大；反之，则越小。

2）预热和层间温度　焊接有淬硬倾向的钢材时，需要焊前预热。其目的是为了降低焊接接头的冷却速度，减少淬硬倾向，防止产生裂纹。所以降低冷却速度减少淬硬倾向的工艺措施是预热，而不是增大线能量。

层间温度是指多层多道焊时，后道焊缝焊接时，处在前道焊缝的最低温度。对于要求预热焊接的材料，其多层焊接时，层间温度应等于或略高于预热温度。其目的与预热相同，另外，还可促使扩散氢逸出焊接区，有利于防止产生延迟裂纹。

3）其他因素的影响　板厚、接头形式和材料的导热性对焊接热循环也有很大影响。板厚增大时,冷却速度增大,角焊缝比对接焊缝冷却速度大。

4. 焊接接头组织和性能的变化

(1) 不易淬火钢 如低碳钢和含合金元素较少的低合金高强度钢(16Mn、15MnTi、15MnV),其热影响区可分为四个小区,见图5-19。

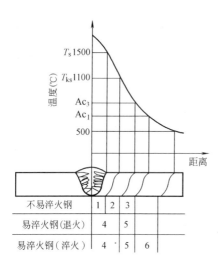

图5-19 热影响区划分示意图
1—过热区;2—正火区;3—部分相变区;
4—再结晶区;5—部分淬火区;6—回火区

1) 过热区 焊接热影响区中,具有过热组织或晶粒显著粗大的区域,对低碳钢为1100~1490℃。该母材中的铁素体和珠光体全部变为奥氏体,所以奥氏体晶粒急剧长大,冷却后使金属的冲击韧性大大降低,一般比基本金属低25%~30%,是热影响区中的薄弱区域。

2) 正火区 过热区以下加热温度在Ac_3,以上的区域,对低碳钢为900~1100℃。该区母材中的铁素体和珠光体全部变为奥氏体,由于温度升得不高,晶粒长大得较慢,空冷后得到均匀而细小的铁素体和珠光体,相当于热处理中的正火组织。正火区由于晶粒细小均匀,既具有较高的强度,又有较好的塑性和韧性,是热影响区中综合力学性能最好的区域。

3) 部分相变区 加热温度在Ac_1~Ac_3之间的区域,对低碳钢为750~900℃。该区母材中的珠光体和部分铁素体转变为晶粒比较细小的奥氏体,但仍保留部分铁素体。冷却时,奥氏体转变为细小的铁素体和珠光体,而未熔入奥氏体的铁素体不发生转变，晶粒比较粗大，故冷却后的组织晶粒大小极不均匀。所以力学性能也不均匀，强度有所下降，该区又称不完全重结晶区。

4) 再结晶区　加热温度在 450℃～Ac_1 之间的区域，对低碳钢为 450～750℃。对于经过压力加工，即经过塑性变形的母材，晶粒发生破碎现象，在此温度区域内就发生再结晶。本区域的组织没有变化，仅塑性稍有改善。对于焊前未经塑性变形的母材，则本区不出现。

(2) 易淬火钢　包括中碳钢（35、40、45、50 钢）、低碳调质高强钢（C 含量≤0.25%）、中碳调质高强钢（C 含量：0.25%～0.45%）、耐热钢和低温钢等，其热影响区的组织分布与母材焊前的热处理状态有关，如果母材焊前是退火状态，则可分为完全淬火区和不完全淬火区两个区域，如果母材焊前是淬火状态，则还要形成一个回火区。

1) 完全淬火区　当加热温度超过 Ac_3 以上的区域，由于钢种的淬硬倾向较大，故焊后冷却时得到淬火组织马氏体。在靠近焊缝附近，由于晶粒长得较大，故为粗大的马氏体；而相当正火区的部分将得到细小的马氏体。该区由于存在淬火组织，强度和硬度增高，塑性和韧性下降，并且容易产生冷裂纹。

2) 不完全淬火区　母材被加热到 Ac_1～Ac_3 温度之间的热影响区。由于焊接时的快速加热，母材中的铁素体很少熔解，而珠光体、贝氏体和索氏体等转变为奥氏体。在随后的快速冷却中，奥氏体转变为马氏体，原铁素体保持不变，仅有不同程度的长大，最后形成马氏体-铁素体组织。该区的组织和性能很不均匀，塑性和韧性下降。

3) 回火区　如果母材焊前是淬火状态，则在温度低于 Ac_1 的区域，还要发生不同程度的回火处理，称为回火区。由于回火区的温度不同，所得组织也不一样，紧靠 Ac_1 温度区，相当于瞬时高温回火，具有回火索氏体组织，温度越低，则淬火金属的回火程度降低，相应获得回火屈氏体、回火马氏体等组织。

六、常用金属材料的焊接方法、工艺及其应用

（一）焊接接头

焊接接头：用焊接方法连接的接头，叫焊接接头。焊接接头包括焊缝区、熔合区和热影响区。

焊接接头的分类：焊接接头可分为对接接头、T形接头、十字接头、搭接接头、角接接头、端接接头、套管接头、斜对接接头、卷边接头和锁底对接接头等共十种。

（二）坡口形式、坡口角度和坡面角度的含义

1. 坡口形式

根据设计或工艺需要，在焊件的待焊部位加工成一定几何形状的沟槽叫坡口。

坡口的作用是为了保证焊缝根部焊透，使焊接电源能深入接头根部，以保证接头质量时，还能起到调节基体金属与填充金属比例的作用。

选择坡口原则：1）能够保证工件焊透（手弧焊熔深一般为2～4mm），且便于焊接操作。如在容器内部不便焊接的情况下，要采用单面坡口在容器的外面焊接；2）坡口形状应容易加工；3）尽可能提高焊接生产率和节省焊条；4）尽可能减小焊后工件的变形。

按坡口形状可分为以下几种。

(1) V形坡口　是最常用的坡口形式。这种坡口便于加工，焊接时为单面焊，不用翻转焊件，但焊后焊件容易产生变形。

(2) X形坡口　是在V形坡口基础上发展起来的。采用X形坡口后，在同样厚度下，能减少焊缝金属量约1/2，并且是对称焊接，所以焊后焊件的残余变形较小。焊接时需要翻转焊件。

(3) U形坡口　在焊件厚度相同的条件下，U形坡口的空间面积比V形坡口小得多，所以当焊件厚度较大，只能单面焊接时，为提高生产率，可采用U形坡口，但这种坡口由于根部有圆弧，加工比较复杂。

另外，还有双U形、单边V形、J形、I形等坡口形式。

若T形接头的焊缝要求承受载荷，则应按照钢板厚度和对结构强度的要求，分别选用单边V形、K形、双U形、J形等坡口形式，使接头能焊透，保证接头强度。

2. 坡口的几何尺寸

(1) 坡口面　焊件上的坡口表面叫坡口面，见图6-1。

(2) 坡口面角度和坡口角度　焊件表面的垂直面与坡口面之间的夹角叫坡口面角度，两坡口面之间的夹角叫坡口角度，见图6-1。开单面坡口时，坡口角度等于坡口面角度，开双面对称坡口时，坡口角度等于两倍的坡口面角度。

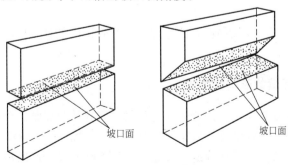

图6-1　坡口面

（3）根部间隙　焊前在焊接接头根部之间预留的空隙叫根部间隙，如图 6-2 所示。根部间隙的作用在于焊接打底焊道时，能保证根部可以焊透。

（4）钝边　焊件开坡口时，沿焊件厚度方向未开坡口的端面部分叫钝边，见图 6-2。钝边的作用是防止焊缝根部焊穿。钝边尺寸要保证第一层焊缝焊透。

（5）根部半径　在 T 形、U 形坡口底部的半径叫根部半径，见图 6-2。根部半径的作用是增大坡口根部的空间，使焊条能够伸入根部的空间，以促使根部焊透。

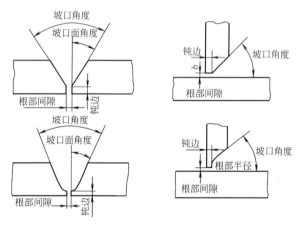

图 6-2　坡口的几何尺寸

（三）焊接工艺参数对焊缝形状的影响

1. 焊缝的形状和尺寸

（1）焊缝宽度　焊缝表面与母材的交界处叫焊趾。单道焊缝横截面中，两焊趾之间的距离叫焊缝宽度。如图 6-3 所示。

（2）余高　对接焊缝中，超出表面焊趾连线上面的那部分焊缝金属的高度叫余高，见图 6-4。余高使焊缝的截面积增加，强

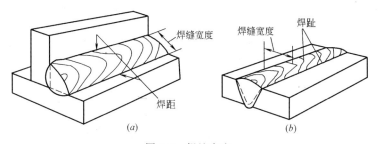

图 6-3 焊缝宽度

(a) 角焊缝焊缝宽度；(b) 对接焊缝焊缝宽度

度提高，并能增加 X 射线摄片的灵敏度，但易使焊趾处产生应力集中。所以余高既不能低于母材，也不能太高。国家标准规定手弧焊的余高值为 0～3mm，埋弧自动焊余高值取 0～4mm。

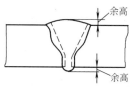

图 6-4 余高

（3）熔深 在焊接接头横截面上，母材熔化的深度叫熔深，见图 6-5。当填充金属材料（焊条或焊丝）一定时，熔深的大小决定了焊缝的化学成分。

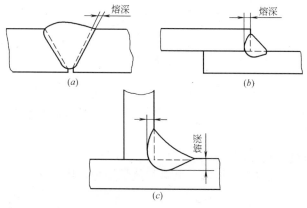

图 6-5 熔深

(a) 对接接头熔深；(b) 搭接接头熔深；(c) T形接头熔深

（4）焊缝厚度 在焊缝横截面中，从焊缝正面到焊缝背面的

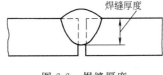

图 6-6 焊缝厚度

距离叫焊缝厚度，见图 6-6。

（5）焊缝成形系数 熔焊时，在单道焊缝横截面上焊缝宽度（B）与焊缝计算厚度（H）之比值，即 $\phi = \dfrac{B}{H}$ 叫焊缝成形系数，见图 6-7。焊缝成形系数 ϕ 越小，则表示焊缝窄而深，这样的焊缝中容易产生气孔夹渣和裂纹。所以焊缝成形系数应保持一定的数值，例如埋弧焊的焊缝成型系数 ϕ 要大于 1.3。

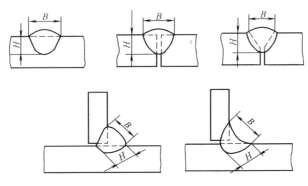

图 6-7 焊缝成型系数的计算

2. 工艺参数对焊缝形状的影响

（1）焊接电流 当其他条件不变时，增加焊接电流，则焊缝厚度和余高都增加，而焊缝宽度几乎保持不变（或略有增加），见图 6-8。

焊接电流增加时，影响如下几个方面。

1）焊接电流增加时，电弧的热量增加，因此熔池体积和弧坑深度也增加，所以冷却下来后，焊缝厚度就增加。

2）焊接电流增加时，焊丝的熔化量也增加，因此焊缝的余高也增加。如果采用不填丝的钨极氩弧焊，则余高就不会增加。

3）焊接电流增加时，一方面是电弧截面略有增加，导致熔

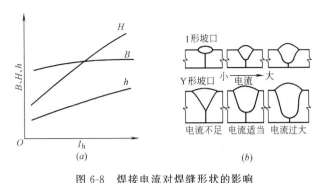

图 6-8 焊接电流对焊缝形状的影响

(a) 影响规律；(b) 焊缝形状的变化

I_h 焊接电流；B 焊缝宽度；H 焊缝厚度；h 余高

宽增加；另一方面是电流增加促使弧坑深度增加。由于电压没有改变，所以弧长不变，导致电弧深入熔池，使电弧摆动范围缩小，则促使熔宽减少。由于两者共同作用，所以实际上熔宽几乎保持不变。

(2) 电弧电压　当其他条件不变时，电弧电压增大，焊缝宽度显著增加，而焊缝厚度和余高将略有减少，见图 6-9。因为电弧电压增加意味着电弧长度增加，因此电弧摆动范围扩大而导致焊缝宽度增加。其次弧长增加后，电弧热量损失加大，所以用来熔化母材和焊丝的热量减少，相对焊缝宽度和余高就略有减小。

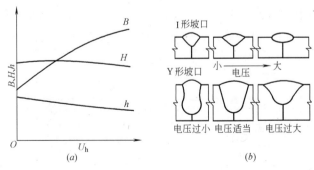

图 6-9 焊接电压 U 对焊缝成形的影响

U_h 焊接电压；B 焊缝宽度；H 焊缝厚度；h 余高

由此可见，电流是决定焊缝厚度的主要因素，而电压则是影响焊缝宽度的主要因素。

（3）焊接速度　焊接速度对焊缝厚度和焊缝宽度有明显的影响，见图 6-10。当焊接速度增加时，焊缝厚度和焊缝宽度都大为下降。这是因为焊接速度增加时，焊缝中单位时间内输入的热量减少了。

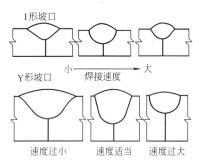

图 6-10　焊接速度对焊缝成形的影响

（4）其他工艺参数对焊缝形状的影响　除了以上三个主要的工艺参数外，其他一些工艺参数对焊缝形状也具有一定的影响。

1）电极直径和焊丝外伸长　减小电极直径不仅电弧截面减小，而且还减小了电弧的摆动范围，所以焊缝厚度和焊缝宽度都将减小。

当焊丝外伸长增加时，电阻热也将增加，焊丝熔化加快，因此余高增加。焊丝直径愈小或材料电阻率愈大时，这种影响愈明显。

2）电极倾角　焊接时电极（或焊丝）相对焊件倾斜，使电弧始终指向待焊部分，这种焊接方法叫前倾焊。前倾时，焊缝成形系数增加，熔深浅，焊缝宽，如图 6-11 所示。这种焊接适于

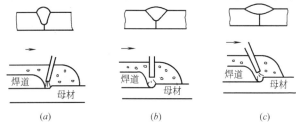

图 6-11　焊丝倾角对焊缝形状的影响
(a) 焊丝后倾；(b) 焊丝垂直；(c) 焊丝前倾

焊薄板。这是因为，前倾电弧力对熔池金属后排作用减弱，熔池底部液体金属增厚，阻碍了电弧对母材的加热作用，故焊缝厚度减小。同时，电弧对熔池前部未熔化母材预热作用加强，因此焊缝宽度增加，余高减小，前倾角度口愈小，这一影响愈明显。

电极（焊丝）后倾时，情况与上述相反。

3) 焊件倾角　当进行上坡焊时，熔池液体金属在重力和电弧作用下流向熔池尾部，电弧能深入到熔池底部，因而焊缝厚度和余高增加。同时，熔池前部加热作用减弱，电弧摆动范围减小，因此焊缝宽度减小。上坡焊角度愈大，影响也愈明显。上坡角度 $\alpha > (6°\sim 12°)$ 时，成形会恶化。因此自动电弧焊时，实际上总是尽量避免采用上坡焊。

下坡焊的情况正好相反，即焊缝厚度和余高略有减小，而焊缝宽度略有增加。因此倾角 $\alpha < (6°\sim 8°)$ 的下坡焊可使表面焊缝成形得到改善，手弧焊焊接薄板时，常采用下坡焊。如果倾角过大，则会导致未焊透和熔池铁水溢流，使焊缝成形恶化，见图 6-12。

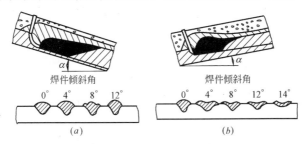

图 6-12　焊件位置对焊缝成形的影响
(a) 上坡焊；(b) 下坡焊

4) 装配间隙与坡口角度　当其他条件不变时，增加坡口深

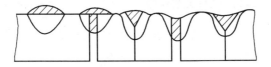

图 6-13　装配间隙与坡口角度对焊缝成形的影响图中阴影部分为焊条熔敷金属占的面积

度和宽度时,焊缝厚度略有增加,焊缝宽度略有减小,而余高显著增加,见图 6-13。

5) 焊剂　埋弧焊时,焊剂的成分、密度、颗粒度及堆积高度均对焊缝形状有一定影响。当其他条件相同时,稳弧性较差的焊剂焊缝厚度较大,而焊缝宽度较小。焊剂密度小、颗粒度大或堆积高度减小时,电弧摆动范围扩大,因此焊缝厚度减小,焊缝宽度增加,余高略为减小。此外,熔渣黏度过大,使熔渣的透气性不良,熔池结晶时,气体排出困难,使焊缝表面形成许多凹坑,成形恶化。

(四) 手 弧 焊

1. 手工电弧焊的特点

(1) 优点

1) 工艺灵活、适应性强;

2) 与气焊及埋弧焊相比,金相组织细,热影响区小;

3) 易于通过工艺调整(如对称焊等等)来控制变形和改善应力;

4) 设备简单、操作方便。

(2) 缺点

1) 对焊工要求高;

2) 劳动条件差;

3) 生产率低。

2. 手工电弧焊的工艺参数

焊接工艺参数(焊接规范)是指焊接时,为保证焊接质量而选定的诸物理量。

(1) 焊条种类和牌号的选择　主要根据母材的性能、接头的刚性和工作条件选择焊条,焊接一般碳钢和低合金钢主要是按等强度原则选择焊条的强度级别，对一般结构选用酸性焊条，重要结构选用碱性焊条。

（2）焊接电源种类和极性的选择　手弧焊时采用的电源有交流和直流两大类，根据焊条的性质进行选择。通常，酸性焊条可同时采用交、直流两种电源，一般优先选用交流弧焊机。碱性焊条由于电弧稳定性差，所以必须使用直流弧焊机，对药皮中含有较多稳弧剂的焊条，亦可使用交流弧焊机，但此时电源的空载电压应较高些。

采用直流电源时，焊件与电源输出端正、负极的接法叫极性。

焊件接电源正极，焊条接电源负极的接线法叫正接，也称正极性。

焊件接电源负极，焊条接电源正极的接线法叫反接，也称反极性。

极性的选择原则：1）碱性焊条常采用反接，因为碱性焊条正接时，电弧燃烧不稳定，飞溅严重，噪声大。使用反接时，电弧燃烧稳定，飞溅很小，而且声音较平静均匀。酸性焊条如使用直流电源时通常采用正接；2）因为阳极部分的温度高于阴极部分，所以用正接可以得到较大的熔深，因此，焊接厚钢板时可采用正接，而焊接薄板、铸铁、有色金属时，应采用反接。

（3）焊条直径　可根据焊件厚度进行选择。厚度越大，选用的焊条直径应越粗，见表 6-1。但厚板对接接头坡口打底焊时要选用较细焊条，另外接头形式不同，焊缝空间位置不同，焊条直径也有所不同。如 T 形接头应比对接接头使用的焊条粗些，立焊、横焊等空间位置比平焊时所选用的应细一些。立焊最大直径不超过 5mm，横焊仰焊直径不超过 4mm。

焊条直径与焊件厚度的关系（mm）　　　　表 6-1

焊件厚度	2	3	4～5	6～12	＞13
焊条直径	2	3.2	3.2～4	4～5	4～6

(4) 焊接电流的选择　焊接电流是手弧焊最重要的工艺参数，也是焊工在操作过程中惟一需要调节的参数，而焊接速度和电弧电压都是由焊工控制的。选择焊接电流时，要考虑的因素很多，如焊条直径、药皮类型、工件厚度、接头类型、焊接位置、焊道层次等。但主要由焊条直径、焊接位置和焊道层次来决定。

1) 焊条直径　焊条直径越粗，焊接电流越大，每种直径的焊条都有一个最合适的电流范围，见表6-2，还可以根据下面的经验公式计算焊接电流：

$$I = (35 \sim 55) \cdot d$$

式中　I——焊接电流，A；
　　　d——焊条直径，mm。

各种直径焊条使用电流的参考值　　表6-2

焊条直径(mm)	1.6	2.0	2.5	3.2	4.0	5.0	6
焊接电流(A)	25～40	40～65	50～80	100～130	160～210	260～270	260～300

2) 焊接位置　在平焊位置焊接时，可选择偏大些的焊接电流。横、立、仰焊位置焊接时，焊接电流应比平焊位置小10%～20%。角焊电流比平焊电流稍大些。

3) 焊道层次　通常焊接打底焊道时，特别是焊接单面焊双面成形的焊道时，使用的焊接电流要小，这样才便于操作和保证背面焊道的质量；焊填充焊道时，为提高效率，通常使用较大的焊接电流；焊盖面焊道时，为防止咬边和获得较美观的焊缝，使用的电流稍小些。

另外，碱性焊条选用的焊接电流比酸性焊条小10%左右。不锈钢焊条比碳钢焊条选用电流小20%左右等。

总之，电流过大过小都易产生焊接缺陷。电流过大时，焊条易发红，使药皮变质，而且易造成咬边、弧坑等缺陷，同时还会使焊缝过热，促使晶粒粗大。

(5) 电弧电压　手弧焊时，电弧电压是由焊工根据具体情况灵活掌握的，其原则一是保证焊缝具有合乎要求的尺寸和外形，二是保证焊透。

电弧电压主要决定于弧长。电弧长，电弧电压高；反之，则低。在焊接过程中，一般希望弧长始终保持一致，而且尽可能用短弧焊接。所谓短弧是指弧长为焊条直径的 0.5~1.0 倍，超过这个限度即为长弧。

(6) 焊接速度　在保证焊缝所要求的尺寸和质量的前提下，由焊工根据情况灵活掌握。速度过慢，热影响区加宽，晶粒粗大，变形也大；速度过快，易造成未焊透，未熔合，焊缝成形不良等缺陷。

焊接电流与焊接电压的乘积为焊接功率，焊接功率除以焊接速度即为焊接的线能量，也就是输入单位长度焊缝的能量。

(7) 焊接层数的选择　在厚板焊接时，必须采用多层焊或多层多道焊。多层焊的前一条焊道对后一条焊道起预热作用，而后一条焊道对前一条焊道起热处理作用（退火或缓冷），有利于提高焊缝金属的塑性和韧性。每层焊道厚度不大于 4~5mm。

(五) 埋 弧 焊

埋弧焊是电弧在焊剂下燃烧进行焊接的方法，分为自动和半自动两种，是目前仅次于手弧焊的应用最广泛的一种焊接方法。

1. 埋弧焊的工艺特点

(1) 优点

1) 生产率高　埋弧焊保护效果好，没有飞溅，焊接电流大，热量集中，电弧穿透能力强，焊缝熔深大，且焊接速度快。

2) 质量好　焊接规范稳定，熔池保护效果好，冶金反应充分，性能稳定，成形美观。

3) 节省材料和电能　电弧能量集中，散失少，耗电小，中、薄焊件可不开坡口，减少填充金属。

4) 改善劳动条件，降低劳动强度　电弧在焊剂层下燃烧，弧光、有害气体对人体危害小。

(2) 缺点

1) 只适用于水平（俯位）位置焊接。

2) 由于焊剂成分是 MnO、SiO_2 等金属及非金属氧化物，因此难以用来焊接铝、钛等氧化性强的金属和合金。

3) 设备比较复杂，仅适用于长焊缝的焊接，并且由于需要导轨行走，所以对于一些形状不规则的焊缝无法焊接。

4) 当电流小于 100A 时，电弧稳定性不好，不适合焊接厚度小于 1mm 的薄板。

5) 由于熔池较深，对气孔敏感性大。

(3) 应用范围

埋弧焊是工业生产中高效焊接方法之一。可焊接各种钢板结构。焊接碳素结构钢、低合金结构钢、不锈钢、耐热钢、复合钢材等。在造船、锅炉、桥梁、起重机械及冶金机械制造业中应用最广泛。

2. 埋弧焊的工艺参数

(1) 焊接电流　当其他条件不变时，增加焊接电流，则焊缝厚度和余高都增加，而焊缝宽度几乎保持不变。电流是决定熔深的主要因素，增大电流能提高生产率，但在一定焊速下，焊接电流过大会使热影响区过大，易产生焊瘤及焊件被烧穿等缺陷，若电流过小，则熔深不足，产生熔合不好、未焊透夹渣等缺陷，并使焊缝成形变坏。

(2) 焊接电压　其他工艺参数不变时，焊接电压增大，焊缝宽度显著增加，而焊缝厚度和余高将略有减少。焊接电压是决定熔宽的主要因素。焊接电压过大时，焊剂熔化量增加，电弧不稳，严重时会产生咬边和气孔等缺陷。

(3) 焊接速度　其他参数不变时，焊接速度增加时，焊缝厚度和焊缝宽度都大为下降。这是因为焊接速度增加时，焊缝中单位时间内输入的热量减少了。焊接速度过快时，会产生咬边、未焊透、电弧偏吹和气孔等缺陷,以及焊缝余高大而窄,成形不好,焊接速度太慢,则焊缝余高过高,形成宽而浅的大熔池,焊缝表面粗糙,容易产生满溢、焊瘤或烧穿等缺陷;焊接速度太慢而且焊接电压又太高时,焊缝截面呈"蘑菇形",容易产生裂纹。

(4) 焊丝直径与伸出长度　焊接电流不变时,减小焊丝直径,因电流密度增加,熔深增大,焊缝成形系数减小。因此,焊丝直径要与焊接电流相匹配,见表 6-3。焊丝伸出长度增加时,熔接速度和金属增加。

埋弧焊时不同直径焊丝的焊接电流范围　　表 6-3

焊丝直径(mm)	2	3	4	5	6
电流密度(A/mm^2)	63～125	50～85	40～63	35～50	28～42
焊接电流(A)	200～400	350～600	500～800	500～800	800～1200

(5) 焊丝倾角　单丝焊时焊件放在水平位置,焊丝与工件垂直,如图 6-11 (b) 所示。当采用前倾焊时,如图 6-11 (c) 所示,适用于焊薄板。焊丝后倾时,焊缝成形不良,如图 6-11 (a) 所示,一般只用于多丝焊的前导焊丝。

(6) 焊件位置影响　详见前面"焊接接头"的内容。

(7) 装配间隙与坡口角度的影响　当其他条件不变时,增加坡口深度和宽度时,焊缝厚度略有增加,焊缝宽度略有减小,而余高显著增加,见图 6-13。

(8) 焊剂层厚度与粒度　焊剂层厚度增大时,熔宽减小,熔深略有增加,焊剂层太薄时,电弧保护不好,容易产生气孔或裂纹;焊剂层太厚时,焊缝变窄,成形系数减小。

焊剂颗粒度增加,熔宽加大,熔深略有减小;但过大,不利于熔池保护,易产生气孔。

3. 焊接坡口的基本形式及尺寸

埋弧自动焊由于使用的焊接电流较大,对于厚度在 12mm 以下的板材,可以不开坡口,采用双面焊接,以达到全焊透的要求。厚度大于 12～20mm 的板材，为了达到全焊透，在单面焊后，焊件背面应清根，再进行焊接。

对于厚度较大的板材，应开坡口后再进行焊接。坡口形式与手弧焊基本相同，由于埋弧焊的特点，采用较厚的钝边，以免焊穿。

（六）气体保护焊的工艺特点、焊接工艺参数

气体保护焊与其他焊接方法相比，具有如下特点。

(1) 明弧焊　焊接过程中，一般没有熔渣，熔池的可见度好，适宜进行全位置焊接。

(2) 热量集中　电弧在保护气体的压缩下，热量集中，焊接热影响区窄，焊件变形小，尤其适用于薄板焊接。

(3) 可焊接化学性质活泼的金属及其合金　采用惰性气体焊接化学性质活泼的金属，可获得高的接头质量。

1. 钨极氩弧焊（TIG 焊）

(1) 基本原理　氩弧焊是利用惰性气体——氩气保护的一种电弧焊接方法。如图 6-14 所示。从喷嘴中喷出的氩气在焊接区造成一个厚而密的气体保护层，隔绝空气，在氩气层流的包围中，电弧在钨极和工件之间燃烧，利用电弧产生的热量熔化焊件，从而获得牢固的焊接接头。

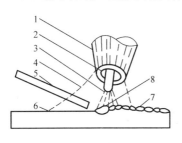

图 6-14　钨极氩弧焊
1—喷嘴；2—钨极；3—电弧；4—氩气流；
5—焊丝；6—焊件；7—焊缝；8—熔池

(2) 主要特点　1) 保护效果好，焊缝质量高，焊接过程基本上是金属熔化与结晶的简单过程，因此焊缝质量高；2) 焊接变形与应力小，因为电弧受氩气流冷却和压缩作用，电

弧的热量集中且氩弧的温度高,故热影响区窄,焊接薄件具有优越性;3)明弧焊,便于观察与操作,适用于全位置焊接,并容易实现机械化自动化;4)成本较高;5)氩弧焊电势高,引弧困难。需要采用高频引弧及稳弧装置等;6)氩弧焊产生的紫外线是手弧焊的5~30倍;生成的臭氧对焊工危害较大。放射性的钍钨极对焊工也有一定的危害。所以应使用没有放射性的铈钨电极。

(3)应用范围 几乎所有的金属材料都可进行焊接,特别适宜焊接化学性质活泼的金属。

2. 焊接工艺参数

(1)焊接电源种类和极性 电源种类和极性可根据焊件材质进行选择,见表6-4。

TIG焊焊接电源的种类与极性 表6-4

电源种类与极性	被焊金属材料
直流正极性	低合金高强度钢、不锈钢、耐热钢、铜、钛及其合金
直流反极性	适用各种金属的熔化极氩弧焊,TIG焊很少采用
交流电源	铝、镁及其合金

采用直流正接时,工件接正极,温度较高,适于焊厚工件及散热快的金属,钨棒接负极,温度低,可提高许用电流,同时钨极烧损小。

直流反接时,钨极接正极烧损大,所以钨极氩弧焊很少采用,但此时具有"阴极破碎"作用。

采用交流钨极氩弧焊时,在焊件为负,钨极为正的半周波里,阴极有去除氧化膜的破碎作用,即"阴极破碎"作用。在焊接铝、镁及其合金时,其表面有一层致密的高熔点氧化膜,若不及时去除,将会造成未熔合、夹渣、焊缝表面形成皱皮及内部气孔等缺陷。利用钨极在正半波时正离子向熔池表面高速运动,可将金属表面的氧化膜撞碎,避免产生焊接缺陷。所以通常用交流钨极氩弧焊来焊接氧化性强的铝镁及其合金。

（2）钨极直径　主要按焊件厚度、焊接电流大小和电源极性来选取钨极直径。如果钨极直径选择不当，将造成电弧不稳，钨棒烧损严重和焊缝夹钨。

（3）焊接电流　根据工件的材质、厚度和接头空间位置选择焊接电流。过大或过小的焊接电流都会使焊缝成形不良或产生焊接缺陷。

（4）电弧电压　电弧电压由弧长决定，弧长增加，焊缝宽度增加，熔深减少，气体保护效果随之变差，甚至产生焊接缺陷。因此，应尽量采用短弧焊。

（5）氩气流量　随着焊接速度和弧长的增加，气体流量也应增加；喷嘴直径、钨极伸出长度增加时，气体流量也应相应增加。若气体流量过小，则易产生气孔和焊缝被氧化等缺陷，若气体流量过大，则会产生不规则紊流，反而使空气卷入焊接区，降低保护效果。另外还会影响电弧稳定燃烧。可按下式计算氩气流量。

$$Q=(0.8\sim1.2)D$$

式中　Q——氩气流量，L/min；

　　　D——喷嘴直径，mm。

（6）焊接速度　氩气保护是柔性的，当遇到侧向空气吹动或焊速过快时，则氩气气流会受到弯曲，保护效果减弱。如果适当地加大气流量，气流速度增大，可以减小弯曲程度。因此，氩弧焊时应注意气流的干扰以及防止焊接速度过快。

（7）喷嘴直径　增大喷嘴直径的同时，应增加气体流量，此时保护区大，保护效果好。但喷嘴过大时，不仅使氩气的消耗增加，而且可能使焊具伸不进去，或妨碍焊工视线，不便于观察操作。因此，常用的喷嘴直径一般取8～20mm为宜。

（8）喷嘴至焊件的距离　这里指的是喷嘴端面和工件间距离，这个距离越小，保护效果越好。所以，喷嘴至焊件间的距离应尽可能小些，但过小将使操作、观察不便。因此，通常取喷嘴至焊件间的距离为5～15mm。

3. 熔化极氩弧焊（MIG焊）

（1）原理与特点

使用熔化电极的氩弧焊叫熔化极氩弧焊，简称MIG焊，其工艺见图6-15。焊丝在送丝滚轮的输送下，通往焊接区，与母材产生电弧，熔化焊丝与母材形成熔池。氩气从喷嘴流出进行保护，焊枪移动后即形成焊缝。由于电极是焊丝，焊接电流可大大增加，且热量集中，可用于焊接厚板，同时容易实现焊接过程机械化和自动化。

熔化极氩弧焊熔滴的过渡形式通常采用喷射过渡。喷射过渡发生在较高电弧电压和较大电流密度的情况下，产生喷射过渡时的焊接电流称为临界电流，它与焊丝直径和保护气体种类有关。

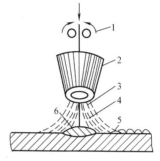

图6-15 熔化极氩弧焊
1—送丝滚轮；2—喷嘴；3—氩气；
4—焊丝；5—焊缝；6—熔池

（2）焊接工艺参数

由于熔化极氩弧焊对熔池的保护要求较高，如果保护不良，焊缝表面便起皱皮，所以喷嘴口径及气体流量比起钨极氩弧焊都要相应增大，通常喷嘴口径为20mm左右，氩气流量则在30～60L/min范围之内。

（3）焊接设备

1）焊接电源 为实现喷射过渡，减少飞溅，熔化极氩弧焊均采用直流电源，且反接。当采用细焊丝时，用等速送丝系统，配平外特性电源；而使用粗焊丝时，则采用均匀调节式送丝系统，配下降外特性电源。

2）送丝机构 熔化极氩弧焊的送丝机构和CO_2气体保护焊的送丝机构相同，也分为推丝式、拉丝式和推拉丝式。

3）供气系统 熔化极氩弧焊的供气系统包括气瓶、减压器、流量计及电磁气阀等。

4) 焊枪　作用是夹持电极、传导焊接电流和输送保护气体。焊枪手把上装有启动和停止按钮。焊枪有水冷或空冷式两种。空冷式焊枪使用焊接电流小于150A；水冷式焊枪使用电流大于150A。

5) 控制系统

(A) 引弧以前预送保护气体，焊接停止时，延迟关闭气体。

(B) 送丝控制和速度调节包括焊丝的送进、回抽和停止，均匀调节送丝速度。

(C) 控制主回路的通断，引弧时可以在送丝开始以前或同时接通电源；焊接停止时，应当先停丝后断电，这样既能填满弧坑，又避免焊丝和焊件粘牢。

4. CO_2 气体保护焊

(1) 特点

1) CO_2 气体的氧化性　CO_2 气体是氧化性气体，来源广，成本低，焊接时 CO_2 气体被大量地分解，分解出来的原子氧具有强烈的氧化性。

常用的脱氧措施是加入铝、钛、硅、锰脱氧剂，其中硅、锰用得最多。

2) 气孔　由于气流的冷却作用，熔池凝固较快，很容易在焊缝中产生气孔。但有利于薄板焊接，焊后变形也小。

(A) 一氧化碳气孔。在焊接熔池开始结晶或结晶过程中，熔池中的碳与 FeO 反应生成的 CO 气体来不及逸出，而形成气孔。若在焊丝中加入较多的脱氧元素，并限制碳的含量，产生 CO 气孔的可能性很小。

(B) 氮气孔。原因是保护气层遭到破坏，使大量空气侵入焊接区所致。

(C) 氢气孔。主要来自油污、铁锈及水分。CO_2 气体具有氧化性，可以抑制氢气孔的产生，只要焊接前对 CO_2 气体进行干燥处理，去除水分，则产生氢气孔的可能性很小。

因此，CO_2气体保护焊焊缝产生的气孔主要是氮气。加强保护是防止气孔的重要措施。

3）抗冷裂性　由于焊接接头含氢量少，所以CO_2气体保护焊具有较高的抗冷裂能力。

4）飞溅　飞溅是二氧化碳气体保护焊的主要缺点，产生飞溅的原因有以下几方面：

(A) 由CO气体造成的飞溅。CO_2气体分解后具有强烈的氧化性，使碳氧化成CO气体，CO气体受热急剧膨胀，造成熔滴爆破，产生大量细粒飞溅。减少这种飞溅的方法可采用脱氧元素多、含碳量低的脱氧焊丝，以减少CO气体的生成。

(B) 斑点压力引起的飞溅。用正极性焊接时，熔滴受斑点压力大，飞溅也大。采用反极性可减少飞溅。

(C) 短路时引起的飞溅。发生短路时，焊丝与熔池间形成液体小桥（细颈部），由于短路电流的强烈加热及电磁收缩力作用，使小桥爆断而产生细颗粒飞溅。在焊接回路中串联合适的电感值，可减少这种飞溅。

(2) 工艺参数

1）短路过渡　短路过渡采用细焊丝，常用焊丝直径为$\phi 0.6 \sim 1.2 mm$，随着焊丝直径增大，飞溅颗粒都相应增大。

(A) 焊接电流。主要是根据焊丝直径、送丝速度和焊缝位置等综合选择。

(B) 电弧电压。电弧电压应与焊接电流配合选择。随焊接电流增加，电弧电压也应相应加大。短路过渡时，电压为$16 \sim 24V$。粗滴过渡时，电压应为$25 \sim 45V$。电压过高或过低，都会影响电弧的稳定性和飞溅增加。

(C) 焊接速度。焊接速度对焊缝成形、接头性能都有影响。速度过快会引起咬边、未焊透及气孔等缺陷。速度过慢则效率低，输入焊缝的热量过多，接头晶粒粗大，变形大，焊缝成形差，一般半自动焊速度为$15 \sim 40m/h$。

(D) 焊丝干伸长度。干伸长度应为焊丝直径的 10~12 倍。干伸长度过大,焊丝会成段熔断,飞溅严重,气体保护效果差;过小,不但易造成飞溅物堵塞喷嘴,影响保护效果,还会影响焊工视线。

(E) 气体流量及纯度。流量过大,会产生不规则紊流,保护效果反而变差。通常焊接电流在 200A 以下时,气体流量选用 10~15L/min;焊接电流大于 200A 时,气体流量选用 15~25L/min。

CO_2 气保焊气体纯度不得低于 99.5%。

(F) 电源极性。二氧化碳气体保护焊应采用直流反接。反接具有电弧稳定性好、飞溅小等特点。

2) 细颗粒状过渡 细颗粒状过渡大都采用较粗的焊丝,常用的是 $\phi1.6mm$ 和 $\phi2.0mm$ 两种,几种直径焊丝采用细颗粒状过渡时的最低电流值和电弧电压范围,见表 6-5。

CO_2 气体保护焊细颗粒过渡时的最低电流值和电弧电压范围

表 6-5

焊丝直径(mm)	1.2	1.6	2.0	3.0	4.0
最低电流值(A)	300	400	500	650	750
电弧电压(V)	34~45				

焊接时,电源极性仍采用直流反接,同时回路中可以不串联电感。

(3) 焊接设备

1) **焊接电源** 二氧化碳气体保护焊均使用平硬式缓降外特性的直流电源。并要求具有良好的动特性。

2) **焊枪及送丝系统** 焊枪按送丝方式可分为推丝式焊枪、拉丝式焊枪和推拉丝焊枪,按焊枪结构形状可分为手枪式和鹅颈式。

送丝共有三种方式。

推丝式:焊枪与送丝机构分开,焊丝由送丝机构推送,通过软管进入焊枪。该结构简单、轻便。但送丝阻力大，软管长度受限制，一般长为2~5m。

拉丝式：送丝机构和焊丝盘装在焊枪上。拉丝式的送丝速度均匀稳定，但是焊枪质量大，仅适宜于$\phi 0.5 \sim \phi 0.8$mm的细焊丝。

推拉丝式：焊丝盘与焊枪分开，送丝时以推为主，拉为辅。此种方式送丝速度稳定，软管可延长致15m左右，但结构复杂。

3）供气装置　由气瓶、预热器、干燥器、流量计及气阀组成。CO_2气瓶为黑色；预热器的作用是对CO_2气体进行加热；干燥器的作用是减少CO_2气体中的水分；减压器、流量计及气阀与氧气瓶、乙炔瓶中使用的设备作用相同。

4）控制系统　其控制程序如图6-16所示。

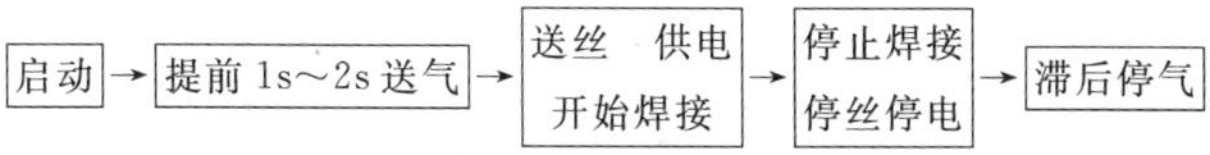

启动 → 提前1s~2s送气 → 送丝 供电 开始焊接 → 停止焊接 停丝停电 → 滞后停气

图6-16　控制系统的控制程序

提前送气和滞后停气都是为了保护电弧空间。

（七）等离子弧焊和切割

1. 等离子弧焊

借助水冷喷嘴对电弧的拘束作用，获得较高能量密度的等离子弧进行焊接的方法，叫等离子弧焊。

（1）等离子弧的产生及形式、特点

普通弧焊的电弧是由一定数量的导电离子和不同比例的中性粒子所组成的混合体，这种电弧通常称为自由电弧。如果将自由电弧进行压缩，使其横截面减小，则电弧中的电流密度就大大提高，电离度也就随之增大，几乎达到全部等离子体状态的电弧叫等离子弧。

根据电源的接法和产生等离子弧的形式不同,等离子弧可分为三种形式:

1) 转移型弧 是产生于电极与焊件之间的等离子弧,如图 6-17(a) 所示。电弧先在电极与喷嘴之间引燃,然后再转移到电极与焊件之间,转移型弧热量集中,热效率高。

2) 非转移型弧 产生于电极与喷嘴之间的等离子弧,如图 6-17(b) 所示,喷嘴喷出的高温等离子焰是熔化金属和非金属材料的热源。

3) 联合型弧 是转移型和非转移型弧同时存在的等离子弧,如图 6-17(c) 所示,主要用于微束等离子弧焊接。

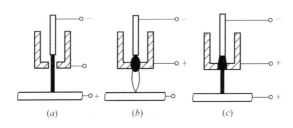

图 6-17 等离子弧的类型
(a) 转移型弧;(b) 非转移型弧;(c) 联合型弧

等离子弧具有温度高(16000～30000℃)、能量密度大、电弧挺度好、机械冲刷力强等特点。

(2) 等离子弧焊工艺

1) 穿透型等离子弧焊接 该方法是利用小孔效应实现等离子焊接的方法。焊接时,借助转移型弧达到单面焊双面成型的效果。

(A) 工作气体流量。包括等离子气体和保护气体的流量。等离子气体的流量是保证小孔效应的重要参数。过小不易形成小孔,过大小孔直径太大不易形成焊缝。保护气体流量要与等离子气体流量保持一定的比例,以提高保护效果。

(B) 焊接电流。根据焊件厚度的选择,适当提高焊接电流,可提高穿透能力。但过大的小孔直径会使熔池下坠不能形成焊缝；过小则不能产生小孔效应。

(C) 焊接速度。增加焊接速度，焊件热输入量减少，小孔直径减小，所以焊接速度不易过快。

(D) 喷嘴距焊件的距离。一般应为3~5mm，过高会降低穿透能力，过低则飞溅易粘塞喷嘴。

2）熔透型等离子弧焊接　焊接时只熔透焊件，但不产生小孔效应的焊接方法。此法与钨极氩弧焊相似，适用于薄板、多层焊缝的盖面及角焊缝的焊接，但生产率高于钨极氩弧焊。

3）微束等离子弧焊　利用小电流（通常小于30A）进行焊接的方法。焊接时采用联合型弧，由于电流在30A以下，因此适宜焊接金属薄箔及丝网。

(3) 等离子弧焊设备

1）电源　等离子弧广泛采用具有陡降外特性的直流电源。微束等离子焊，使用具有垂直陡降外特性的电源。

2）焊枪　可分为上枪体、下枪体和喷嘴等几部分。上枪体的作用是夹持并冷却钨极，对钨极导电，以及调节钨极对中与内缩长度等。下枪体的作用是对下枪体及喷嘴进行冷却，安装喷嘴与保护罩，输送等离子气与保护气，以及对喷嘴导电等。由于上下枪体都接电而极性不同，故两者之间用一个绝缘和定位连结。

3）喷嘴　是焊枪的关键部分，它的结构形状与尺寸，对等离子弧的压缩作用及稳定性有重要影响，直接关系到焊接能力、使用寿命和焊缝成形质量。喷嘴结构有三种形式：

(A) 单孔喷嘴　如图6-18（a）所示，适用于中、小电流等离子弧焊的焊枪。

(B) 多孔喷嘴　如图6-18（b）所示，多用于大电流等离子弧焊枪中。

(C) 双锥度喷嘴　如图6-18（c）所示，这种喷嘴能减小或避免双弧现象，多用于大电流、焊接较大厚度的焊件。

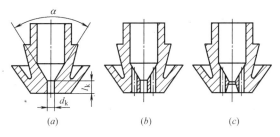

图 6-18 等离子弧焊用喷嘴结构
(a) 单孔喷嘴;(b) 多孔喷嘴;(c) 双锥度喷嘴

2. 等离子切割

(1) 原理及特点

1) 原理 等离子弧切割是利用等离子弧的热能实现切割的方法。切割时等离子弧将割件熔化,并借等离子流的冲击力将熔化金属排除,从而形成割缝。

2) 特点 (A) 可切割任何黑色金属、有色金属;(B) 采用非转移型弧,可切割非金属材料及混凝土、耐火砖等;(C) 由于等离子弧能量高度集中,所以切割速度快,生产率高;(D) 切口光洁、平整,并且切口窄,热影响区小,变形小,切割质量好。

(2) 电源、工作气体及电极

1) 电源 要求具有陡降外特性的直流电源,并且空载电压在 150~400V 之间。

2) 工作气体 主要有氮气、氩及混合气体(氮气+氢气、氩气+氢气及氩气、氮气等)。其中氩气与氮气的混合气体切割效果最佳。

3) 电极材料 当等离子气为氩气或其他惰性气体时,可采用钍钨极或铈钨极;等离子气为氮或氧化性强的气体时,可采用锆电极。

(3) 工艺参数

1) 切割电流及电压 切割电流和电压决定着等离子弧的功率,等离子弧功率大,所切割厚度也大。用增加切割电压来提高切割厚度，效果比增加切割电流要好。

2）等离子气种类与流量 主要根据切割厚度来选择，见表6-6。

等离子气的选择　　　　　　　表 6-6

切割件厚度(mm)	气体种类	切割效果	备注
≤120	N_2	可以	
≤150	$N_2+Ar(N_2 10\%\sim80\%)$	可以	
≤200	$N_2+H_2(N_2 50\%\sim80\%)$	尚好	
≤200	$Ar+H_2(H_2O\sim35\%)$	很好	薄、中、厚板效果都好

适当增加等离子气流量，可提高切割厚度和质量。但流量过大，冷却气流会带走大量的热量，使切割能力下降，等离子弧不稳定。

3）切割速度 在功率不变的情况下，适当提高切割速度可使切口变窄，热影响区减小。切割速度过快，会造成割不透。

4）喷嘴距焊件的距离 一般距离为 7～10mm。距离过大会降低切割能力，过小则易烧坏喷嘴。

(4)"双弧"现象

所谓"双弧"，是在使用转移型等离子弧时出现的一种破坏电弧燃烧稳定性的现象。这时除已存在的等离子弧外，又在工件和喷嘴之间产生电弧，如图 6-19 所示。出现双弧时会破坏切割或焊接工艺的正常进行，严重时会造成喷嘴烧损。产生双弧的原因除与喷嘴的结构尺寸有关外，还与切割工艺参数的选择是否正确有关。

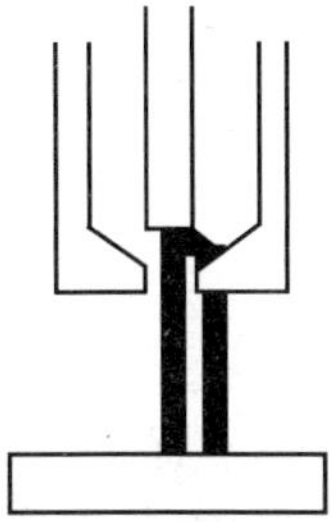

图 6-19 "双弧"现象

（八）电 渣 焊

1. 电渣焊的基本原理

(1) 原理

电渣焊是利用电流通过液态熔渣所产生的电阻热进行焊接的方法。电渣焊的简单过程如图6-20所示。电源的一端接在电极上，另一端接在焊件上，电流通过电极和熔渣后再到焊件。由于渣池中的液态熔渣电阻较大，产生大量的电阻热，将渣池加热到很高温度（1700～2000℃）。高温的熔池把热量传递给电极与焊件，使其熔化，熔化金属因密度比熔渣大，故下沉到底部形成金属熔池，而熔渣始终浮于金属熔池上部。随焊接过程的连续进行，温度逐渐降低的熔池金属在冷却滑块的作用下，强迫凝固形成焊缝。

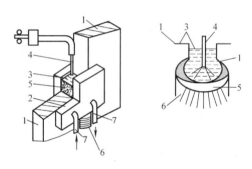

图6-20 电渣焊过程示意图
1—焊件；2—冷却滑块；3—渣池；4—电极（焊丝）；
5—金属熔池；6—焊缝；7—冷却水管

（2）特点

1）大厚度焊件可一次焊成，且不开坡口，通常用于焊接40～2000mm厚度的焊件。

2）焊缝缺陷少，不易产生气孔、夹渣及裂纹等缺陷。

3）成本低，焊丝与焊剂消耗量少。焊件越厚，成本相对越低。

4）焊接接头晶粒粗大，从而降低了接头的塑性与冲击韧性。但是通过焊后热处理，可使晶粒细化，改善接头的力学性能。

（3）电渣焊用焊接材料

1）焊剂 电渣焊焊剂用"焊剂170"、"焊剂360"，它具有稳定的电渣过程,并有一定的脱硫能力,主要用于低碳钢和低合金钢的焊接。此外,也可采用某些埋弧焊剂,如"焊剂430"、"焊剂431"。

2) 电极材料　电渣焊电极材料除起填充金属作用外,还起着向焊缝过渡合金元素的作用,以保证焊缝的力学性能和抗裂性能。

2. 各种电渣焊方法的工艺特点及设备

(1) 各种电渣焊方法的工艺特点

1) 丝极电渣焊　可分为单丝或多丝电渣焊,通过摆动,以增加焊件的厚度。焊接时,焊丝不断熔化,作为填充金属。此方法一般适用于焊接板厚40~450mm的较长直焊缝或环焊缝。

2) 板极电渣焊　它是用一条或数条金属板条作为熔化电极。其特点是设备简单,不需要电极横向摆动和送丝机构,因此可利用边料作电极。生产率比丝极电渣焊高,但需要大功率焊接电源。同时要求板极长度约是焊缝长度的3.5倍,由于板极太长而造成操作不方便,因而使焊缝长度受到限制。此法多用于大断面,而长度小于1.5m的短焊缝。

3) 熔嘴电渣焊　它是用焊丝与熔嘴作熔化电极的电渣焊。熔嘴是由一个或数个导丝管与板料组成,其形状与焊件断面形状相同,它不仅起导电嘴的作用,而且熔化后可作为填充金属的一部分。根据焊件厚度,可采用一只或多只熔嘴。此方法可焊接比板极电渣焊焊接面积更大的焊件,并且适宜焊接不太规则断面的焊件。

4) 管状熔嘴电渣焊　与熔嘴电渣焊相似,不同的是熔嘴采用的是外表面带有涂料的厚壁无缝钢管,涂料除了起绝缘作用外,还可以起到补充熔渣及向焊缝过渡合金元素的作用。此方法适合于中等厚度(20~60mm)焊件的焊接。

(2) 电渣焊设备　电渣焊一般采用专用设备,生产中较为常用的是HS-1000型电渣焊机。它适用于丝极和板极电渣焊,可焊接 60～500mm 厚的对接立焊缝；调整个别零件后，可焊接 60～250mm 厚的十字形接头、角接接头焊缝，配合焊接滚轮架，可焊接直径在 3000mm 以下，壁厚小于 450mm 的环缝，以及用板极焊接 800mm 以内的对接焊缝。

HS-1000 型电渣焊机主要由自动焊机头、导轨、焊丝盘、控制箱等组成，并配有焊接不同焊缝形式的附加零件，焊接电源采用 BP1-3X1000 型焊接变压器。

（九）材料的焊接性及估算公式

1. 焊接性的基本概念及定义

金属的焊接性是指金属材料对焊接加工的适应性，主要指在一定的焊接工艺条件下，获得优质焊接接头的难易程度。它包括两方面的内容：

（1）接合性能 即在一定的焊接工艺条件下，一定的金属形成焊接缺陷的敏感性。

（2）使用性能 即在一定的焊接工艺条件下，一定金属的焊接接头对使用要求的适应性。

金属焊接性的内容是多方面的，对于不同材料、不同工作条件下的焊件，焊接性的内容不同。因此焊接性只是相对比较的概念。

2. 碳当量及其应用

碳当量是判断焊接性最简便的方法之一。所谓碳当量是指把钢中合金元素（包括碳）的含量按其作用换算成碳的相当含量，作为评定钢材焊接性的一种参考指标。这是因为，碳是钢中的主要元素之一，随着碳含量增加，钢的塑性急剧下降，并且在高应力的作用下，产生焊接裂纹的倾向也大为增加。因此钢中含碳量是影响焊接性的主要因素之一。同时，如在钢中加入铬、镍、锰、钼、钒、铜、硅等合金元素时,焊接接头的热影响区在焊接过程中产生硬化的倾向也加大,即焊接性也将变差。所以这些合金元素对钢材焊接性的影响和碳是相同的。对于碳钢和低合金结构钢,碳当量的计算公式为

$$C_E = C + \frac{Mn}{6} + \frac{Ni+Cu}{15} + \frac{Cr+Mo+V}{5}(\%)$$

根据经验:$C_E < 0.4\%$时,钢材的焊接性优良,淬硬倾向不明显,焊接时不必预热;$C_E = 0.4\% \sim 0.6\%$时,钢材的淬硬倾向逐渐明显,需要采取适当预热,控制线能量等工艺措施;$C_E > 0.6\%$时,淬硬倾向更强,属于较难焊的材料,需采取较高的预热温度和严格的工艺节施。

利用碳当量来评定钢材的焊接性,只是一种近似的方法,因为它没有考虑到焊接方法、焊件结构、焊接工艺等一系列因素对焊接性的影响。

(十) 低合金结构钢及珠光体耐热钢的焊接性、焊接工艺和焊接方法

1. 低合金结构钢

(1) 低合金结构钢分类及应用　低合金结构钢是指合金元素含量低于5%的钢。可以分为强度钢和专业用钢两大类,见表6-7。强度钢以该钢材的屈服强度进行分类,专业用钢按钢材的用途进行分类。

许多重要产品,由于使用了低合金结构钢,不仅大量地节约了钢材,减轻了重量,同时也大大地提高了产品的质量和使用寿命。

(2) 普通低合金结构钢的焊接性　由于各种普通低合金结构钢的化学成分不同,焊接性的差异也较大。焊接时易出现的主要问题有如下几种。

1) 热影响区的淬硬倾向

低合金结构钢的分类　　　　　　　表 6-7

类别			钢材牌号	备注
强度钢	300MPa 级		09Mn2、09Mn2Si、18NbB、12Mn	属于普通低合金钢,是焊接结构中应用最广、用量最大的钢种
	350MPa 级		16Mn、14MnNbB、16MnCu、12MnV	
	400MPa 级		15MnV、15MnVCu、15MnVRe、16MnNb	
	450MPa 级		15MnVN、15MnVNCu、15MnVTiRe	
	500MPa 级		18MnMoNb、14MnMoNb、14MnMoVCu	
	550～600MPa 级		14MnMoVB	
专业用钢	耐蚀钢	化工、石油用耐蚀钢	15MnCrAlTiRe、08AlMoV、09AlVTiCu、12AlMoV、15Al3MoWVTi	要求能抗氢、氮、硫化氢等,强度不高
		海水、大气耐蚀用钢	14MnPNbRe、09MnCuPTi、08MnPRe、10MnPRe	用于造船、港口建筑等,强度不高
	低温钢		09Mn2V、09MnCuTiRe、06MnNb、06AlCuNbN、2.5Ni、3.5Ni、9Ni、18Ni	用于各种低温设备,强度要求不高,但低温（＜-20℃）韧性要求较高
	珠光体耐热钢		12CrMo、15CrMo、20CrMo、12Cr1MoV、12Cr2MoWVB、12MoVWBSiRe	用于各种电站设备,一般用于 500～600℃

（A）化学成分的影响。含碳量和所含合金元素量越高,其淬硬倾向就越大。所以普通低合金结构钢强度等级高时,含碳量或合金元素多,淬硬倾向就大。

（B）冷却速度。焊后冷却速度越大,淬硬倾向也越大。焊件冷却速度决定于焊件的厚度、尺寸大小、接头形式、焊接方法、焊接工艺参数的大小和预热温度等。

2）焊接接头的冷裂纹　在焊接强度级别高、厚板时,常在焊缝金属和热影响区产生冷裂纹。

3）热裂纹　普低钢产生热裂纹的可能性比冷裂纹小得多,只有在原材料化学成分不符合规格（如含 S、C 量偏高）时才有可能产生。

（3）普通低合金结构钢的焊接工艺特点

1）焊条、焊丝及焊剂的选择　强度钢应按照等强原则选择焊条。

表 6-8

焊接普低钢时焊条、焊丝及焊剂的选用

类别		钢材牌号	手工电弧焊焊条型号	埋弧自动焊 焊丝牌号	埋弧自动焊 焊剂牌号	施工条件
	300MPa级	09MnV、09Mn2 09Mn2(Cu)、12Mn 09Mn2(Si)	E4303 E4301 E4316 E4315	HA08A H08MnA	焊剂 431	一般情况不预热
	350MPa级	16Mn、16MnCu、14MnNb 16MnRe、12MnV 16MnSiCu	E5003 E5001 E5016 E5015	不开坡口 H08A 中板开坡口 H08MnA H10Mn2 H10MnSi 厚板开坡口 H10Mn2	焊剂 431 焊剂 350	一般情况不预热
强度钢	400MPa级	15MnV、15MnVCu 15MnVRe、15MnTi 15MnTiCu、16MnNb	E5016 E5015 E5501 E5516 E5515	不开坡口 H08MnA 中板开坡口 H10MnSi H10Mn2 H08Mn2Si 厚板深坡口 H08MnMoA	焊剂 431 焊剂 350 焊剂 250	一般情况不预热或预热 100~150℃
	450MPa级	15MnVN 15MnVNCu 15MnVTiRe	E5516 E5515 E6016-D1 E6015-D1	H08MnMoA	焊剂 431 焊剂 350	预热 150℃以上施焊
	500MPa级	18MnMoNb 14MnMoNb 14MnMoVCu	E7015-D2	H08Mn2MoA H08MnMoVA	焊剂 350 焊剂 250	预热 150℃以上施焊
	550MPa级	14MnMoVB	E7015D2	H08Mn2MoVA	焊剂 350 焊剂 250	预热 250℃以上施焊

2) 预热 预热是防止冷裂纹、热裂纹和热影响区出现淬硬组织的有效措施。

3) 焊后热处理 多数情况下，普低钢焊后不需进行热处理，只有在钢材强度等级较高、厚壁容器、电渣焊接头等才采用焊后热处理。

低合金钢焊后热处理有三种方法：(A) 消除应力退火；(B) 正火加回火或正火；(C) 淬火加回火（一般用于调质钢的焊接结构）。

焊后热处理应注意的问题：(A) 不要超过母材的回火温度，以免影响母材的性能；(B) 对于有回火脆性的材料，应避开出现脆性的温度区间，以免脆化；(C) 对于含一定量铜、钼、钒、钛的低合金钢消除应力退火时，应注意防止产生再热裂纹。

(4) 常用普通低合金钢的焊接工艺（见表6-8）

1) 16Mn钢的焊接 16Mn钢是应用最广的普低钢。它只是比Q235钢多加入约1%的锰。而屈服强度却提高35%左右，而且冶炼、加工和焊接性都较好。16Mn属于350MPa级的普通低合金结构钢。

(A) 焊接性 16Mn钢具有良好的焊接性，淬硬倾向比Q235钢稍大些。在大厚度、大刚性结构上进行小工艺参数、小焊道的焊接时可能出现裂纹，特别是在低温条件下进行焊接。因此，在低温条件下焊接时应进行适当的预热。

(B) 焊接方法。常见的焊接方法都可用于16Mn钢的焊接。

由于16Mn钢在冶炼过程中是采用铝、钛等元素脱氧的细晶粒钢，可选用较大的焊接线能量，有助于避免淬硬组织的出现。

2) 15MnV和15MnTi钢的焊接 这两类钢均属于400MPa级的普低钢，它们分别是在16Mn钢的基础上加入0.04%~0.12%V和0.12%~0.20%Ti炼制而成。钒和钛的加入，能使钢材强度增高，同时又能细化晶粒，减少钢材的过热倾向。

(A) 焊接性。15MnV和15MnTi钢含碳量的上限比16Mn钢低0.02%，所以具有良好的焊接性。当板厚小于32mm，在0℃以上焊接时，原则上可不预热。当板厚大于32mm或在0℃

以下施焊时,应预热到 100~150℃,焊后采用 550~560℃ 的回火处理。

(B) 焊接方法。常用的焊接方法都可用于 15MnV 和 15MnTi 的焊接。

15MnTi 是正火状态下使用的钢种。Ti 起弥散强化作用,因而对热的敏感性较大,适用较小的焊接规范。

3) 18MnMoNb 钢的焊接　18MnMoNb 钢属于 500MPa 级的普低钢,是采用铌和钼来强化的中温压力容器用钢。具有高的强度,综合力学性能好。

(A) 焊接性。18MnMoNb 钢的碳当量为 0.57%,所以焊接性较差,焊接时具有一定的淬硬倾向,故焊前一般需要预热,预热温度为 200~250℃。为防止焊后产生延迟裂纹,焊后应立即进行 650℃ 的回火处理。

(B) 焊接方法。18MnMoNb 钢焊接装配点固前应局部预热到 170℃ 以上,否则会在焊接热影响区产生微裂纹。

手弧焊时,可采用 $E6016\text{-}D_1$、$E7015\text{-}D_2$ 等抗拉强度大于 650MPa 的焊条。使用时应严格遵守碱性焊条的使用规则,并重视坡口的清理工作,以免由氢引起冷裂。

埋弧自动焊时,层间温度应控制在 300℃ 以下。

2. 珠光体耐热钢

高温下具有足够的强度和抗氧化性的钢叫作耐热钢。珠光体耐热钢是以铬、钼为主要合金元素的低合金钢,由于它的基体组织是珠光体,故称珠光体耐热钢。

(1) 珠光体耐热钢的特性　珠光体钢合金元素总量一般不超过 5%,在 500~600℃ 有良好的热强性,工艺性好,比较经济,应用广泛。钢中的铬、钼含量是决定钢的抗氧化能力和热强性的主要因素。因为铬对氧的亲和力较大,在高温时首先在金属表面形成氧化铬,防止金属继续氧化。钢中的碳易于与铬形成化合物,降低固熔体中铬的浓度,从而降低钢的抗氧化性能,因而耐热钢的含碳量应在 0.25% 以下。钒、钨、铌、钛等合金元素与碳形成稳定的碳化物，可提高珠光体钢的热强性能。

（2）珠光体耐热钢的焊接性

1）淬硬倾向较大，易产生冷裂纹，多出现在焊缝和热影响区中。

2）焊后热处理过程中易产生再热裂纹。

（3）珠光体耐热钢的焊接工艺　焊接珠光体耐热钢一般都需预热，定位焊也需预热，对于刚性大、接头质量要求高的构件，还需整体预热，焊接过程中焊件不得低于预热温度。应尽可能一次焊完，以免由间断焊接而产生接头开裂现象。如必须间断焊接过程，应使焊件经保温后再缓慢均匀冷却。

焊后，一般要求采取保温措施，重要结构焊后需要进行后热处理。后热是在预热温度上限保温数小时后，再开始缓冷。

为了消除焊接应力，改善焊接接头的力学性能，提高高温性能和防止变形，焊后一般采用高温回火。

（4）珠光体耐热钢的焊接方法　一般的焊接方法均可焊接珠光体耐热钢，其中手工电弧焊和埋弧自动焊的应用较多，CO_2 气体保护焊也日益增多，电渣焊在大断面焊接中得到应用。在焊接重要的高压管道时，常用钨极氩弧焊封底，然后用熔化极气体保护焊或手弧焊盖面。

1）手弧焊　焊条选用见表 6-9。另外，还可选用奥氏体不锈钢焊条焊接，焊后一般可不做热处理。

部分铬钼耐热纲焊条的选用及预热、焊后热处理　表 6-9

材料牌号	焊接工艺		焊后热处理(℃)
	预热温度(℃)	电焊条	
16Mo	200～250	E5015-A1	690～710
12CrMo	200～250	E5515-B1	680～720
15CrMo	200～250	E5515B2	680～720
12Cr1MoV	200～250	E5515-B2-V	710～750
12Cr2MoWVB	250～300	E5515-B3-VWB	760～780
ZG20CrMoV	350～400	E5515-B2-V	690～710

2) 钨极氩弧焊 不但焊接质量高，而且效率也高。坡口可不留间隙，焊接时可以填充焊丝也可以不填充焊丝。焊接工艺参数见表6-10。常用钨极氩弧焊时的焊丝牌号见表6-11。

氩弧打底焊的工艺参数　　　　　　表6-10

管子规格	钨极直径(mm)	钨极伸出长度(mm)	焊接电流(A)	喷嘴直径(mm)	填充焊丝直径(mm)	氩气流量(L/min)
小直径薄壁管	2.5	5～6	90～110	8	2.4	8～12
大直径厚壁管	2.5	6～8	110～130	8	2.4	10～15

珠光体耐热钢钨极氩弧焊用焊丝　　　　　表6-11

钢号	12CrMo	15CrMo	12G1MoV	12Cr2MoWVB
焊丝牌号	H12CrMo H05CrMoTiRe	H12CrMo H05CrMoTiRe	H08CrMoV H05CrMoVTiRe	H08Cr2MoVTiB

3) 其他方法 采用埋弧焊、电渣焊和CO_2气体保护焊时，焊丝、焊剂牌号见表6-12。

焊丝和焊剂选用表　　　　　　表6-12

钢号	埋弧自动焊		电渣焊		CO_2气体保护焊
	焊丝	焊剂	焊丝	焊剂	焊丝
15CrMo	H13CrMoA	350	H18CrMoA H08CrMoV	431 431	H08CrMnSiMo
12Cr1MoV	H08CrMoVA	350	H08CrMoA H12CrMo	431	H08CrMnSiMo
15Cr1Mo1V	H18CrMoA	250 260	H18CrMoA	431	H08Cr1Mo1MnSiV

（十一）奥氏体不锈钢的焊接性、焊接工艺和焊接方法

1. 不锈钢的分类及性能

（1）分类 各种不锈钢都具有良好的化学稳定性。能抵抗大

气腐蚀的钢叫不锈钢。将不锈钢加热到900～1100℃淬火后，按所得到的化学组织不同，可分为以下三类：

$$\text{不锈钢}\begin{cases}\text{铬不锈钢}\begin{cases}\text{马氏体不锈钢}\\ \text{铁素体不锈钢}\end{cases}\\ \text{铬镍奥氏体不锈钢}\\ \text{铬锰氮不锈钢}\end{cases}$$

(2) 性能

1) 力学性能和物理性能　见表6-13、表6-14。

18-8型不锈钢和低碳钢的力学性能　　　　表6-13

钢　号	抗拉强度（MPa）	屈服强度（MPa）	延伸率（%）	硬度（HBS）
0Cr18Ni9	550～700	220～255	35～50	140～175
1Cr18Ni9	550～700	250～300	35～50	150～190
2Cr18Ni9	580～850	250～300	35～50	160～200
1Cr18Ni9Ti	540～750	250～300	35～50	150～180
低碳钢	380～470	240	25～27	113

18-8型不锈钢和低碳钢的物理性能　　　　表6-14

钢　号	电阻率（Ω·m）（20℃）	导热率[W/(m·k)]		线膨胀系数（×10⁻⁶/℃）	
		100℃	500℃	0～100℃	0～650℃
18-8	73×10^{-8}	16.33	21.35	16.9	18.7
Q_{235}	15×10^{-8}	58.62	461.8	12.2	14.7

2) 脆化　不锈钢在一般情况下具有良好的塑性，但在热加工或冷加工不当时，会产生脆化而形成裂纹。

(A) 475℃脆化。铁素体不锈钢在350～500℃内长期停留（几个小时到几十个小时），就会使冲击韧性大大下降，此种现象称为脆化。由于475℃时脆化速度最大，故称为475℃脆化，在铁素体不锈钢中含铬量越高，脆化越迅速。在奥氏体不锈钢中含有铁素体时，也会产生475℃脆化。

(B) σ相脆化。奥氏体或铁素体不锈钢在高温（375～

875℃）长时间保温（几小时到几百小时）会形成一种 Fe-Cr 金属间化合物，即 σ 相。σ 相的性能极硬而脆，且分布在晶界处，使不锈钢的冲击韧性大大下降而脆化。

3) 耐腐蚀性　不锈钢中含有大量的铬，使其表面形成一层很薄、致密而坚固的氧化膜，从而增加了不锈钢的耐腐蚀性。

2. 不锈钢的焊接性

（1）焊接接头的抗腐蚀性

1) 整体腐蚀　任何不锈钢在腐蚀性介质作用下，其工作表面总会有腐蚀现象产生，这种腐蚀叫整体腐蚀。不锈钢焊件整体腐蚀的量不大，并且和焊接也无关。

2) 晶间腐蚀　易发生在奥氏体不锈钢中，详见奥氏体不锈钢焊接性部分。

3) 应力腐蚀　不锈钢在静应力（内应力或外应力）作用下在腐蚀性介质中发生的破坏。

（2）热裂纹　是不锈钢焊接时比较容易产生的一种缺陷，包括焊缝的纵向和横向裂纹、弧坑裂纹、打底焊的焊根裂纹和多层焊的层间裂纹等，特别是含镍量较高的奥氏体不锈钢焊接时更易产生。

（3）焊接接头的脆化

1) 475℃ 脆性　焊接过程中不可避免地要经历这个温度。已产生 475℃ 脆化的焊缝，可经 900℃ 淬火消除。

2) σ 相脆化　为了消除已经生成的 σ 相，恢复焊接接头的韧性，可以把焊接接头加热到 1000～1050℃，然后快速冷却。σ 相在 1Cr18Ni9Ti 钢的焊缝中一般不产生。

3) 熔合线脆断　奥氏体不锈钢在高温下长期使用，在沿焊缝熔合线外几个晶粒的地方会发生脆断现象，此种现象称为熔合线脆断。

（4）奥氏体不锈钢　奥氏体不锈钢具有良好的焊接性，如焊接材料或焊接工艺不正确时，会出现晶间腐蚀或热裂纹等缺陷。

1) 晶间腐蚀 晶间腐蚀发生于晶粒边界，所以叫晶间腐蚀。它是奥氏体金属最危险的破坏形式之一。不锈钢具有抗腐蚀能力的必要条件是含铬量大于 12%。当含铬量小于 12% 时，就会失去抗腐蚀的能力。奥氏体不锈钢就是由于晶界处形成贫铬区（含铬量小于 12%）而造成的。其原因是当奥氏体不锈钢处在 450～850℃ 温度下，碳在奥氏体中的扩散速度大于铬在奥氏体中的扩散速度。室温下碳在奥氏体中的熔解度很小，约为 0.02%～0.03%，当奥氏体钢中的含碳量超过 0.02%～0.03% 时，碳就不断地向奥氏体晶界扩散，并和铬化合形成铬化物（$Cr_{23}C_6$）。但由于铬比碳原子半径大，扩散速度小，来不及向晶界扩散，晶界附近大量的铬和碳化合成碳化铬，造成奥氏体边界的贫铬区，当其含铬少于 12% 时，便失去抗腐蚀的能力，在腐蚀介质中使用，即会引起晶间腐蚀。这种腐蚀可以发生在热影响区、焊缝或熔合线上。在熔合线发生的腐蚀又称刀状腐蚀。

焊接时采用以下措施，可以减小和防止晶间腐蚀的产生：

（A）选用超低碳（C 含量≤0.03%）或添加钛或铌等稳定元素的不锈钢焊条。

（B）采用小规范，目的是减少危险温度停留时间。采用小电快速焊、短弧焊及不作横向摆动。焊缝可强制冷却以加快冷却速度，减少热影响区。多层焊时要控制层间温度，要前一道焊缝冷却到 60℃ 以下再焊。

（C）接触介质的焊缝最后施焊。

（D）焊后固溶处理是将工件加热至 1050～1100℃，使碳迅速熔入奥氏体中，然后迅速冷却，形成稳定的奥氏体组织。

（E）采用双相组织是使接头中形成奥氏体加铁素体的双相组织，减少和隔断奥氏体晶粒的连续晶界。

2) 热裂纹 因为奥氏体不锈钢液相线和固相线距离大，使低熔点杂质偏析严重，而且集中在晶界处，加之膨胀系数大，冷却时收缩应力大，所以易产生热裂纹。

3. 奥氏体不锈钢的焊接工艺及方法

(1) 手弧焊

1) 焊前准备 当板厚≥3mm 时要开坡口，坡口两侧 20～30mm 内用丙酮擦净清理，并涂石灰粉，防止飞溅损伤金属表面。

2) 点固焊 点固焊焊条与焊接焊条型号相同，直径要稍细些。点固高度不超过工件厚度的 2/3，长度不超过 30mm。

3) 焊接材料 见表 6-15。

常用奥氏体不锈钢焊条的选用 表 6-15

钢材牌号	工作条件及要求	选用焊条
0Cr18Ni9	工作温度低于 300℃，同时要求良好的耐腐蚀性能	E0-19-10-16,E0-19-10-15 E00-19-10-16
1Cr18Ni9Ti	要求优良的耐腐蚀性能及要求采用含钛稳定的 Cr18Ni9 型不锈钢	E0-19-10Nb-16 E0-19-10Nb-15
Cr18Ni12Mo2Ti	抗无机酸、有机酸、碱及盐腐蚀	E0-18-12Mo2-16 E0-18-12Mo2-15 E00-19-12-Mo2-16
	要求良好的抗晶间腐蚀性能	E0-18-12Mo2Nb-16 E00-19-12Mo2-16
Cr18Ni12Mo2Cu2Ti	在硫酸介质中要求更好的耐腐蚀性能	E0-19-13-Mo2Cu2-16
Cr25Ni20	高温工作（工作温度低于 1100℃）不锈钢与碳钢焊接	E2-26-21-16,E2-26-21-15

4) 焊接工艺 (A) 采用小规范可防止晶间腐蚀、热裂纹及变形的产生。焊接电流比低碳钢低 20%；(B) 为保证电弧稳定燃烧，可采用直流反接法；(C) 短弧焊，收弧要慢，填满弧坑；(D) 与腐蚀介质接触的面最后焊接；(E) 多层焊时要控制层间温度；(F) 焊后可采取强制冷却；(G) 不要在坡口以外的地方起弧，地线要接好；(H) 焊后变形只能用冷加工矫正。

(2) 氩弧焊　奥氏体不锈钢采用氩弧焊时，由于保护作用好，合金元素不易烧损，过渡系数比较高。所得焊缝成形好，没有渣壳，表面光洁，因此，焊成的接头具有较高的耐热性和良好的力学性能。

1) 钨极氩弧焊　适宜于厚度不超过 8mm 的板结构，特别适宜于厚度在 3mm 以下的薄板，直径在 60mm 以下的管子以及厚件的打底焊。钨极氩弧焊电弧的热功率低，所以焊接速度较慢，冷却速度慢。因此，焊缝及热影响区，在危险温度区间停留的时间长，所以钨极氩弧焊焊接接头的抗腐蚀性能往往比正常的手弧焊接头差。

2) 熔化极混合气体脉冲氩弧焊　如 Ar 和 $0.5\%\sim1\%$ 的 O_2 或 Ar 和 $1\%\sim5\%$ 的 CO_2，外加脉冲电流，即采用混合气体的熔化极脉冲氩弧焊，这时焊接过程稳定，熔滴呈喷射过渡，焊丝熔化速度增快，电弧热量集中，特别是采用自动焊时，质量更好。

(3) 等离子弧焊　已成功地应用于奥氏体不锈钢的焊接。电弧热量集中，可采用比钨极氩弧焊高得多的焊接速度，从而可提高焊接生产率。

(4) 埋弧自动焊　埋弧焊由于熔池体积大，冷却速度较小，容易引起合金元素及杂质的偏析。因此，焊接奥氏体不锈钢时，为防止裂纹的产生，而在焊缝中加入的铁素体量就要多一些，这样就容易引起焊缝脆化，因此限制了埋弧焊的应用。

(5) 奥氏体不锈钢的焊后处理　为增加奥氏体不锈钢的耐腐蚀性，焊后应进行表面处理，处理的方法有抛光和钝化。

1) 表面抛光　不锈钢焊件表面如有刻痕、凹痕、粗糙点和污点等，会加快腐蚀。如将不锈钢表面抛光，就能提高其抗腐蚀的能力，表面粗糙度越小，抗腐蚀性能就越好。

2) 钝化处理　该处理是在不锈钢的表面人工地形成一层氧化膜，以增加其耐腐蚀性。经钝化处理后的不锈钢，外表全部呈银白色，具有较高的耐腐蚀性。

(十二) 铁素体不锈钢与马氏体不锈钢的焊接工艺

1. 铁素体不锈钢的焊接

(1) 焊接性 铁素体不锈钢焊接时的主要问题是,由于热影响区晶粒急剧长大,475℃脆性和 σ 相析出不仅引起接头脆化,而且也使冷裂倾向加大。

铁素体不锈钢焊接时,在温度高于 1000℃ 的熔合线附近快速冷却时会产生晶间腐蚀,但经 650~850℃ 加热并随后缓冷就可以加以消除。

由于铁素体钢在加热和冷却过程中不发生相变,所以晶粒长大以后,不能通过热处理来细化。

(2) 焊接工艺 铁素体不锈钢只采用手弧焊进行焊接。为了避免焊接时产生裂纹,焊前可以预热。为防止过热,焊接时应采用小电流、快速焊;焊条最好不要作摆动。多层焊时要控制层间温度,对于厚度大的焊件,为减小焊接应力,每道焊缝焊完后,可用小锤轻轻敲击。焊接铁素体不锈钢用焊条,见表 6-16。

焊接铁素体不锈钢用焊条 表 6-16

钢 种	对接头性能的要求	选用焊条	预热及热处理
Cr17 Cr17Ti	耐硝酸及耐热	铬 302	焊前预热 120~200℃,焊后 750~800℃ 回火
Cr17 Cr17Ti	耐有机酸及耐热	铬 311	焊前预热 120~200℃,焊后 750~800℃ 回火
Cr17Mo2Ti	提高焊缝塑性	奥 107 奥 207	不预热,不热处理
Cr25Ti	抗氧化性	奥 307	不预热,焊后 760~860℃ 回火
Cr28 Cr28Ti	提高焊缝塑性	奥 402,奥 407 奥 412	不预热,不热处理

2. 马氏体不锈钢的焊接

(1) **焊接性** 马氏体不锈钢有强烈的淬硬倾向,焊接时在热影响区易产生粗大的马氏体组织。马氏体钢的导热性差,焊接时残余应力大,因此很容易产生冷裂纹。钢中含碳量越高,冷裂倾向也越大,特别当接头中含氢量高时,在连续冷却到温度低于100～120℃以下时,冷裂倾向更为严重。

马氏体不锈钢有较大的过热倾向,焊接时在温度超过1150℃的热影响区内,晶粒显著长大。过快或过慢的冷却都能引起接头脆化。另外,马氏体不锈钢也有475℃脆性,所以在预热和热处理时必须注意。

马氏体不锈钢晶间腐蚀倾向很小。

(2) **焊接工艺** 马氏体不锈钢的焊接应进行焊前预热及焊后热处理。常用的焊接方法是手弧焊,手弧焊时焊条的选用见表6-17,焊接时采用较大的焊接电流、缓慢的冷却速度。

焊接马氏体不锈钢用焊条 表6-17

钢 种	对接头性能的要求	选用焊条	预热及热处理
1Cr13 2Cr13	抗大气腐蚀及气蚀	铬202 铬207	焊前预热150～350℃,焊后700～730℃回火
	耐有机酸腐蚀、耐热	铬211	焊前预热150～350℃,焊后700～730℃回火
	要求焊缝有良好的塑性	奥102,奥107 奥202,奥207 奥402,奥407	焊前不预热(对厚大件可预热至200℃) 焊后不预热处理
Cr11MoV	540℃以下有良好的热塑性	铬117	焊前预热300～400℃,焊后冷却至100～150℃后,再在700℃回火
Cr12WMoV (F11)	600℃以下有良好的热塑性	热817(焊芯16Cr12-MoVNi)	焊前预热300～450℃,焊后冷却至100～120℃后,再在740～760℃回火

另外,马氏体不锈钢还可采用埋弧自动焊、氩弧焊和CO_2气体保护焊等方法,采用这些焊接方法时,可选用与母材成分类似的焊丝。

七、异种金属焊接

(一) 金属材料的基本性能

金属性能主要是指它的物理性能、化学性能及力学性能三方面。每种金属都有它自己的性能,可见两种金属材料的性能是不同的,有的差别还很大,这对焊接的难易程度、材料的搭配组合以及焊接工艺的制定都有很大影响。

(1) 金属材料的物理性能主要包括:密度、熔点、沸点、比热容、热导率、线膨胀系数及电阻系数等。详见表 7-1。

常见金属的物理性能 表 7-1

金属名称	密度 $(g \cdot cm^{-3})$	熔点 $(℃)$	沸点 $(℃)$	比热容 $(J \cdot kg^{-1} \cdot K^{-1})$	热导率 $(W \cdot m^{-1} \cdot K^{-1})$	线膨胀系数 $(10^{-6} K^{-1})$	电阻系数 $(10^{-8} \Omega \cdot m)$
铁(Fe)	7.87	1537	2857	481.5	66.7	11.76	10.1
铜(Cu)	8.92	1084	2578	376.8	359.2	16.6	1.67
铝(Al)	2.70	660	2327	934.8	206.9	23.8	2.65
镍(Ni)	8.90	1453	2834	456.5	69.6	13.4	7.8
钛(Ti)	4.50	1677	3530	539.1	13.8	8.2	42.1
钼(Mo)	10.22	2610	4827	265.2	123.1	5.44	5.78
钨(W)	19.30	3380	5900	147.8	152.9	4.6	5.1
锆(Zr)	6.45	1852	4415	286.9	21.9	5.05	44.7
铍(Be)	1.85	1283	2477	1847.8	146.2	12.3	4.2
铅(Pb)	11.34	328	1751	130.4	31.9	29.1	22
镁(Mg)	1.74	650	1104	1086.9	144.6	25.8	4.46
锰(Mn)	7.44	1314	2150	500	—	22	185
铌(Nb)	8.55	2497	4927	278.3	48.1	7.5	14.6
金(Au)	19.30	1063	2709	134.8	273.1	14.3	2.44
银(Ag)	10.50	961	2162	243.5	422.8	20.6	1.59

续表

金属名称	密度 ($g \cdot cm^{-3}$)	熔点 (℃)	沸点 (℃)	比热容 ($J \cdot kg^{-1} \cdot K^{-1}$)	热导率 ($W \cdot m^{-1} \cdot K^{-1}$)	线膨胀系数 ($10^{-6} K^{-1}$)	电阻系数 ($10^{-8} \Omega \cdot m$)
钒(V)	6.11	1857	3377	552.2	26.9	8.3	24.8
锌(Zn)	7.14	420	906	317.4	103.8	29.7	5.75
锡(Sn)	7.28	232	2679	234.8	61.5	23	11.5
钽(Ta)	16.60	2997	5427	156.5	54.5	6.6	13.6
锑(Sb)	6.68	630	1637	217.3	17.3	10.8	39
铬(Cr)	7.20	1903	2665	295.7	61.5	6.2	12.8
钴(Co)	8.90	1495	2877	443.4	63.5	14.2	5.68
铂(Pt)	21.45	1770	3827	139.1	65.4	8.9	10.58

（2）金属材料的化学性能主要包括：相对原子量、原子半径、原子外层电子数目、晶格类型、晶格常数等。详见表 7-2。

常见金属的化学性能 表 7-2

金属名称	原子序数	相对原子质量	原子半径 (10^{-10} m)	原子外层电子数	晶格类型	晶格常数 (10^{-10} m)	周期表中位置
铁(Fe)	26	55.85	1.27	2	体心立方(α-Fe) 面心立方(γ-Fe) 体心立方(δ-Fe)	$a_\alpha = 2.860$ $a_\gamma = 3.668$	ⅧB
铜(Cu)	29	63.54	1.28	1	面心立方	$a = 3.6147$	ⅠB
铝(Al)	13	26.98	1.43	1	面心立方	$a = 4.0496$	ⅢA
镍(Ni)	28	58.71	1.24	2	面心立方	$a = 3.5236$	ⅧB
钛(Ti)	22	47.90	1.47	2	密集六方	$a = 3.5236$ $c = 4.6788$	ⅣB
钼(Mo)	42	95.94	1.40	1	体心立方	$a = 3.1468$	ⅥB
钨(W)	74	183.2	1.41	2	体心立方(α-W) 复杂立方(γ-W)	$a = 3.1650$	ⅥB
锆(Zr)	40	91.22	1.58	1	体心立方(α-Zr) 密集六方(β-Zr)	$a = 3.231$ $a_\beta = 3.609$ $c = 5.148$	ⅣB
铍(Be)	4	9.012	1.13	2	密集六方	$a = 2.2856$ $c = 3.5832$	ⅡA
铅(Pb)	82	207.2	1.74	2	面心立方	—	ⅣA
镁(Mg)	12	24.305	1.364	2	密集六方	$a = 3.2094$ $c = 5.2105$	ⅡA
锰(Mn)	25	54.94	1.31	2	复杂立方(α-Mn) 复杂立方(β-Mn) 面心立方(γ-Mn) 面心立方(δ-Mn)		ⅦB

续表

金属名称	原子序数	相对原子质量	原子半径(10^{-10}m)	原子外层电子数	晶格类型	晶格常数(10^{-10}m)	周期表中位置
铌(Nb)	41	92.906	1.429		体心立方	$a=3.3010$	ⅤB
金(Au)	79	196.97	1.44	1	面心立方	$a=4.0788$	ⅠB
银(Ag)	47	107.87	1.44	1	面心立方	$a=4.0587$	ⅠB
钒(V)	23	50.942	1.36	2	体心六方	$a=3.0288$	ⅤB
锌(Zn)	30	65.38	1.33	2	密集六方	$a=2.6649$ $c=4.9468$	ⅡB
锡(Sn)	50	118.6	1.58	2	体心四方	—	ⅣA
钽(Ta)	73	180.94	1.47	2	体心立方		ⅤB
锑(Sb)	51	121.7	1.61	3	菱形	—	ⅤA
铬(Cr)	24	51.99	1.28	1	体心立方(α-Cr) 密集六方(β-Cr)	$a=2.8846$	ⅥB
钴(Co)	27	58.93	1.25	2	面心立方(α-Co) 密集六方	$a=2.506$ $c=4.069$	ⅧB
铂(Pt)	78	195.09	1.388	2	面心立方	$a=3.9310$	ⅧB

(3) 金属材料的力学性能主要包括：抗拉强度、屈服强度、伸长率、硬度等。详见表 7-3。

常见金属的力学性能　　　　　　　表 7-3

名称	抗拉强度 σ_b(MPa)	屈服强度 σ_s(MPa)	伸长率 δ(%)	硬度	弹性模量(拉伸)E(GPa)	备注
银(Ag)	125	35	50	25HBS	71	
铝(Al)	40~50	15~20	50~70	20~35HBS	62	
金(Au)	103	30~40	30~50	18HBS	78	
铍(Be)	228~352	186~262	1~3.5	75~85HBS	275~300	
铋(Bi)	20	—	—	7HBS	32	
铈(Ce)	117	28	22	22HV	30	γ 相
镉(Cd)	71	10	50	16~23HBS	55	
钴(Co)	255	—	5	125HBS	211	
铜(Cu)	209	33.3	60	37HBS	128	
镁(Mg)	165~205	69~105	5~8	35HBS	44	
钼(Mo)	600	450	60	300~400HV	320	
铌(Nb)	275	207	30	80HV	103	退火状态
镍(Ni)	317	59	30	60~80HBS	207	
铅(Pb)	15~18	5~10	50	4~6HBS	15~18	
钯(Pd)	185	32	40	32HBS	114.8	
铂(Pt)	143	37	31	30HBS	150	

续表

名称	抗拉强度 σ_b(MPa)	屈服强度 σ_s(MPa)	伸长率 δ(%)	硬度	弹性模量（拉伸）E(GPa)	备注
铑（Rh）	951	70～100	30～35	55HBS	293	
锑（Sb）	11.4	—	—	30～58HBS	77.759	
锡（Sn）	15～27	12	40～70	5HBS	44.3	
钽（Ta）	392	362	46.5	120HV	186	粉末冶金法
钛（Ti）	235	140	54	60～74HBS	106	
钨（W）	1000～1200	750	—	350～450HV	405～410	
钇（Y）	186	27	17	40HV	63.6	
锌（Zn）	110～150	90～100	40～60	30～42HBS	130	
锆（Zr）	300～500	200～300	15～30	120HBS	99	

（二）异种金属的分类及其焊接性

（1）异种金属的分类。异种金属最常见的是按金属材料组合进行分类的。按此方法可分为以下几种。

1）异种黑色金属焊接，如珠光体钢与奥氏体钢焊接、奥氏体不锈钢与铁素体钢焊接等。

2）异种有色金属焊接，如铜与铝的焊接。

3）有色金属与钢的焊接，如铜与钢、铝与钢的焊接。

（2）异种金属的焊接性。异种金属的焊接无论从焊接机理和操作技术上都要比同类金属焊接困难得多，复杂得多。因为除了金属本身的物理化学性能影响之外，两种金属材料性能的差异会在更大程度上影响它们的焊接性。焊接性的概念有两方面内容：一是金属在焊接过程中焊接接头是否容易形成缺陷；二是焊接后的接头在一定的使用条件下可靠运行的能力。概括起来，焊接性能包括接头的结合性能和使用性能。

从理论上分析，无论是同种金属还是异种金属，只要在熔化状态下能够相互形成熔液或共晶的任意两种金属或合金，都可以经过熔焊形成接头。许多异种金属或合金所形成的焊接头，有时只是通过中间过渡层的焊接材料熔合成的。因此，可以认为上述几种情况都可以看作是"具有一定焊接性"的。差别只在于通过简单焊接工艺还是复杂焊接工艺来实现的。可以说：焊接接头的结合性能和使用性能都可以达到要求的，可称为焊接性好；反之，就称焊接性差。表 7-4 为异种金属间熔焊焊接性。

异种金属间熔焊焊接性　　　表 7-4

金属名称	铬钢	镀锡铁皮	镀锌铁皮	锌	镉	锡	铅	钼	镁	铝	紫铜	青铜	黄铜	镍铜合金	镍铬合金	镍	不锈钢	碳钢
碳钢	O	O	O				O				O	O	O	O	O	O	O	O
不锈钢	O	O	O	⊕	⊕	⊕	O				×		O	O	O	O	O	
镍	O	O	O	⊕	×	×	O				⊕				⊘			
镍铬合金	O	O	O	⊘	⊘	⊘	O			⊕				O				
镍铜合金	⊕	O	O			×	×			⊕			O					
黄铜	⊕	O	O	⊕	×	×	⊕			⊕	O	O						
青铜	O	O	O				×				O							
紫铜	×	O	⊕	O	×	×												
铝									O									
镁																		
钼		O	⊕	⊕	O													
铅				O	⊕	O												
锡		O		O														
镉	⊕	O	O	O														
锌	O	O	O															
镀锌铁皮	O	O																
镀锡铁皮	O	O																
铬钢	O																	

符号说明
O—焊接性好
⊘—焊接性尚好但焊缝脆弱
⊕—焊接性不好
×—不能焊接
空白—未经试验

1. 异种金属组合的合金相结构

异种金属之间是否有良好的焊接性，除了两种金属固有的焊接性外，主要是看两金属能否熔合成"合金"。至于"合金"能否成为连接这两种金属的焊缝金属，则在很大程度上取决于该"合金"的合金相结构。一般来说，金属组元之间的合金有固溶体和金属间化合物两种合金相结构。通过对合金相结构的分析，焊接性好与不好有以下几种情况。

（1）异种金属接头熔焊后互为无限固溶（如 Cu-Ni 等）或有

限固溶（如 Cu-Ag 等），则这些异种金属组合的焊接性通常都较好，容易适用各种熔焊方法。

（2）异种金属接头熔焊后互不固溶，其结合表面不能形成新的冶金结合，直接施焊时就不能形成牢固的接头，这种现象属焊接性极差。

（3）异种金属接头熔焊后相互间形成化合物时，它们之间不能产生晶内结合，且化合物有脆性，这种现象属于没有焊接性。

（4）异种金属接头熔焊后所形成的化合物呈微粒状分布于合金晶粒间，还形成一定的固溶体或共晶体，这种组合的现象属有一定的焊接性。

（5）异种金属接头熔焊后形成机械混合物时，其焊接性优劣程度有较大区别。如果两组元或两种具有一定溶解度的固溶体形成共晶，或包晶产物是固溶体。这种组合的现象属于焊接性好；如果共晶或共析中一组是化合物，或包晶产物是化合物，这种现象属于焊接性差。

固溶体是指二组元在液态时能相互溶解，结晶时以一组元为基体保持原有晶格类型，另一组元是原子分布在基体组元的晶格里，形成一致的固体合金。固溶体合金组织均匀，其力学性能特别是塑性和韧性很好，是较理想的"焊缝金属组织"。

固溶体可分为无限固溶体和有限共溶体两种类型。形成无限固溶体的金属，可在固态下无限互溶，固溶体的成分可以从一个纯组元连续改变为另一个纯组元，始终保持单一的固溶体结构不变。形成无限固溶体的条件是：晶格类型相同、金属的原子半径相差很小（不超过 10%～15%）、电化学性能都非常接近的两组金属，如 Cu-Ni 或 Fe-Ni 系统，否则容易形成金属间化合物。对于化学元素周期表中的同族或相邻族元素都能满足这一要求。

当有限固溶体中熔质金属的量超过溶解度后，会产生两种情况：一是从该固溶体中析出另一种固溶体，从而形成两相混合组织（如铁-铜系）；二是从该固溶体中析出金属间化合物（如铁-铝，铜-铝系）。化合物的数量、类型、形态及其分布等，都对焊接接头的抗裂性能和使用性能有很大影响。所以，对能形成金属间化合物的金属焊接时，成败就在于能否避免或控制金属间化合物的形成。金属化合物是指合金组元按照一定的原子数量比，相互化合而成的一种完全不同于原来组元晶格的新相，且具有金属特性的固体合金。金属间化合物硬而脆，起不到金属间的连接作用，塑性、韧性明显下降，甚至完全不能使用。

2. 异种金属间的热物理性能差异

影响异种金属之间焊接性，除化学性能及力学性能差异外，主要是金属材料之间的热物理性能差别较大。如熔化温度、热膨胀系数、热导率和比热容等。

（1）熔化温度（熔点）的差异　异种金属的熔点相差越大，越难进行焊接。原因是：低熔点金属熔化时，高熔点金属仍呈固态，已熔化的金属材料向过热区渗入，造成低熔点金属材料的流失，合金元素烧损或蒸发，使焊接接头难以焊合。

（2）线膨胀系数的差异　线膨胀系数越大，越难焊接。原因是：造成焊缝母材的冷却收缩不一致，并产生较大的焊接应力。这种应力不易消除，还会产生很大的焊接变形。由于焊缝两侧材料的应力状态不同，容易导致焊缝及热影响产生裂纹，甚至会导致焊缝金属与母材的剥离。

（3）热导率和比热容的差异　两金属的热导率和比热容相差越大，越难焊接。金属材料的热导率和比热容对焊接热循环和结晶过程影响较大。使结晶条件变坏，晶粒严重粗化，并影响难熔金属的润湿性能（特别是钎焊）。为补救这种差异，对导热好的金属进行有选择的预热，使焊缝稀释均匀和热影响区减小。在焊接时，热源要偏向导热性能好的母材一侧。

3. 异种金属焊接的主要问题

（1）焊接接头的金相组织不均匀　异种金属焊接由于其化学成分不同（两种金属之间、两种金属与焊接材料之间），熔焊后焊接接头的化学成分不均匀,在焊接热循环的作用下,热影响区域的金相组织也将不同,往往会在某区域出现相当复杂的组织结构。除母材(异种金属本身)和焊材外与焊接方法、焊接工艺、规范参数以及焊后的冷却速度、热处理等因素有关。

(2) 焊缝金属化学成分不均匀的主要原因

1) 两种金属材料之间的化学成分有很大的差别;

2) 所选择的焊接材料(填充金属)又不同于母材(两种金属)的化学成分;

3) 熔池边缘与熔池中心的化学成分不同。

虽然焊缝金属化学成分不均匀的区域很小(约在 0.2~0.7mm 之间),但会给焊接接头性能带来很大影响(特别是熔合线附近),使其接头的塑性显著下降。

(3) 焊接接头力学性能不均匀　由于焊缝金属化学成分不均匀和金相组织不均匀,必然使焊接接头的力学性能不均匀。

(4) 造成焊接接头应力分布不均匀的主要原因

1) 线膨胀系数相差很大时,在焊接过程中,膨胀系数大的金属冷却收缩率也大于膨胀系数小的金属。

2) 两种金属的导热性能和比热容不同。

3) 焊后热处理或者高温使用,都会造成新的热应力产生。

4. 异种金属的焊接方法及其填充金属的选择

(1) 焊接方法的选择　由于两组金属存在合金相结构和物理性能上的差异,采用的焊接方法不同,所形成的焊接接头组织也就有所不同。选择哪种焊接方法,主要是看焊缝接头中是否形成金属间化合物的异种金属组合。

如果焊后不形成任何金属间化合物的异种金属组合,对各种焊接方法适应性最强;相反,就要考虑选择哪种焊接方法最理想,以确保焊接接头性能和使用性能。异种金属焊接方法见图 7-1。

异种金属焊接,常用的焊接方法有:

1) 熔焊　熔焊时,两种母材金属都要熔化,焊缝金属受母

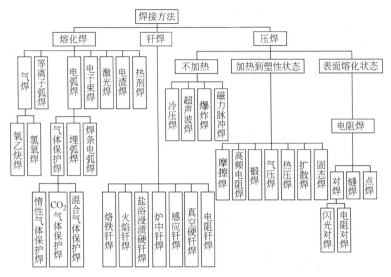

图 7-1 异种金属焊接方法

材的稀释作用是很明显的。选用哪种熔焊方法，都要控制稀释率，稀释率越小越好。一般来说：焊条电弧焊稀释率在 30% 以下；熔化极气体保护焊稀释率在 10%～50% 之间；埋弧自动焊的稀释率根据焊接工艺参数的变化，可在 10%～75% 内变动。由于焊条电弧焊的稀释率（即熔合比的表达方式）比较小，灵活性较大，适用范围广，在异种金属焊接中应用极为广泛。

2) 压焊 压焊时，基体金属（被焊金属）通常并不熔化，稀释率很小，适宜异种金属焊接。压焊在一般情况下不需添加填充金属。如果需在异种金属间放置金属夹层，就变成了介于压力焊与熔焊之间的一种焊接方法。通过某种热源夹层金属被熔化，母材金属达到熔融状态。然后加压将液态金属挤出，仍以固态结合而形成接头，减小高温对金属的有害影响，大大提高了异种金属的焊接质量，扩大了异种金属的应用范围。

压焊有电阻焊、扩散焊、摩擦焊及爆炸焊等。其中电阻焊是最常用的一种。

3）钎焊　采用比异种金属中一侧熔点更低的金属材料作钎料，将焊件（两异种金属母材）和钎料加热到高于钎料熔点，并低于母材熔化温度，利用液态钎料润湿母材，填充接头间隙，使其与母材相互扩散，实现异种材料焊接的目的。由此可见，这种接头几乎不存在稀释问题。钎焊法也就成了异种金属焊接最常用的方法之一。钎焊法的特点有以下五方面内容。

（A）金属母材（被焊金属）不熔化，只是钎料熔化，而且接头中不能形成熔池；

（B）焊接过程需要外加钎料；

（C）焊接接头不施加压力；

（D）通过相互扩散作用，焊缝可以实现晶粒之间的结合；

（E）适用于塑性、脆性的异种材料焊接。

（2）异种金属焊接对填充材料的选用　异种金属焊接时，填充金属的选用一般应遵循下列原则：

1）保证焊接接头的使用性能，即保证焊缝金属与母材金属具有良好的力学性能和综合性能；

2）焊接接头有良好的工艺性能，不出现热裂纹和冷裂纹，不会产生脱碳、碳化物析出等问题；

3）保证焊缝金属具有一定的致密性，不产生气孔、夹渣物以及有害的金属间化合物；

4）具有与母材相适应的热物理性能，如线膨胀系数应介于两母材之间；

5）保证焊缝金属具有所要求的特性，如热强性、耐热性、耐蚀性及耐磨性等；

6）如采用焊条电弧焊方法，还要求焊条有良好的工艺性能、全位置焊接、交直流电源均可、生产效率高和熔合比小等条件。

（三）异种钢焊接

在现代钢结构制造中，异种钢焊接的应用越来越广泛，特别是异种低合金钢的应用越来越多。原因是采用异种低合金钢制造的焊接结构,不仅能满足不同工作条件对钢材提出的不同要求,还能节省高合金,降低成本,简化制造工艺,充分发挥不同材料性能的优势。在某些条件下,异种低合金钢结构的综合性能超过单一钢结构。异种低合金钢制造的钢结构在机械、石油、化工及反应堆工程等行业得到广泛应用。

1. 异种钢的分类及焊接组合

(1) 异种钢的分类

异种钢构件用的钢号太多了,要把所有需要焊接的异种钢组合全部列举出来是有一定困难的,为了简化起见,通常是按金相组织来划分,这样分类就有如下三大类型。

1) 珠光体钢类型(碳钢和低合金钢);
2) 铁素体钢和铁素体-马氏体钢类型(高铬钢);
3) 奥氏体钢和奥氏体-铁素体钢类型(铬镍钢)。

上述每种类型钢又分为若干类别。每种类别内的钢,其机械性能、焊接性以及在工程上的应用都是比较接近的。异种钢的类型及类别见表7-5。

异种钢的分类　　　　　　　　　　表7-5

组织类型	类别	钢 号
珠光体钢	1	低碳钢:Q195、Q215A、Q235A、Q255A、08、10、15、20、25、20g、22g
	2	中碳钢和低合金钢:Q275、Q295、Q345(16Mn)、14Mn、15Mn、20Mn、25Mn、30Mn、30、15Mn2、18MnSi、25MnSi、15Cr、20Cr、30Cr、10Mn2、18CrMnTi、10CrV、20CrV、15MnV、14MnNb、18MnMoNb
	3	潜艇用特殊低合金钢:AK25①、AK28①、AJ5①
	4	高强度中碳钢和低合金钢:35、40、45、50、55、35Mn、40Mn、45Mn、50Mn、40Cr、45Cr、50Cr、35Mn2、40Mn2、45Mn2、50Mn2、30CrMnTi、40CrMn、35CrMn2、40CrSi、35CrMn、40CrV、25CrMnSi、30CrMnSi、35CrMnSiA
	5	铬钼热稳定钢:15CrMo、30CrMo、35CrMo、38CrMoAlA、12CrMo、20CrMo
	6	铬钼钒(钨)热稳定钢:20Cr3MoWVA、12Cr1MoV、25CrMoV、12Cr2MoWVSiB
铁素体及铁素体-马氏体钢	7	高铬不锈钢:0Cr13、1Cr13、2Cr13、3Cr13、Cr14
	8	高铬耐酸耐热钢:Cr17、1Cr17Ni2、Cr25Ti、Cr28
	9	高铬热强钢:1Cr11MoVNb、1Cr12WNiMoV①、1Cr11MoV(15×11Mφ)①、X20CrMoV121②、T91/P91/F91③

续表

组织类型	类别	钢 号
奥氏体及奥氏体-铁素体钢	10	奥氏体耐酸钢:00Cr18Ni10、0Cr18Ni9、1Cr18Ni9、2Cr18Ni9、0Cr18Ni9Ti、1Cr18Ni9Ti、1Cr18Ni11Nb、Cr18Ni12Mo2Ti、1Cr18Ni12Mo3Ti
	11	奥氏体高强度耐酸钢:0Cr18Ni12TiV、Cr18Ni22W2Ti2
	12	奥氏体耐热钢:0Cr23Ni18、Cr18Ni18、Cr23Ni13、0Cr20Ni14Si2、Cr20Ni14Si2、TP304[3] P347H[3]
	13	奥氏体热强钢:4Cr14Ni14W2Mo、Cr16Ni15Mo3Nb[1]
	14	铁素体-奥氏体高强度耐酸钢:0Cr21Ni5Ti[1]、0Cr21Ni5Mo2Ti[1]、1Cr22Ni5Ti[1]

[1]原苏联钢号；[2]德国钢号；[3]美国钢号。

(2) 异种钢的焊接组合

从低合金钢的化学成分和力学性能等方面分析，由于钢材强度级别的提高，合金元素含量增多，化学成分越趋复杂，钢的体硬性增大。对焊接性的影响很大。通常情况下，异种低合金钢的焊接性都较差，焊接时容易出现各种焊接缺陷。

异种钢的焊接，其组合形式就是三种类型钢之间的组合与焊接。具体可归纳下列不同钢种组合的焊接接头。

1) 异种珠光体钢的焊接；

2) 异种铁素体钢-铁素体-马氏体钢的焊接；

3) 异种奥氏体钢、奥氏体-铁素体钢的焊接；

4) 珠光体钢与铁素体钢、铁素体-马氏体钢的焊接；

5) 珠光体钢与奥氏体钢、奥氏体-铁素体钢的焊接；

6) 铁素体钢、铁素体-马氏体钢与奥氏体钢、奥氏体-铁素体钢的焊接。

按金相组织、化学成分、用途等异种钢的分类和组合，见表7-6。

按金相组织、化学成分及用途等异种钢的分类与组合 表7-6

分类方式		特 点	组 合
按金相组织	珠光体钢	低碳钢(C含量≤0.25%)	低碳钢与中、高碳钢组合
		中碳钢(C含量0.25%～0.60%)	
		高碳钢(C含量≥0.60%)	
		普通低合金钢	低碳钢与低合金钢组合
		铬钼耐热钢	

续表

分类方式	特点		组合
按金相组织	奥氏体钢或奥氏体+铁素体钢	奥氏体不锈钢 奥氏体热强钢 奥氏体+铁素体双相不锈钢	珠光体钢与奥氏体钢组合 珠光体钢与铁素体钢组合 奥氏体钢与铁素体钢组合 奥氏体钢与马氏体钢组合 铁素体钢与马氏体钢组合
	铁素体或铁素体+马氏体钢	高铬铁素体不锈钢 高铬耐酸耐热钢	
	马氏体钢	马氏体耐热钢 铬硅钢	
按化学成分	碳素钢	普通碳素结构钢 优质碳素结构钢 优质碳素工具钢 高级优质碳素工具钢	碳素钢与不锈钢组合
	合金钢	低合金高强度结构钢 机械制造用结构钢 低合金工具钢 高合金工具钢	合金钢与不锈钢组合
	特殊钢	不锈钢及耐热钢 低温钢 耐磨钢 低合金耐蚀钢	碳素钢与耐热钢组合 碳素钢与耐磨钢组合 碳素钢与耐蚀钢组合
按用途	建筑及工程结构用钢	碳素结构钢 低合金结构钢 钢筋用钢	（碳钢与低合金钢组合）
	机械制造用结构钢	表面碳化结构钢 调质结构钢 易切削结构钢 冷变形(冲压)用钢 弹簧钢、轴承钢	（碳钢与合金结构钢组合）
	工具钢	刃具钢 量具钢 模具钢	（碳钢与工具钢组合）
	特殊钢	不锈钢 耐热、耐磨钢 磁性钢 低温钢 耐热合金、精密合金	（碳钢与特殊钢组合）
	专业用钢	锅炉及压力容器用钢 桥梁用钢 船舶用钢 电工用钢	

2. 异种钢焊接特点

异种钢之间的组合焊接,一种是金相组织相同,仅合金化程度不同的异种钢焊接;一种是金相组织不相同的异种钢焊接。

(1) 金相组织相同、合金化程度不同的异种钢焊接的特点

1) 不同牌号的珠光体型钢

由于它们之间热物理性能差异不太大,焊接时,要尽量选择接近合金成分、含量较少钢材的焊条或焊丝,以免焊缝出现裂纹和其他焊接缺陷。

焊接工艺和预热温度的制定则应参考合金成分含量较高的钢种的有关要求。

2) 高铬马氏体、铁素体、铁素体-奥氏体型钢

这类钢由于铬元素的存在,最容易使碳析出而形成碳化铬,在熔化区中不会出现明显的扩散层。选择焊接材料时,必须考虑到焊缝中会否出现裂纹和脆性的倾向。

按钢种分别选择适当的预热温度和焊后热处理规范。

3) 奥氏体型与铁素体-奥氏体型钢

奥氏体型异种钢材之间的焊接,主要是焊接材料的选择,必须考虑到奥氏体钢焊缝在合金成分与最佳含量略有出入的情况下,就容易产生裂纹这一因素。焊后应根据不同要求进行热处理。

(2) 金相组织不同的异种钢焊接特点

高合金钢(如铬镍奥氏体型钢)与中、低合金钢(如珠光体型耐热钢)或碳钢的焊接。

1) 焊缝金属被母材稀释。如果采用 1Cr18Ni9 型奥氏体型焊条焊接低碳钢时,焊缝金属中母材熔入量不大于 13%,焊缝金属组织可以保持奥氏体-铁素体组织;当熔入的母材量超过 20% 时,焊缝金属组织为奥氏体-马氏体组织,会出现裂纹的危险。

2) 奥氏体焊缝金属紧邻熔合线处,存在一个很窄的(约在

0.2~0.6mm之间）低塑性带，其化学成分和组织不同于焊缝其他部位，通常称为熔合区脆性交界层，其韧性降低。

3）焊接接头在焊后热处理或在高温条件下工作时，熔合线附近会出现碳的扩散迁移现象，即在熔合线的珠光体一侧产生脱碳层，而在相邻的铬镍奥氏体焊缝中产生增碳层，使接头变脆，降低焊接接头的高温持久强度和耐蚀性。

4）由于线膨胀系数的不同（奥氏体钢比珠光体钢大30%~50%），会在焊后冷却、热处理及使用过程中产生热应力。在周期性加热和冷却条件下工作时，还可能在熔合区珠光体一侧产生热疲劳裂纹，使接头断裂。

3. 异种钢焊接的工艺原则

异种钢焊接接头的种类很多，按其金相组织分类，常用的焊接接头类型有：异种珠光体钢、异种奥氏体钢、珠光体钢与奥氏体钢、珠光体钢与铁素体钢、奥氏体钢与铁素体钢等多种焊接接头形式。由于异种钢焊缝与母材的化学成分、金相组织、物理性能及力学性能等都有较大的差别，这就要求我们必须制定相应的焊接工艺措施，才能保证焊接接头的质量。下面是要求必须遵循的几条原则。

（1）焊接方法的选择

焊接异种钢构件和焊接同种类钢材一样，有多种焊接方法。究竟选用哪种焊接方法最为合理，主要是根据能否获得优质的焊接接头。所以，在选择焊接方法时，就要考虑母材的性质、接头形式、构件工作条件、接头质量要求及生产效率和经济情况等因素来选择。目前最常用的焊接方法是焊条电弧焊，原因是焊条电弧焊工艺灵活、熔合比较小、焊条种类多、便于选择、适应性强等。

埋弧自动焊虽然生产效率高，但适应性很差。在实际生产中，还要注意焊接工艺参数的选择，否则就会增加母材金属的熔化量也就增大了焊缝金属的稀释率（即熔合比增大了）。

熔化极气体保护焊和非熔化极惰性气体保护焊，也具有广泛的适用性。

（2）焊接材料的选择

异种钢焊接接头的质量，主要取决于焊接材料。异种钢接头的焊缝和熔合区，由于有合金元素被稀释和碳迁移等因素的影响，存在着一个过渡区，化学成分和金相组织不均匀，物理性能不同、力学性能也有差异等，这些因素都可引起焊缝缺陷，降低焊接接头性能。所以，必须按母材成分、性能、接头形式和使用要求正确地选择焊接材料。一般选择原则要考虑以下几方面因素。

1）保证焊接接头的使用性能。异种钢性能接近的接头，主要考虑的是力学性能，选择的焊接材料，不能低于母材中性能较低一侧的指标。

2）能防止气孔、夹渣、裂纹等缺陷的产生，并使焊缝保持一定的致密性。

3）当焊缝金属强度和塑性不能互相兼顾时，就要选择塑性较好的焊接材料。

4）具有良好的工艺性能，焊缝成形美观。

5）焊缝金属组织稳定，物理性能与两母材相适应。

（3）坡口角度的选择

同种类钢焊接，坡口角度及形式主要是根据母材厚度；而异种钢焊接时，坡口角度的选择除考虑母材厚度外，还要控制母材熔化量在焊缝中所占的比例即熔合比。熔合比的大小直接影响焊缝金属的化学成分和性能，控制熔合比即控制被焊金属母材的熔化量及焊缝金属合金的稀释度。一般来说，坡口角度越大，熔合比越小；反之，坡口角度越小，熔合比越大。表7-7为焊条电弧焊时，熔合比与坡口角度、焊道层数之间的关系。

从表7-7中看到，坡口角度不同时，每一层的熔合比也不一样。但在第一层和第二层的熔合比变化较大，以后各层的熔合比逐层减小，但变化不大。异种钢焊接坡口角度，除考虑熔合比还要考虑其他工艺因素的影响。

焊条电弧焊熔合比与坡口角角度、焊接层数的关系　　表 7-7

焊层熔合比	坡 口 角 度		
	15°	60°	90°
1	48～50	43～45	40～43
2	40～43	35～40	25～30
3	36～39	25～30	15～20
4	35～37	20～25	12～15
5	33～36	17～22	8～12
6	32～36	15～20	6～10

(4) 焊接规范的选择

焊接规范对熔合比有直接影响。焊接线能量越大，母材熔入焊缝的金属越多。而线能量的大小取决于焊接电流、电弧电压和焊接速度。所以采用熔化焊法时，一定要小电流、高速焊短电弧，以降低母材熔化量在焊缝金属中的比例，保证较小的熔合比。

(5) 预热及焊后热处理

1) 预热。异种钢焊接时，选择预热温度和预热规范是十分重要的。焊接金相组织类型相同，但合金成分不同的异种钢时，预热规范一般是根据母材金属产生淬火裂纹倾向程度来选择的；焊接金相组织类型不同的异种钢时，预热温度和规范的选择要考虑两种钢的焊接性和焊接材料的化学成分。若被焊金属焊后不进行后热处理，而采用奥氏体焊条焊接时，预热温度相对可低些。

2) 焊后热处理。对于同种钢来说，焊后热处理的目的是改善接头组织和性能、消除部分焊接残余应力和使焊缝金属中的扩散氢逸出。而对异种钢来说是比较复杂的一道工序，原因是被焊金属的合金相结构和性能不同。对焊缝金属的金相组织基本相同的，可按母材合金含量较高的一侧来确定热处理规范。对金相组织不同的异种钢焊接热处理，由于它们的物理性能，通过加热和冷却过程，不会使原有的应力减小，只会导致原有应力重新分布，有可能还会使接头局部应力升高而引起裂纹。如珠光体钢与奥氏体钢的焊接接头焊后进行热处理，会使熔合区硬度显著升高而导致脆化。如不稳定珠光体钢焊接接头热处理，因热处理温度和保温时间选择不当，会造成熔合区碳化物扩散，降低了构件的工作性能。如热处理规范对异种钢中的一种是适合的，可能对另外一种钢就是有害的。

由于上述情况，异种钢焊接后热处理是否采用，选择何种热处理规范，需要对使用的钢材、焊缝成分及结构形状等实际情况做具体分析，并通过试验结果才能最终确定。

（四）不同珠光体钢的焊接

1. 珠光体钢的焊接性及其预热温度的计算

碳是决定珠光体钢在焊接中淬硬倾向的主要化学元素。所以，在评定化学成分对碳钢和低合金钢焊接性能的影响时，常以碳在钢中的含量进行估算。当含碳量小于 0.25% 时，近缝区不会产生淬火组织、焊接性良好（钢材厚度较大时要考虑预热和焊后回火）。大于 0.25% 时，在焊接过程中开始出现淬火倾向。当含碳量大于 0.60% 时，淬硬倾向就非常大了，属于较难焊钢材。由此可见，钢中含碳量越高以及冷却速度越快，淬火的倾向也就越大。

为了避免在热影响区形成脆性的马氏体过渡层（引起裂纹），需采用特殊的焊接工艺措施进行焊接，如焊接规范正确、合理的焊接顺序、预热等。必须看到：珠光体钢中还有一定量的合金元素（为提高钢材性能而加入的），如 Cr、Ni、Mn、Mo 及 V 等，进一步提高了钢的淬火倾向，易在近缝区形成不平衡组织。考虑上述影响，可把合金元素的含量，按试验结果换算成等价的含碳量，称为碳当量。通过碳当量的计算，可确定是否焊前要预热和预热的温度。

预热能降低焊缝金属的冷却速度，对有淬火倾向钢来说，冷却速度对焊缝金属组织和性能有决定性的影响。实践证明，焊接高强钢时，冷却速度适当减小，并保证近缝区组织中所形成的马氏体含量不超过 25%～30%，就能保持焊缝的高强度。

　　碳当量的计算除考虑化学元素在钢中的含量（%）外，还应考虑被焊金属的厚度，这样来估算焊前的预热温度会更准确些。

$$[C]_{化} = C + \frac{Mn}{9} + \frac{Cr}{9} + \frac{Ni}{18} + \frac{Mo}{13}$$

$$[C]_{厚} = 0.005\delta [C]_{化}$$

δ——被焊金属厚度 m·m

$$[C]_{总} = [C]_{化} + [C]_{厚} = [C]_{化} \cdot (1 + 0.005\delta)$$

预热温度计算： $350\sqrt{[C]_{总} - 0.25}$

　　现举例说明：计算板厚为 10mm 的 30CrMo 与 20 号钢焊接时的焊前预热温度。30CrMo、20 号钢的化学成分见表 7-8。

30CrMo、20 号钢的化学成分　　　　表 7-8

化学元素(%) 钢号	C	Si	Mn	Cr	Mo	Ni	备注
30CrMo	0.3	0.3	0.6	1.0	0.2	0.2	每种元素如给含量范围时，要取最大值
20	0.2	0.3	0.5	0.2	—	0.15	

根据公式计算为：

$$[C]_{化} = C + \frac{Mn}{9} + \frac{Cr}{9} + \frac{Ni}{18} + \frac{Mo}{13} = 0.504$$

$$[C]_{总} = [C]_{化}(1 + 0.005\delta) = 0.529$$

预热温度　　$T = 350\sqrt{[C]_{总} - 0.25} = 184.8 \approx 200℃$

2. 不同珠光体钢的组合与焊接性

（1）珠光体钢的组合

　　常用珠光体钢，根据含碳量和合金的不同，分成 6 种类别（见表 7-5），可相互搭配成 21 种组合形式（详见表 7-9），应用范围很广。由于各类珠光体钢的含碳量和合金元素含量上的差异，同时淬火钢（焊接时容易淬火）又占大部分，所以，焊接的难度各不相同。

常见异种珠光体钢的组合及其焊接材料、预热和热处理工艺

表 7-9

钢材组合	焊接材料 牌号	焊接材料 型号①	预热温度 (℃)	回火温度 (℃)	其 他 要 求
Ⅰ+Ⅰ	J421,J423 J422,J424 J426	E4313,E4301 E4303,E4320 E4316	不预热或 100~200	不回火或 600~640	壁厚不小于35mm或要求保持机加工精度时必须回火,C含量≤0.3%可不预热
Ⅰ+Ⅱ	J427,J507	E4315,E5015			
Ⅰ+Ⅲ	J426,J427 A507	E4316,E4315 E1-16-25Mo6N-15 (E16-25MoN-15)	150~250 不预热	640~660 不回火	
Ⅰ+Ⅳ	J426,J427 J507 A407	E4316,E4315, E5015 E2-26-21-15(E310-15)	300~400 200~300	600~650 不回火	焊后立即进行热处理 焊后无法热处理时采用
Ⅰ+Ⅴ	J426,J427 J507	E4316,E4315, E5015	不预热或 150~250	640~670	工作温度在450℃以下,C含量≤0.3%不预热
Ⅰ+Ⅵ	R107	E5015-A1	250~350	670~690	工作温度≤400℃
Ⅱ+Ⅱ	J506,J507	E5016,E5015	不预热或 100~200	600~650	—
Ⅱ+Ⅲ	J506,J507 A507	E5016,E5015 E1-16-25Mo6N-15 (E16-25MoN-15)	150~250 不预热	640~660 不回火	—
Ⅱ+Ⅳ	J506,J507 A407	E5016,E5015 E2-26-21-15(E310-15)	300~400 200~300	600~650 不回火	焊后立即进行回火 不能热处理情况下采用
Ⅱ+Ⅴ	J506,J507	E5016,E5015	不预热或 150~250	640~670	工作温度≤400℃,C含量≤0.3%,板厚δ≤35mm不预热
Ⅱ+Ⅵ	R107	E5015-A1	250~350	670~690	工作温度≤350℃
Ⅲ+Ⅲ	A507	E1-16-25Mo6N-15 (E16-25MoN-15)	不预热或 150~200	不回火	—
Ⅲ+Ⅳ	A507	E1-16-25Mo6N-15 (E16-25MoN-15)	200~300	不回火	工作温度≤350℃
Ⅲ+Ⅴ	A507	E1-16-25Mo6N-15 (E16-25MoN-15)	不预热或 150~200	不回火	工作温度≤450℃,C含量≤0.3%不预热
Ⅲ+Ⅵ	A507	E1-16-25Mo6N-15 (E16-25MoN-15)	不预热或 200~250	不回火	工作温度≤450℃,C含量≤0.3%可不预热
Ⅳ+Ⅳ	J707,J607 A407	E7015-D2,E6015-D1 E2-26-21-15(E310-15)	300~400 200~300	600~650 不回火	焊后立即进行回火处理 无法热处理时采用
Ⅳ+Ⅴ	J707 A507	E7015-D2 E1-16-25Mo6N-15 (E16-25MoN-15)	300~400 200~300	640~670 不回火	工作温度≤400℃,焊后立即回火 无法热处理时采用,工作温度≤350℃

续表

钢材组合	焊接材料 牌号	焊接材料 型号①	预热温度（℃）	回火温度（℃）	其他要求
Ⅳ+Ⅵ	R107	E5015-A1	300～400	670～690	工作温度≤400℃
	A507	E1-16-25Mo6N-15	200～300	不回火	无法热处理时采用,工作温度≤380℃
Ⅴ+Ⅴ	R107,R407 R207,R307	E5015-A1,E6015-B3 E5515-B1,E5515-B2	不预热或 150～250	660～700	工作温度≤530℃,C含量≤0.3%可不预热
Ⅴ+Ⅵ	R107,R207 R307	E5015-A1,E5515-B1 E5515-B2	250～350	700～720	工作温度500～520℃,焊后立即回火
Ⅵ+Ⅵ	R317 R207,R307	E5515-B2-V E5515-B1,E5515-B2	250～350	720～750	工作温度≤550～560℃,焊后立即回火

① 括号内为 GB/T 983—1995 型号。

注：钢材分类组合见表 2.35。

（2）珠光体钢的焊接性

低碳量具有良好的焊接性；高强度中碳钢和低合金钢具有冷裂倾向；耐热钢具有热裂纹敏感性。各类珠光体钢都有在焊接热影响区的粗晶区、过热区脆化。调质钢和耐热钢还存在焊接热影响区脆化问题。总之，含碳量的增加和合金元素的增多，使其焊接变差。所以，焊接异种珠光体钢时，首先要了解各类珠光体钢的焊接性，其次是防止焊接接头的不均匀性，以便采取相应的焊接措施。

3. 焊接材料的选择

异种珠光体钢焊接时，可按下列原则考虑。

（1）强度 焊接材料不能低于被焊钢材较低一侧的钢材强度；

（2）化学成分 要求熔敷金属的化学成分与强度较低一侧钢材成分接近；

（3）热强性 焊缝金属的热强性要等于或高于被焊金属。

异种低合金钢焊接后一般不再进行热处理。在某些情况下，为防止焊后热处理或在使用过程中出现碳的迁移，选择的焊接材料所含的合金成分，最好介于两种母材金属之间。通常选用低氢型焊条，以防止产生冷裂纹，并使焊缝金属具有良好的塑性。如果工艺要求焊后不能做热处理，可选用奥氏体焊接材料焊接，一是可以改善焊缝的塑性和韧性；二是排除了扩散氢的来源，有效地防止冷裂纹产生；三是满足了焊缝金属力学性能要求；四是焊前不预热，如需预热也可降低预热温度。

在这里必须说明：在高温下工作的热稳定钢（表7-5中的5、6类）焊接时不能选用奥氏体钢焊条，否则在熔合区可能会形成脆性的金属间化合物脱碳层或增碳层。如果焊接接头在工作温度下可能产生扩散层，解决的最好方法是堆焊中间过渡层，过渡层中的碳化物形成元素含量要高于基体金属（如Cr、V、Nb、Ti等）。

对焊接性很差的淬火钢（表7-5中4类，部分含碳量大于0.3%的5类、6类），选择的焊接材料塑性一定要好，熔敷金属淬硬倾向低的焊条堆焊一层过渡层，堆焊完后要立即做回火处理。

常见异种珠光体钢的组合及其焊接材料、预热温度和焊后回火温度见表7-9。

4. 预热及后热处理

对大部分珠光体钢来说，焊后都存在不同程度的淬火倾向，易出现裂纹。只要两种被焊钢材其中之一的含碳量大于0.3%或碳当量大于0.45%时，就必须进行焊前预热，以防止产生裂纹。不同珠光体钢焊时的预热温度可参考表7-9确定，同时，也要考虑到化学成分，被焊件厚度和拘束条件以及环境温度等因素的影响。

后热处理对珠光体钢焊接接头，特别是对有淬火倾向的珠光体钢焊接接头来说，可以改善焊缝金属与近缝区金属组织和性能，消除或减小大厚构件中的残余应力，保持构件几何尺寸的精度，提高耐热钢在高温使用时的抗裂性。表7-9所推荐的回火处理温度，可使焊缝和近缝区（熔合线、热影响区及粗晶区）具有良好的力学性能，同时减小了焊接残余应力。

对不同珠光体钢焊接接头进行回火时，应做到下列要求。

(1) 对焊后需立即回火的构件,为减小焊接变形,炉温不应低于 450℃。

(2) 回火时的升温速度每小时不应大于 200℃。

(3) 在回火的保温过程中,大件、厚件温差≤±20℃。

(4) 为了消除、减小构件中的热应力和变形,冷却速度每小时不得大于 200℃。

(5) 焊后不能立即进行回火处理时,要及时进行后热处理(先将被焊件加热到 200~350℃,保温 2~6h)。

(6) 对有强烈淬火倾向的珠光体钢焊件,焊后必须立即回火处理。如表 7-5 中的 4 类,5 类和 6 类钢材。

(五) 不同奥氏体钢的焊接

1. 异种奥氏体钢的焊接特点

奥氏体不锈钢与其他不锈钢相比,在一般情况下,它能很好地适应于熔化焊接,如手工电弧焊、埋弧焊、氩弧焊、等离子焊等,焊接接头在焊态下具有良好的塑性和韧性。但也必须看到它的导热率差、熔点低、线膨胀系数大、焊缝金属在高温停留时间长,容易形成粗大的铸态组织,而产生较大的应力和变形问题。如果焊接材料或工艺选择不当,焊接异种奥氏体钢时就会出现热裂纹、焊接接头的塑性和韧性降低、熔合区软化和硬化等缺陷。

(1) 焊接接头的热裂纹

奥氏体不锈钢具有较高的热裂纹敏感性,无论是焊缝还是热影响区都有产生热裂纹的可能性。最常见的是焊缝凝固裂纹,热影响区的液化裂纹,在厚大焊件中还会出现焊道下裂纹。

奥氏体钢焊接热裂纹的主要形式有:横向裂纹、纵向裂纹、弧坑裂纹、显微裂纹、根部裂纹和热影响区裂纹等。合金元素对奥氏体不锈钢焊接热裂纹倾向的影响见表 7-10。

合金元素对奥氏体不锈钢焊缝热裂纹倾向的影响　　　表 7-10

元素		γ 单相组织焊缝	γ+δ 双相组织焊缝
奥氏体化元素	Ni	显著增大热裂倾向	显著增大热裂纹倾向
	C	含量为 0.3%~0.5%,同时有 Nb、Ti 等元素时,减小热裂倾向	增大热裂倾向
	Mn	含量为 5%~7%时,显著减小热裂倾向,但有 Cu 时会增加热裂纹倾向	减小热裂纹倾向,但若使 δ 消失,则会增大热裂倾向
	Cu	Mn 含量极小时影响不大,但 Mn 含量小于 2%时会增大热裂纹倾向	增加热裂倾向
	N	提高抗裂性	提高抗裂性
	B	含量极少时,强烈增加热裂纹倾向,但含量为 0.4%~0.7%时,减小热裂纹倾向	—
铁素体化元素	Cr	形成 Cr-Ni 高熔点共晶细化晶粒	当 Cr/Ni≥1.9~2.3 时,提高抗裂性
	Si	Si 含量≥0.3%~0.7%时,显著增加热裂倾向	通过焊丝加入 Si 含量≤1.5%~3.5%减小热裂倾向
	Ti	显著增大热裂纹倾向,但当 Ti/C≈6 时,减小热裂倾向	Ti 含量≤1.0%影响不大,Ti 含量>1.0%时,细化晶粒,减小热裂倾向
	Nb	显著增大热裂纹倾向,当 Nb/C≈10 时,减小热裂倾向	易产生区域偏析,减小热裂纹倾向
	Mo	显著提高抗裂性	细化晶粒,减小热裂倾向
	V	热裂性增加不大;若能形成 VC,则可细化晶粒,减小热裂纹倾向	细化晶粒,去除 S 的作用,显著提高抗裂性
	Al	强烈增大热裂纹倾向	减小热裂倾向

1) 产生热裂纹的原因

(A) 线膨胀系数大,热导率小,焊接局部加热和冷却条件下,高温停留时间长,焊缝及热影响区承受较大的拉伸应力与应变。

(B) 焊缝结晶时,凝固结晶过程的温度范围很大,一些低熔点杂质元素偏析严重,并且在晶界聚集。

(C) 奥氏体焊缝方向性很强的柱状晶之间存在低熔点夹层薄膜,在凝固结晶后期以液态膜形式存在柱状晶粒之间,在一定的拉伸应力作用下起裂,前后扩展成晶间开裂。焊接区较大的焊接应力是焊接热裂纹产生的主要条件之一。

2) 防止产生焊接热裂纹的措施

(A) 正确选用焊接材料。采用低氢型焊条,它可以使焊缝晶粒细化,减少杂质偏析,提高抗裂性能。但必须注意焊缝含碳量增加的情况,它会降低耐蚀性能。

(B) 调整焊缝金属的化学成分。减少焊缝金属中的 Ni、C、S 和 P 的含量,增加 Cr、Mo、Si 及 Mn 等元素的含量,可减少热裂纹的产生。为了获得双相组织,一般 Cr、Ni 含量的比例为 Cr/Ni=2.2~2.3,Ni 的含量过高,也易产生热裂纹。

(C) 控制焊缝的金属组织,较理想的是奥氏体+铁素体组织(铁素体含量应不小于3%,但也不能大于5%,否则会造成 σ 相脆化)。在晶粒界处不易产生低熔点杂质偏析,又可减少热裂纹的产生。

(D) 正确选择焊接工艺参数。采用小电流快速焊,以减小焊缝的线能量,使熔池不产生过热现象,避免了形成粗大的柱状晶;采用快速冷却减少偏析,提高抗裂性。多层焊时,要控制层间温度。

(2) 焊接接头的塑性和韧性降低

异种奥氏体不锈钢焊接时,造成焊接接头的塑性和韧性降低,原因是焊缝或熔合区出现了马氏体脆性层。奥氏体钢与珠光体钢焊接时,由于珠光体对焊缝金属的稀释作用,使焊缝中奥氏体元素含量降低,焊缝或熔合区就有可能出现脆性马氏体组织,降低焊接接头性能,甚至会产生裂纹。

熔合区脆性层的宽度与焊接工艺和填充材料等有关。焊缝中的 Ni 含量的多少对马氏体脆性层宽度影响非常大。Ni 含量越高,脆性层宽度越小,当采用镍基焊条做填充材料时,脆性层几乎完全消失。产生脆性层的原因是熔池边缘金属温度较低、流动性差,熔化的母材金属和填充金属不能充分混合,使母材金属量所占的比例较大;另外就是焊缝两侧合金元素差别较大,对焊缝的稀释作用大,使熔合脆性层中的 Cr、Ni 含量减少,组织成为高硬度马氏体,脆性增加,塑性和韧性降低。

(3) 过渡区软化(脱碳层)和硬化(增碳层)

异种奥氏体钢焊接时,熔合区软化和硬化现象是由于碳的扩散迁移而造成的。由于碳的扩散迁移,靠近珠光体钢一侧熔合区的焊缝金属中,形成一层与内部焊缝金属成分不同的过渡层,降低了熔合区的塑性。毗邻熔合线的珠光体钢一侧出现脱碳层(铁素体)而软化,焊缝侧出现增碳层而硬化。过渡层中的高硬度马氏体组织会使焊缝脆性增加,塑性显著降低,同时也降低了焊接结构的可靠性。

低塑性带过渡层的宽度与所选用的焊条有关(见表 7-11)。过渡层中的母材比例与合金元素浓度的变化是:离熔合区越近,珠光体钢的稀释作用越强烈,过渡层中的 Cr、Ni 含量越少。在一般情况下,如果过渡层中的 Ni 含量低于 5%～6% 的区域,就会产生马氏体组织。对于在低温下和承受冲击载荷的奥氏体钢和珠光体钢接头,应当选用高镍合金焊条,这样可减小熔合区脆性和马氏体层宽度,以及接头的冲击韧性。

用奥氏体钢焊条焊接低碳钢时过渡层宽度　　　　表 7-11

焊条牌号	焊条型号	焊条合金系	马氏体区(μm)	马氏体+奥氏体区(μm)
A102	E308-16	Cr19Ni9	50	100
A107	E308-15			
A402	E310-16	Cr25Ni20	10	25
A407	E310-15			
A902	E302-16	Cr15Ni35	4	>5
Ni307	ENiCrMo-0	Cr16Ni67	≤3	≤5

碳的扩散迁移,虽然对接头的常温和高温瞬时强度影响不大,但对持久强度影响较大,而且断裂大部分发生在熔合区脱碳层上,长期在高温下工作,还会产生晶间腐蚀效应。随着碳的扩散发展,脆性断裂的倾向增大。

为了防止碳在熔合区附近的扩散迁移,可采取下列措施。

1) 采用过渡层　在低合金母材一侧,用强碳化物形成元素(V、Nb、Ti 等)的焊条或镍基焊条堆焊一层,以防止母材中的碳向熔合区迁移,然后再用奥氏体填充材料,将过渡层与奥氏体钢焊接起来。

2) 采用中间过渡段 要求过渡段材料与被焊材料有较好的焊接性，通常选用含强碳化物形成元素的珠光体钢制作。在珠光体钢上堆焊一层保护性过渡层，既防止了扩散层出现，又省去了焊前预热和减小了裂纹敏感性，过渡层材料在焊接时应不发生淬硬。选择适宜的焊接工艺，将中间过渡段分别与两种材质焊接起来。

3) 采用含镍量高的填充材料 镍元素可有效地防止碳的迁移和减小扩散层，并获得优良的焊接接头。工作温度越高，焊缝含镍量也应越高。焊接接头在下列工作温度条件下，长达数千小时也不发生碳的迁移现象。

(A) 用 Cr25Ni25Mo3 焊条，焊接 45 号钢的异种钢接头工作温度为 45℃。

(B) 用 Cr25Ni40Mo7 焊条，焊接 Cr5Mo 钢的异种钢接头，工作温度为 550℃。

(C) 用 Cr25Ni60Mo10 焊条，焊接 12CrMoV 钢的异种钢接头工作温度为 580℃。

(4) 焊接应力及应力腐蚀开裂

1) 焊接应力产生的原因及消除的方法

异种奥氏体钢焊接时，冷却速度快，焊接变形大，在热影响区就会产生很大的焊接应力，使焊缝金属开裂，甚至剥离。（焊接应力按作用的时间可分为焊接瞬时应力和焊接残余应力）焊后要用石棉被或其他材料包裹焊缝，进行缓冷，使焊接应力在后缓冷却过程中消除。

根据奥氏体钢类型和所采用的焊接材料与工艺，焊接接头可能产生三种类型的晶间腐蚀。它们是"焊缝晶间腐蚀"、熔合区的"刀状腐蚀"和热影响区的"敏化区腐蚀"。奥氏体钢晶界处析出碳化铬，造成大量的铬从奥氏体固熔体中析出，使生成碳化铬的晶界上形成贫铬现象（Cr 含量<10%～12%）而碳化铬本身不耐腐蚀，并从晶界迅速向纵深发展，破坏了晶粒间的联系和结合，在腐蚀介质强烈的作用下，贫铬区优先腐蚀，致使晶粒脱落，即产生晶间腐蚀。从表面看没有明显变化，一旦受力，就会

沿晶间断裂。

2）应力腐蚀开裂原因及防止措施

（A）应力腐蚀开裂特点及原因。应力腐蚀开裂是奥氏体钢焊接区比较严重的失效形式，是一种无塑性变形的脆性破坏，危害非常严重。应力腐蚀裂纹一般均发生在焊缝表面，并深入焊缝金属内部，尖部多分枝，主要穿过奥氏体晶粒，少量穿过晶界处的铁素体晶粒。应力腐蚀开裂的原因主要有如下几种：

A）焊接区存在残余拉伸应力；

B）焊缝结晶组织以及在焊接区碳化物析出；

C）焊接接头区存在局部浓缩和沉积的介质。

（B）防止应力腐蚀开裂的措施有如下几个方法：

A）设计方面。合理地设计焊接接头，避免腐蚀介质在接头部位聚集，降低或消除接头的应力集中。

B）减少或消除焊接残余应力，采用合理的焊接顺序，减小拘束度，焊后进行热处理。

C）材料选择方面。要合理地选择母材和焊接材料，通常采用超合金化的焊接材料，使焊缝金属中的耐蚀合金元素（如 Cr、Mo、Ni 等）含量高于母材。

D）焊接工艺方面。采用合理的焊接工艺，如焊接热源集中，线能量要小，快速冷却等，这样可减少碳化物的析出和避免接头组织过热。

2. 异种奥氏体钢的焊接方法

许多焊接方法都可用于异种奥氏体钢的焊接。如焊条电弧焊、钨极氩弧焊、熔化极氩弧焊、埋弧焊及等离子弧焊等。不管采用哪种焊接方法，异种奥氏体钢焊接都会出现热裂纹问题、接头的耐蚀性的问题、焊缝金属的热强性问题。

（1）焊缝和近缝区易产生热裂纹

奥氏体的主要合金元素是 Cr 和 Ni，焊接时在焊缝和近缝易产生热裂纹。奥氏体钢对热裂纹的敏感性与力学因素和冶金因素有关，只能采用正确的焊接工艺措施和合适的焊接材料，才能消除热裂纹。如使奥氏体钢焊缝的初次结晶组织为双相组织（奥氏体-铁素体或奥氏体-碳化物）等。实践证明，要使焊缝具有优良的抗热裂性能，必须保证在熔敷金属中铁素体的含量不小于2.5%～3.0%。

（2）保证焊接接头的耐蚀性

对于在腐蚀介质中工作的奥氏体钢，必须保证焊接接头的耐蚀性，特别是耐晶间的腐蚀性能。必须控制铬镍奥氏体钢中的含碳量，不得超过熔解极限（0.02%～0.03%），同时在奥氏体钢焊缝中加入适量的铁素体形成元素（如 Mo、W、V、Ti 及 Nb 等），就可使焊缝金属具有奥氏体加铁素体组织，提高接头的耐晶间腐蚀能力，特别是钛、铌、钼等碳化物形成元素与碳具有比铬更大的化学亲和力，更易形成碳化物，消除贫铬现象。焊后也可进行稳定化退火处理，提高焊接接头耐晶间腐蚀性能。

（3）保证焊缝金属的热强性

奥氏体钢焊缝获得双相组织，提高了耐晶间腐蚀性能和抗热裂纹的同时，会降低它的热强性。因铁素体在高温下会转变成脆性的 σ 相，金属组织中的铁素体含量越高，在 550～600℃下热处理或使用过程中，σ 相的形成越快。所以，必须控制焊缝金属中铁素体含量，实践证明，焊缝金属中的铁素体含量在2.5%～5.5%范围内时，才能保证焊缝金属的热强性。

3. 异种奥氏体钢焊接材料的选择

异种奥氏体钢焊接时，对焊接材料的选择，一是根据焊件的工作条件（如温度、介质种类等），二是奥氏体钢本身的性能。如对于低温下工作和承受冲击载荷的异种奥氏体钢焊接接头，就要选择含镍量较高的焊条，这样可以减少熔合区附近马氏体层宽度和冲击韧性下降的幅度。

不预热异种奥氏体钢焊条、电弧焊焊条的选择见表 7-12。氩弧焊（TIG、MIG）焊接材料的选择见表 7-13。

不预热异种奥氏体钢手工电弧焊焊条的选用及焊后热处理工艺

表 7-12

母材组合	焊条型号①	牌号	焊后回火(℃)	备 注
X+X	E0-18-12Mo2-15（E318-15）	A217	不回火或950～1050奥氏体稳定化处理	在无侵蚀液介质或非氧化性介质中,可在360℃以下使用。焊后经奥氏体稳定化处理晶间腐蚀可通过T法试验。在不含硫的气体介质中,能耐750～800℃高温
X+X	E0-18-12Mo2-16（E318-16）	A212	不回火或950～1050奥氏体稳定化处理	在360℃以下,在无氧化性液体介质中,焊后不作敏化处理和奥氏体稳定化处理,晶间腐蚀可通过T法试验
X+X	E0-18-12Mo2Nb-16（E318Nb-16）	—	不回火或950～1050奥氏体稳定化处理	可在无氧化性过热蒸汽（500℃）下使用。经奥氏体稳定化处理后,必须进行晶间腐蚀试验
X+X	E0-19-10Nb-15（E347-15）	A137	不回火或在870～920下回火	可用于氧化性侵蚀液介质中,焊后不经敏化处理,可通过T法试验。焊后经870～920℃奥氏体稳定化处理,敏化后可通过T法试验。1000～1150℃奥氏体稳定化处理后可通过X法试验
X+XII	E0-18-12Mo2V-15（E318V-15）	—	不回火或780～920下回火	在不含硫的气体介质中,750～800℃下具有热稳定性,需要消除焊接残余应力时才采用回火
X+XIII	E0-18-12Mo2-16（E318-16）	A212	不回火或950～1050奥氏体稳定化处理	用于温度360℃以下的非氧化性液体介质中,焊后状态或奥氏体稳定化处理后,具有抗晶间腐蚀性能
X+XIII	E0-19-10Nb-15（E347-15）	A137		用于氧化性液体介质中,经过奥氏体稳定化处理后,可以通过X法试验。在610℃以下具有热强性
X+XIII	E0-18-12Mo2V-15（E318V-15）	—		用于无侵蚀性的液体介质中,在600℃以下具有热强性能
XII+XII	E1-23-13-16(E309-16) E1-23-13-15(E309-15)	A302 A307	不回火或在870～920下回火	在不含硫化物的介质中,在1000℃以下具有热稳定性
XII+XIII	E1-23-13-16(E309-16) E1-23-13-15(E309-15)	A302 A307	不回火或在870～920下回火	在不含硫化物的介质中,或无侵蚀性的液体介质中,在1000℃以下具有热稳定性焊缝不耐晶间腐蚀
XII+XIII	E0-19-10Nb-15（E347-15）	A317		用于含Ni量小于16%的钢材。在650℃以下具有热强性。在不含硫的气体介质中,温度750～800℃具有热稳定性

续表

母材组合	焊条 型号①	焊条 牌号	焊后回火(℃)	备注
Ⅻ+ⅩⅢ	E0-18-12Mo2V-15 (E318V-15)	—	不回火或在 870～920 下回火	用于含 Ni 量小于 16% 的钢材。在 650℃ 以下具有热强性。在不含硫的气体介质中,温度在 750～800℃ 具有热稳定性
	E1-16-25Mo6N-15 (E16-25MoN-15)	A507		适用于含 Ni 量在 35% 以下,而又不含 Nb 的钢材。700℃ 下具有热强性能
ⅩⅢ+ⅩⅢ	E0-18-12Mo2V-15 (E318V-15)	—	870～920	600℃ 以下具有热强性
	E0-19-10Nb-15 (E347-15)	A317	870～920	用于含 Ni 量小于 16% 的钢材。在 650℃ 以下具有热强性
	E1-16-25Mo6N-15 (E16-25MoN-15)	A507	870～920	用于含 Ni 量在 35% 以下,而不含 N,700℃ 以下具有热强性能,可使用于－150℃条件

注：① 括号内为 GB/T 983—1995 型号。

异种奥氏体钢氩弧焊焊接材料的选用　　表 7-13

焊接方法	焊接材料的选用		热处理工艺
	保护气体	焊丝	
TIG MIG	Ar	H0Cr18Ni12Mo2 H00Cr18Ni12Mo2 H0Cr19Ni12Mo2 H00Cr19Ni12Mo2	用于 350℃ 以下非氧化性介质不预热,不回火或 950～1050℃ 稳定化处理
		H0Cr24Ni13 H1Cr24Ni13 H00Cr24Ni13	在不含硫化物或无侵蚀介质中,1000℃ 以下,具有热稳定性、不耐晶间腐蚀

（六）珠光体钢与奥氏体钢的焊接

1. 奥氏体不锈钢概述

（1）奥氏体不锈钢分类　根据钢中化学元素 Cr、Ni 含量可分为以下三类：

1）18-8 型　18-8 型不锈钢是应用最为广泛的奥氏体不锈钢,如 1Cr18Ni9。为了细化晶粒,改善焊接性能及克服晶间腐蚀的问题，在1Cr18Ni9的基础上，在钢中加入钛、铌等稳定化元素，如1Cr18Ni9Ti、0Cr18Ni11Nb。

2）18-12型 这种钢除Ni含量较高外，一般加入2%～4%的钼或铜等合金元素，使其耐腐蚀性、耐点蚀性能得到提高，组织为单相奥氏体组织。属于耐酸不锈钢。

3）25-20型 这类钢铬镍含量很高，具有很好的耐腐蚀性能和耐热性能。奥氏体组织非常稳定。

（2）物理性能、力学性能及耐腐蚀性能

1）物理性能（与碳钢相比）

（A）磁性。奥氏体不锈钢无磁性（但马氏体和铁素体不锈钢有磁性）。

（B）密度。稍大于碳钢（但马氏体和铁素体不锈钢的密度小于碳钢）。

（C）线膨胀系数大。约大于碳钢50%（马氏体和铁素体不锈钢与碳钢相似）。

（D）比电阻。大于碳钢5倍，为铜的40倍。

（E）热导率。奥氏体不锈钢比碳钢低1/3左右（马氏体的铁素体不锈钢是碳钢的1/2左右）。

2）不锈钢的常温力学性能

（A）低的屈强比（40%～50%），伸长率、断面收缩率和冲击吸收功均很高，并具有高的冷加工硬化性能。

（B）铁素体不锈钢在常温下冲击韧性低，伸长率比奥氏体不锈钢低得多，断面收缩率与奥氏体不锈钢相似。高温下长时间加热，力学性能将进一步下降，并导致脆化（475℃时）、晶粒粗大等。

（C）马氏体不锈钢退火状态下硬度最低，可淬火硬化。正常使用的回火状态时的硬度稍有下降，其冲击韧性很低。

3）不锈钢的耐腐蚀性能

金属腐蚀有表面均匀腐蚀和表面局部腐蚀两种。不锈钢的主要腐蚀形式也是均匀腐蚀和局部腐蚀。而局部腐蚀主要表现为晶间腐蚀，还有点腐蚀，应力腐蚀等。

（A）不锈钢的均匀腐蚀。即接触腐蚀介质的金属表面全部产生腐蚀的现象。因含有大量的 Cr 元素，所以要比一般金属腐蚀速度慢得多。钝化后的不锈钢，因表面形成一层致密的氧化膜，从而降低了腐蚀速度（钢中的 Cr 元素含量必须大于 12%）。在氧化性较强的介质中的不锈钢，其含 Cr 量要高于 16%。

（B）不锈钢的晶界腐蚀。它是一种局部腐蚀。晶界腐蚀可使晶粒间结合力丧失，使钢的强度大大降低或消失，是一种很危险的腐蚀现象，晶界腐蚀常见于奥氏体不锈钢。

2. 珠光体钢与奥氏体钢的焊接特点

珠光体钢与奥氏体钢在化学成分、金相组织和力学性能上相差很多，焊接时除考虑两种母材本身焊接特性外，还要解决焊缝金属的稀释、过渡层的形成、碳迁移形成的扩散层、接头的热应力等焊接问题。

（1）焊缝金属的稀释

珠光体钢与奥氏体钢焊接，必须采用奥氏体焊接材料而不能采用珠光体焊接材料。焊接后，焊缝金属的成分是根据母材的熔入量（即熔合比）来决定的，不同的熔合比决定了不同的焊缝成分和焊缝组织。因珠光体钢中不含或含合金元素很少（碳钢或低合金钢），当部分母材金属熔入焊缝，就会冲淡焊缝金属的合金含量，起到稀释作用，使焊缝的奥氏体形成元素含量减小，当达到一定熔合比时，会出现马氏体组织，使接头性能变坏。可见熔合比发生变化，焊缝的成分和组织都要随之发生相应变化，这种变化可根据不锈钢的组织图（舍夫勒图）来进行估计出焊缝组织的类型，如图 7-2 所示。

图 7-2 中纵坐标为镍当量（Ni_{eq}），即把某些合金元素含量折算成相当的镍含量（%），计算式为

$$Ni_{eq} = Ni + 30C + 0.5Mn$$

图中横坐标为铬当量（Cr_{eq}），即把某些合金元素含量折算成相

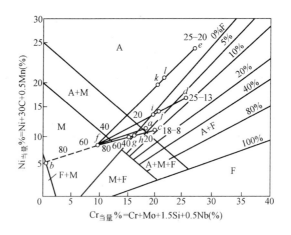

图 7-2 不锈钢组织图
A—奥氏体；F—铁素体；M—马氏体

当的铬含量（%），计算式为

$$Cr_{eg} = Cr + Mo + 1.5Si + 0.5Nb$$

现以 1Cr18Ni9 不锈钢和 Q235 碳钢为例，说明不锈钢组织图的具体应用。首先，分别计算出两种母材各自的铬、镍当量，并以每对当量值为坐标，标在不锈钢组织图上，分别见表 7-14 和图 7-2（不锈钢组织图）。

1Cr18Ni9 不锈钢和 Q235 碳钢的铬、镍当量值 表 7-14

母材	化学成分(%)					铬当量(%)	镍当量(%)	图上位置
	C	Mn	Si	Cr	Ni			
1Cr18Ni9 钢	0.07	1.36	0.66	17.8	8.65	18.79	11.42	a
Q235 钢	0.18	0.44	0.35	—	—	0.53	5.62	b

两种母材的金相组织分别对应于图 7-2 中的 a 点和 b 点，连接两点的线段 $\overline{ab}$。如不加填充金属焊接，且假设两种母材熔化数量相同，其熔合比分别是 50%，即图 7-2 中的 f 点（位于 $\overline{ab}$ 的中点）。得到的焊缝组织为马氏体组织。由此可以看出，焊缝金属不加填充材料要避免马氏体出现是不可能的。为了避免马氏体组

织出现，就必须选择 Cr、Ni 含量较高的填充材料。

今分别采用 A102（18-8 型）、A307（25-13 型）和 A407（25-20 型）三种焊条进行焊接，焊缝金属由两种类型的母材与填充材料熔合而成。该三种焊条的铬、镍当量值不同。因此，在图 7-2 中的位置也不同，分别见图 7-2 中的 c、d、e。f 点表示两种母材熔化量相同，当熔合比发生变化时（两种母材熔合比不等于 50%），三种不同焊条焊缝当量成分分别在 $\overline{fc}$、$\overline{fd}$、$\overline{fe}$ 线段上变化，根据不同的熔合比，可分别在各线段找出相应的金相组织。假定三种焊条焊后焊缝金属熔合比均为 30%、40%，则可从不锈钢组织图找出在此状态下的焊缝金相组织。

1) A102 焊条焊接后，焊缝铬、镍当量在 $\overline{fc}$ 线段的 g 点和 h 点，焊缝的组织为奥氏体＋马氏体。因出现了脆硬的马氏体组织，可见选用这种填充金属材料是合适的。

奥氏体钢焊条的铬、镍当量值　　　　表 7-15

焊条牌号	化学成分(%)					铬当量 (%)	镍当量 (%)	图上位置
	C	Mn	Si	Cr	Ni			
A102(18-8)	0.07	1.22	0.46	19.20	8.50	19.89	11.15	c
A307(25-13)	0.11	1.32	0.48	24.80	12.80	25.52	16.76	d
A407(25-20)	0.18	1.40	0.54	26.20	18.80	27.01	24.90	e

2) 采用 A307 焊条焊接后，焊缝铬、镍当量在 $\overline{fd}$ 线段的 i 点和 j 点，焊缝的组织则为含 2%铁素体的奥氏体组织（双相组织），抗裂性能好（冷裂和热裂），这种焊接材料的选择是比较适合的。

3) 选择 A407 焊条焊接，焊缝铬、镍当量在 $\overline{fe}$ 线段的 K 点 I 点，此时焊缝为单相奥氏体组织。对热裂较为敏感，多发生热裂纹。

（2）过渡层的形成

在焊接热源的作用下，熔化的母材和焊材在熔池内得到较充分地熔合。但熔池边缘即熔合线处是液固两相共存的金属，因温度低、流动性差、停留时间短等，使得熔化的母材和焊材不能很好地熔合。结果在珠光体钢一侧的焊缝金属（约 0.2～0.6mm 宽区域）中，珠光体钢母材所占的比例较大，越靠近熔合线母材所占比例越大。所以该两种材料焊接时，在紧靠近珠光体钢一侧熔合线的焊缝金属中，会形成和焊缝金属内部成分不同的过渡层。过渡层中含铬、镍量也远低于焊缝中的平均值，铬当量和镍当量相应减少。根据不锈钢组织图（舍夫勒图）近似估计这一过渡区域应为马氏体组织。这一区域可称为马氏体过渡层。

马氏体过渡层虽然很窄，但硬度高，脆性大，是珠光体钢和奥氏体钢焊接接头在使用中最易破裂的部位。过渡层的宽度与选用的焊条类型有关。填充金属（焊条）的含镍量越低，马氏体过渡层越宽，韧性下降幅度越大。所以，要选用奥氏体化稳定性强的填充金属，即选用含镍量较高的焊条。减小马氏体过渡层的宽度，改善过渡层的抗裂性能。

（3）碳迁移形成的扩散层

当焊件热处理或长时间处于高温下（350～400℃）工作，珠光体钢与奥氏体钢界面附近反应扩散使碳迁移，结果在珠光体一侧形成脱碳层而软化，在奥氏体一侧形成增碳层而硬化。这一区域为碳迁移形成的扩散层。由于扩散层两侧性能相差很大，是焊接接头中的薄弱环节，当接头受力时可能引起应力集中，降低接头高温持久强度和塑性。一般要降低 10%～20% 左右。为了解决碳迁移问题，可采取以下措施阻止碳的扩散。

1）焊后的焊接接头尽量不进行热处理。

2）尽量降低焊件工作温度和缩短高温停留时间。

3）在珠光体钢中增加碳化物形成元素（如 Cr、Mo、V、Ti 等），而在奥氏体不锈钢中减少这些元素。

4）提高奥氏体填充材料中的含镍量。

5）用高镍基焊条，焊前先在珠光体钢坡口面上推焊过渡层（一般在 6～8mm 左右）。

(4) 焊接接头热应力状态

珠光体钢和奥氏体钢的热膨胀系数相差很大，奥氏体母材与焊缝金属比珠光体母材大30%～50%而热导率却只有珠光体钢的1/2左右，所以，这类异种钢的焊接接头，在焊后冷却、焊后热处理以及在较高温度下工作都会产生很大的热应力。尤其当温度变化迅速时，或者工作中接头承受热循环时，较大的交变热应力极易使焊接接头产生疲劳而过早开裂——即热疲劳裂纹。特别是在珠光体钢一侧，因抗氧化性能差，易被氧化形成缺口，在反复热应力作用下，缺口便沿着薄弱的脱碳层扩散，形成所谓的热疲劳裂纹。

一般钢种在焊后都可通过热处理来消除残余应力，但这类异种钢加热到高温（热处理温度）虽然能降低焊接应力，可是在随后的冷却过程中，因两种母材物理性能的差异，不可避免地又会产生新的残余应力。经热处理后的焊接接头较高的温度和热循环条件下使用，接头应力势必又重新分布。因此，珠光体钢与奥氏体钢的焊接接头不适宜用热处理方法来消除残余应力。

3. 珠光体钢与奥氏体钢的焊接工艺

(1) 焊接方法的选择

选择珠光体钢与奥氏体钢的焊接方法时，除考虑生产率和焊接具体条件外，主要是考虑焊接接头的熔合比，即降低对焊缝的稀释作用。熔化焊的几种焊接方法（如焊条电弧焊、钨极氩弧焊、熔化极氩弧焊、埋弧自动焊等）都比较合适，但几种焊接方法的熔合比是不一样见图7-3。

从图7-3中可以看出：焊条电弧焊的熔合比是比较小的，操作方便，适合各种位置焊接，不受焊件形状限制，所以，焊条电弧焊方法采用比较广泛。

熔化极氩弧焊方法，因使用高合金填充焊条的电阻很大，焊接时只能采用小电流，所以熔合比也很小，而且熔合比范围也不大，很适合异种钢焊接，但从操作方便、成本等方面不如焊条电

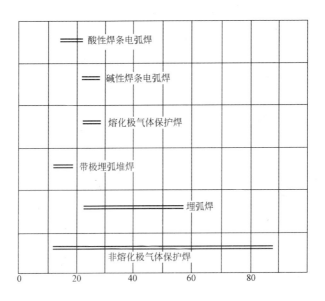

图 7-3 熔合比（体积%）

弧焊方法。

埋弧焊时，熔合比变化范围较大，它是通过改变线能量的大小来控制熔合比的。线能量越大，熔合比越大。

(2) 焊接材料的选择

珠光体钢与奥氏体钢焊接时，焊缝及熔合区的组织和性能主要取决于焊接材料。一是考虑母材，二是考虑使焊接接头满足使用要求（工作温度）、稀释作用、碳迁移、残余应力及抗热裂性能等问题。

1) 克服珠光体钢对焊缝的稀释作用。选择含镍量较高并能起到稳定奥氏体组织作用的焊接材料。

2) 抑制熔合区中碳的扩散。提高焊接材料的奥氏体形成元素，提高镍的含量是抑制熔合区中碳扩散的有效手段。不同温度工作条件下，异种钢焊接接头对焊缝镍含量的要求也不同，见表 7-16。

异种钢接头对焊缝镍含量的要求　　　　表 7-16

珠光体钢的级别	接头工作温度(℃)	推荐的焊缝含镍量(%)
普通低碳钢	≤350	10
优质碳素钢、普通低合金钢	350～450	19
低、中合金铬钼钢	450～550	31
低、中合金铬钼钒钢	>550	47

3) 改变焊接接头的应力分布。最好选用线膨胀系数接近于珠光体钢的镍基合金焊接材料如 Cr15Ni70 镍基材料,有利于降低接头应力。

4) 提高焊缝金属抗热裂纹的能力。珠光体钢与奥氏体钢(Cr/Ni>1)焊接时,为避免出现热裂纹,应使焊缝含有 3%～7% 的铁素体组织,所以,要求选择的焊接材料也必须含有一定量的铁素体形成元素,如 18-8 型奥氏体不锈钢与 Q235 低碳钢焊接时,最好选用 E309-15 型焊条(A307);珠光体与奥氏体热强钢(Cr/Ni<1)焊接时,所选用的焊接材料应保证焊缝金属具有较高抗裂性能的单相奥氏体或奥氏体+碳化物组织。

珠光体钢与奥氏体钢焊接时,选用焊接材料可参考表 7-17。

(3) 焊接工艺要点

降低熔合比和控制焊缝的稀释程度(减小扩散层),是珠光体钢与奥氏体钢焊接时的特殊工艺要求。

1) 坡口角度。坡口角度要比焊接同类金属的大,V 形坡口角度为 80°～90°。尽量采用 U 形坡口(现场加工有一定困难)代替 V 形坡口,因为 U 形坡口焊接的熔合比要比 V 形坡口的小。

2) 焊接工艺参数。为减小熔合比,选用小直径焊条(或焊丝)小的焊接电流、快速焊的方法。

3) 预热问题。主要是根据珠光体钢母材对冷裂敏感程度来定。因为奥氏体钢母材,不需预热,冷却速度要求快,以免奥氏体钢产生过热现象。如选用低碳钢型的珠光体钢,焊前就不需要预热;如选用珠光体钢母材对冷裂敏感的易淬火钢,就需对珠光

表 7-17 珠光体钢与奥氏体钢焊接用焊条

序号	珠光体钢的牌号	奥氏体钢的牌号	焊条牌号	备注
1	低碳钢：Q215,Q235,Q255,08, 10,15,20,25,20g,22g	奥氏体耐酸钢：0Cr18Ni9,1Cr18Ni9, 1Cr18Ni9Ti,0Cr18Ni12TiV,1Cr18Ni12Mo3Ti	A402,A407 A502,A507 A312	工作温度<350℃ 工作温度<450℃ 用做覆盖 A507 焊缝，耐晶间腐蚀
2	低碳钢：Q215,Q235,Q255,08, 10,15,20,25,20g,22g	奥氏体耐热钢：0Cr23Ni18,Cr18Ni18, Cr23Ni13,0Cr20Ni14Si2,4Cr14Ni14W2Mo	A502,A507 A212 Ni307	工作温度<350℃ 用做覆盖 A507 焊缝，耐晶间腐蚀 用做覆盖 A507 焊缝，耐晶间腐蚀
3	中碳钢及低合金钢：15Mn, 20Mn,15Mn2,15Cr,10Mn2, 18CrMnTi	奥氏体耐酸钢或奥氏体耐热钢：0Cr18Ni9,1Cr18Ni9, 1Cr18Ni9Ti,0Cr18Ni12TiV,1Cr18Ni12Mo3Ti 奥氏体耐热钢：0Cr23Ni18,Cr18Ni18, Cr23Ni13,0Cr20Ni14Si2,4Cr14Ni14W2Mo	A402,A407 A502,A507 A312	工作温度<350℃ 工作温度<350℃ 用做覆盖 A402,A502,A407,A502,A507 焊缝，耐晶间腐蚀
4	高强度中碳钢：30, 40,45,50,55,35Mn,50Mn,40Cr, 50Mn2,40CrV,30CrMnTi	奥氏体耐酸钢：0Cr18Ni9,1Cr18Ni9, 1Cr18Ni9Ti,0Cr18Ni12TiV,1Cr18Ni12Mo3Ti 奥氏体耐热钢：0Cr23Ni18,Cr18Ni18, Cr23Ni13 0Cr20Ni14Si2,4Cr14Ni14W2Mo	A502,A507 Ni307	工作温度<450℃ 淬火钢坡口堆焊过渡层
5	铬钼耐热钢：15CrMo,30CrMo, 35CrMo,12CrMo,20CrMo	奥氏体耐酸钢：0Cr18Ni9,1Cr18Ni9, 1Cr18Ni9Ti,0Cr18Ni12TiV,1Cr18Ni12Mo3Ti 奥氏体耐热钢：0Cr23Ni18,Cr18Ni18, Cr23Ni13,0Cr20Ni14Si2,4Cr14Ni14W2Mo	A302,A307 A502,A507 Ni307 A212	工作温度<400℃ 工作温度<450℃ 用做过渡层 用做覆盖焊缝，可耐腐蚀
6	铬钼钒（钨）耐热钢：20Cr3MoWVA,12Cr1MoV,25Cr1MoV, 12Cr2MoWVTiB	奥氏体耐酸钢：0Cr18Ni9,1Cr18Ni9, 1Cr18Ni9Ti,0Cr18Ni12TiV,1Cr18Ni12Mo3Ti 奥氏体耐热钢：0Cr23Ni18,Cr18Ni18, Cr23Ni13,0Cr20Ni14Si2,4Cr14Ni14W2Mo	A302,A307 A502,A507 Ni307 A212	工作温度<520℃ 工作温度<550℃ 工作温度<570℃ 用做覆盖焊缝，可耐腐蚀

体钢母材一侧进行预热,但预热温度要比珠光体钢同种金属焊接小得多,这是因为珠光体钢与奥氏体钢焊接时总是采用奥氏体钢焊接材料或镍基焊接材料,使得焊缝在冷却过程中仍能保持对氢较高的溶解度,不会向珠光体钢母材热影响区排氢。

4)焊接过渡层问题。采用在珠光体钢母材堆焊一层或多层含有比母材更多的强碳化物,形成元素的过渡层。过渡层可以降低对接头的预热要求,以及减少产生裂纹的危险性。

(七)珠光体钢与高铬钢(铁素体钢,马氏体钢)的焊接

1. 高铬钢概述

高铬钢是不锈钢中的一种。根据合金成分和组织性能不同,可分为马氏体型和铁素体型高铬不锈钢两类。

马氏体型铬不锈钢。这类钢含铬量一般在13%左右,含碳量0.1%~0.4%,都可以用淬火来提高硬度、强度和耐蚀性。淬火温度在950~1050℃范围内,以保证碳化铬溶入固溶体中。

常用的马氏体铬不锈钢有1Cr13、2Cr13、3Cr13、4Cr13等。

铁素体型高铬不锈钢。这类钢含Cr量均大于17%,具有良好的高温抗氧化性和耐酸性,它在硝酸和氮肥生产设备中广泛应用。钢中加入1.6%~2.6%的钼,可提高在非氧化性介质中,特别是在醋酸中的耐蚀性。典型的如:Cr17Mo2Ti等。

常见的高铬铁素体不锈钢有Cr17、Cr17Ti、Cr25、Cr25Ti、Cr28等。含碳量一般较低(≤0.12%~0.15%)。含Cr28%和25%的钢,在加热和冷却时均为铁素体,这类钢都是在740~780℃退火状态才能使用,具有良好的塑性和耐蚀性,但焊接性差。焊接时,一定要防止因过热晶粒长大而引起性能的变化。含Cr17%的钢,淬火后金相组织中会有少量的奥氏体,多数是铁素体。常见的铬不锈钢的特性和应用见表7-18。

铬不锈钢的特性和应用　　　　　表 7-18

牌号	特 性	应用举例
0Cr13 1Cr13 2Cr13	温度低于 30℃ 的弱腐蚀性介质中，如对盐、酸、浓度不大的有机酸和食品介质等有良好抗蚀能力，对淡水、海水蒸汽有足够的抗蚀性，经淬火和抛光能提高抗蚀能力。塑性、韧性高，适宜压力加工。可经 950～1050℃ 淬火 700～790℃ 回火	做汽轮机叶片、水压机阀、螺栓、家具、食品用具、装饰品，及在有机酸、盐水等介质中工作的零件
3Cr13 4Cr13	经 950～1000℃ 淬火，200～280℃ 回火 HRC＝48～56，经抛光能提高抗蚀能力，硬度高，耐蚀性比 0Cr13 等差一些	做热油泵、轴、阀门等石油化工设备。4Cr13 可做外科工具、弹簧、化油器针阀、轴承等
9Cr18	抗锈蚀性高，有高的硬度和耐磨性，经 1050℃ 淬火，150℃ 回火，HRC＝56～59	做石油钻井设备上的轴承剪力、刃具、阀门等要求耐蚀、耐磨的工件
Cr25Ti Cr28	属于单相铁素体型不锈钢，对硝酸介质有高的耐蚀性，焊接性差，一般在退火状态使用。退火温度为750～850℃ 采用空冷或水冷	做硝酸浓缩设备上用的底板、管道、高温高浓度硝酸中工作的零件，也可做次氯酸钠及磷酸设备的材料

2. 珠光体钢与高铬铁素体钢

（1）焊接特点

1）热影响区和过热区的晶粒急剧长大引起裂化，含 Cr 量越高，高温停留时间越长，接头脆性越严重。

2）接头区域在室温下冲击韧性很低，易产生裂纹。

3）物理性能和化学成分（特别是含 Cr 量）存在差异，影响焊接接头性能（力学、使用、抗裂等性能）。

4）Cr 的大量烧损，降低焊缝金属的耐蚀性和热稳定性。

5）在含硫介质中工作的构件，如果高铬铁素体钢中铬含量在 25%～30% 时，就不能选用含镍很高的奥氏体焊条（如 A102、A307），因为这类焊条不耐亚硫酸腐蚀。

6）在焊接异种高铬钢构件时，除要求力学性能、物理致密性（无气孔、夹渣、裂纹等）外，还有一些附加要求，如耐蚀性、耐热性、导磁性等。

(2) 焊接工艺要求

1) 采用较小的焊接线能量焊接，防止产生过热现象。

2) 运条尽量不做横向摆动，采用窄焊道形焊接。

3) 严格控制层间温度（不应大于100℃），确保焊道层间充分冷却，避免热影响晶粒长大。

4) 如果接头是由淬火的铁素体-马氏体钢与非淬火的铁素体钢组成时，又无法单独加热，此时要采用小功率的焊接热输入，断续冷焊一层（8～10mm厚）过渡层，然后立即进行焊前预热，随后用铬不锈钢焊条（E410-16或E410-15型）进行焊接。

(3) 珠光体钢与高铬铁素体钢焊接材料及焊前预热，焊后热处理

珠光体钢与高Cr铁素体钢焊接，焊接材料的选择基本原则是：应尽量避免焊缝金属产生对裂纹敏感的金相组织、脆性层和低强度区，且在高温下工作不会变脆。珠光体钢与高铬铁素体钢焊接用的焊条，焊前预热温度及焊后回火温度等详见表7-19。

不同高铬铁素体钢焊接，采用焊条电弧焊时，焊条的选择、焊前预热和焊后回火的温度详见表7-20。

3. 珠光体钢与高铬马氏体钢的焊接

(1) 焊接特点

珠光体钢与高铬铁素体钢焊接时，主要问题有：

1) 高铬马氏体钢在焊接过程中，具有强烈的淬硬倾向，焊后接头更易产生冷裂纹。

2) 高铬马氏体钢导热性差，焊接残余应力大，有较大的过热倾向，导致脆化。

3) 焊接结构厚度或拘束度越大，钢中含碳越高，冷裂倾向就越大。加之焊接应力大，如再有氢作用，裂纹倾向就更严重。

(2) 焊接工艺要求

表 7-19 珠光体钢与高铬铁素体钢焊接用的焊条

母材组合	焊条型号①	焊条牌号	焊前预热(℃)	焊后热处理(℃)	备 注
Ⅰ+Ⅶ	E5503-B1、E5515-B1、E5515-B2	R202、R207、R307	300~400	650~680	工作温度在350℃以下,焊后必须立即回火
Ⅰ+Ⅶ	E1-23-13-16(E309-16) E1-23-13-15(E309-15)	A302 A307	150~200	不回火	焊后无法进行热处理时采用
Ⅰ+Ⅷ	E1-23-13-16(E309-16) E1-23-13-15(E309-15)	A302 A307	不预热	—	焊不耐晶间腐蚀,不能受冲击载荷,不能用于侵蚀性液体介质
Ⅱ+Ⅶ	E5503-B1、E5515-B1、E5515-B2	R202、R207、R307	300~400	650~680	工作温度在350℃以下,焊后必须立即回火
Ⅱ+Ⅶ	E1-23-13-16(E309-16) E1-23-13-15(E309-15)	A302 A307	150~200	不回火	焊后无法进行热处理时采用
Ⅱ+Ⅷ	E1-23-13-16(E309-16) E1-23-13-15(E309-15)	A302 A307	不预热	—	焊不耐晶间腐蚀,不能受冲击载荷,不能用于侵蚀性液体介质,焊后无法进行热处理时采用
Ⅲ+Ⅶ	E1-16-25Mo6N-15(E16-25MoN-15)	A507	150~200	—	焊后无法进行热处理时采用,工作温度在350℃以下
Ⅲ+Ⅷ	E1-16-25Mo6N-15(E16-25MoN-15)	A507	不预热	—	焊缝不耐晶间腐蚀,不能在侵蚀性液体介质中使用
Ⅲ+Ⅷ	E0-18-12Mo2-16(E316-16)	A202	不预热	—	工作在侵蚀性液体介质中工作时,将 E0-18-12Mo2-16 焊条堆焊在 E1-16-25Mo6N-15 焊缝表面,以便与侵蚀性液体接触时,保护 E1-16-25Mo6N-15 的焊缝
Ⅳ+Ⅶ	E5503-B1 E5515-B2	R202 R207	300~400	620~660	工作温度在350℃以下,焊后立即回火
Ⅳ+Ⅷ	E1-23-13-16(E309-16) E1-23-13-15(E309-15)	A302 A307	250~350	不回火	焊缝不耐晶间腐蚀,不能在侵蚀性液体介质中使用,工作温度不超过350℃
Ⅴ+Ⅶ	E5515-B2	R307	300~400	680~700	工作温度不超过500℃,焊后立即回火
Ⅴ+Ⅷ	E1-23-13-16(E309-16) E1-23-13-15(E309-15)	A302 A307	不预热或150~200	不回火	焊不耐晶间腐蚀,不能受冲击载荷,不能用于侵蚀性液体介质
Ⅵ+Ⅶ	E5515-B2-V	R317	300~400	720~750	工作温度不超过540℃,内部焊缝用 E5512-B2 焊接,而焊缝的表面层用 E5515-B2-V 覆盖,焊后必须立即回火
Ⅵ+Ⅷ	E1-23-13-16(E309-16) E1-23-13-15(E309-15)	A302 A307	150~200	—	不回火

注:① 括号内为 GB/T 983—1995 型号。

表 7-20　不同高铬铁素体钢手工电弧焊时焊接材料及预热、回火温度

母材组合	焊条 GB 983—85	焊条 GB/T 983—1995	焊条 牌号	预热温度/℃	回火温度/℃	备注
Ⅶ+Ⅶ	E1-13-15	E410-15	G207	200~300	700~740	接头可在蒸馏水、弱腐蚀性介质、空气、水气中使用,工作温度 540℃,强度不降低,在 650℃时热稳定性良好,焊后必须回火,但 0Cr13 可不回火
	E1-13-15	E410-15	G207	200~300	700~740	
Ⅶ+Ⅷ	E1-23-13-15	E309-15	A307	不预热或 150~200	不回火	焊件不能在热处理时采用。焊缝不耐晶间腐蚀。用于无硫气相中,在 650℃时性能稳定
	E1-13-15	E410-15 E-11MoVNiW-15	G207 R817	350~400	700~740	焊后保温缓冷后立即回火处理
Ⅶ+Ⅸ	E1-23-13-15	E309-15	A307	不预热或 150~200	不回火	—
	E1-23-13-15	E309-15	A307	不预热或 150~200	不回火	焊缝不耐晶间腐蚀,用于干燥侵蚀性介质
Ⅶ+Ⅷ	E0-17-15	E430-15 E-11MoVNiW-15	G307 R817	350~400	700~740	焊后保温缓冷后立即回火处理
Ⅷ+Ⅸ	E1-23-13Mo2-16	E309Mo-16	A312	—	—	—

1) 为了防止冷裂，如果构件厚度超过 3mm，焊前就应采取预热措施，焊后也往往需要进行热处理，以提高焊接接头性能。

2) 珠光体钢与高铬马氏体钢焊接时，如无强度要求，为了防止冷裂纹，可以采用奥氏体钢焊条焊接，使焊缝金属成为奥氏体组织，但这时的焊缝强度要低于母材，焊后一般不再进行热处理。

(3) 焊接材料的选择

珠光体钢与高铬马氏体钢焊接时，应选用 E5503-B1、E5515-B1 及 E5515-B2 等焊条，尽量不用 E4316、E4315、E5016、E5015 等焊条。如果工件厚度较厚，并要求焊缝有高的塑性时，可选用 E5503-B1、E5515-B1 或 E5515-B2 等焊条先在高铬马氏体钢坡口面堆焊一层过渡层，然后再用 E4316、E4315、E5016 或 E5015 等焊条焊接。

珠光体钢与高铬马氏体钢焊接时，焊前要预热，焊后要热处理。预热温度按淬硬倾向大的钢选取。焊件厚度越厚、预热温度就越高，一般在 150~400℃ 范围内。多层焊时层间温度与预热温度相同。

焊后热处理，通常采用亚临界退火或完全退火，降低残余应力，改善接头性能，防止产生裂纹。

预热温度不能过高，否则高铬马氏体钢一侧容易引起晶界碳化物沉淀，形成铁素体，韧性显著下降，高温回火接头得不到多大的改善，最好是采用调质处理。

(八) 奥氏体钢与铁素体钢的焊接

1. 奥氏体钢与铁素体钢的焊接性

这类异种钢焊接特点和珠光体钢与奥氏体钢焊接基本相同。主要问题是焊接接头中碳的迁移和合金元素的扩散，使焊缝熔合区低温冲击性能下降和产生裂纹。由于碳的迁移和合金扩散使焊接接头产生 4 个区域或 4 条带（都是很窄的）。

(1) 脱碳带

由于奥氏体钢中含有一定量的钛（钛是强烈的碳化物元素），与铁素体钢中碳的亲和力很大。在焊接过程中，铁素体钢中的碳必然向焊缝一侧迁移，使铁素体钢一侧形成脱碳，称它为脱碳带。其组织一般是低碳马氏体（回火后）和贝氏体，硬度较高。

(2) 增碳带

由于碳的迁移，在奥氏体钢焊缝一侧形成增碳带。增碳带只能在预热后焊接或多层焊时才能产生，否则是不会产生明显增碳带现象的。

(3) 合金浓度缓降带

为了获得焊缝为双向组织——奥氏体＋铁素体组织，所以选择焊接材料时，铬和镍的含量都要比奥氏体钢母材的高。焊缝中就会有较高的铬镍元素，出现和铁素体钢母材铬、镍元素的浓度差，使铬、镍元素向铁素钢一侧扩散，形成合金元素缓降带。

(4) 细粒珠光体带

焊缝回火处理后，在脱碳带与增碳带之间形成一个细晶粒珠光体带（几微米宽），这是低碳马氏体在高温回火处理后的产物。对焊接接头的力学性能没有影响。

奥氏体钢与铁素钢焊接时，熔合区主要特征是：

1) 增碳带处于铬、镍合金元素陡降的互熔区内。

2) 脱碳带是低温冲击韧性的低值区，当焊接接头承受应力和变形时又是裂纹起源和裂纹延展区，脱碳带要比增碳带宽十几倍，危害性最大。

2. 奥氏体钢与铁素钢的焊接工艺

(1) 焊接材料的选择

奥氏体钢与铁素体钢焊接时，从原则上来说，可选高铬焊条（如 G202、G207 等），也可选用铬镍奥氏体焊条（如 A302、A307 等）。无论采用哪一种焊条，焊缝金属的金相组织类型都

表 7-21 奥氏体钢与铁素体钢的焊条、预热温度和回火温度的选择

母材组合	焊条 型号①	焊条 牌号	热处理工艺(℃) 预热	热处理工艺(℃) 回火	备注
Ⅶ+Ⅹ	E1-23-13-16(E309-16) E1-23-13-15(E309-15)	A302 A307	不预热或 150~250	720~760	在无液态侵蚀介质中工作,焊缝不耐晶间腐蚀,在无硫氢中工作温度可达650℃
Ⅶ+Ⅺ	E0-18-12-Mo2-16(E316-16) E0-18-12-Mo2Nb-15(E318-15)	A202 A217	150~250	不回火	侵蚀性介质中的工作温度≤350℃
	E0-18-12-Mo2V-15(E318V-15)	A237	150~250	720~760	在无液态侵蚀性介质中工作,焊缝不耐晶间腐蚀,在无硫氢中工作温度可达650℃
Ⅶ+Ⅷ	E1-16-25Mo6N-15 (E16-25MoN-15)	A507	不预热或 150~250	720~760	含Ni35%而不含Nb的钢,不能在液态侵蚀性介质中工作,工作温度可达540℃ 含Ni≤16%的钢,可在液态侵蚀介质中工作,焊后焊缝不耐晶间腐蚀,温度可达570℃
	E0-19-10Nb-15(E347-15)	A137			
Ⅶ+ⅩⅣ	—	A122	250~300	750~780	在液态侵蚀性介质中工作温度可达300℃,回火快冷却的焊缝耐晶间腐蚀
Ⅷ+Ⅹ	—	A122	不预热	720~750	回火后快速冷却焊缝耐晶间腐蚀,但不耐冲击载荷
Ⅷ+Ⅺ	E0-18-12-Mo2-16(E316-16)	A202			回火后快速冷却焊缝耐晶间腐蚀,但不耐冲击载荷
Ⅷ+Ⅻ	E1-23-13-16(E309-16) E1-23-13-15(E309-15)	A302 A307	不预热	不回火	无液态侵蚀性介质中工作,在无硫氢中工作温度可达1000℃

续表

母材组合	焊条 型号①	焊条 牌号	热处理工艺 预热	热处理工艺 回火 (℃)	备 注
Ⅶ+ⅩⅢ	E1-16-25Mo6N-15 (E16-25MoN-15)	A507	不预热	不回火	含N≥35%而不含Nb的钢,不能在液态侵蚀性介质中工作,不耐冲击载荷
	E0-19-10Nb-15(E347-15)	A137		不回火或 720~780	含Ni<16%的钢,可在侵蚀性介质中工作,但不耐冲击载荷
Ⅷ+ⅩⅣ	—	A122		720~760	在液态侵蚀性介质中的工作温度可达300℃,回火后速冷,焊缝耐晶间腐蚀,不能承受冲击载荷
Ⅸ+Ⅹ	E1-23-13-16(E309-16) E1-23-13-15(E309-15)	A302 A307	150~250	750~780	不能在液态侵蚀性介质中的工作,焊缝耐晶间腐蚀,工作温度可达580℃
Ⅸ+Ⅺ	E0-18-12-Mo2-16(E316-16) E0-18-12-Mo2Nb-15(E318-15) E0-18-12-Mo2V-15(E318V-15)	A202 A217 A237		不回火 720~760	在液态侵蚀性介质中的工作温度可达360℃,焊后状态焊缝耐晶间腐蚀
Ⅸ+Ⅻ	E1-23-13-16(E309-16) E1-23-13-15(E309-15)	A302 A307	150~250	720~760	不能在液态侵蚀介质中工作,不耐晶间腐蚀,在无硫气氛中工作温度可达650℃
Ⅹ+ⅩⅢ	E1-16-25Mo6N-15(E16-25MoN-15)	A507		750~800	含Ni>35%而不含Nb的钢,不能在液态侵蚀性介质中工作,工作温度可达580℃
	E0-19-10Nb-15(E347-15)	A137		750~800	含Ni<16%的钢,可在侵蚀性介质中工作,焊后状态焊缝耐晶间腐蚀
Ⅸ+ⅩⅣ	—	A122	250~300		在液态侵蚀性介质中的工作温度可达300℃,回火后快速冷却焊缝耐晶间腐蚀

注: ① 括号内为GB/T 983—1995型号。

基本相同。当焊缝金属具有奥氏体-铁素体双向组织时,抗裂性好,常温下塑性好。所以,对于工作在500℃以下的奥氏体钢与铁素体钢(以及高铬马氏体钢)的焊接,可以选用奥氏体焊条或奥氏体-铁素体焊条,还可以降低焊前预热温度。如工作温度超过500℃时,应选用高铬焊条,采取焊前预热,焊前热处理措施。可防止产生裂纹、降低残余应力、组织均匀化,提高焊缝接头塑性和耐蚀性。

(2) 焊后热处理

奥氏体钢与铁素体钢焊接的接头,除要消除焊接残余应力外,还要消除因热膨胀系数差异而引起的附加应力,所以焊后要进行高温回火热处理。

奥氏体钢与铁素体钢的焊接,其焊条的选择、焊前预热温度和焊后回火温度详见表7-21。

(九) 复合材料的焊接

复合材料有不锈复合钢、钛复合钢、无氧铜-碳钢等,基层均为碳钢或低合金钢。是通过爆炸焊、堆焊、轧制等工艺方法制成的双金属板材。

目前在石油、化工、航海和军工生产中,用以制造防腐设备应用最广泛的是不锈复合钢板,下面主要介绍不锈复合钢的焊接。

1. 不锈复合钢的种类和性能

不锈复合钢板是由较厚的珠光体钢(基层)和较薄的不锈钢(覆层)通过轧制而成的双金属板。主要是用来满足耐腐蚀性能要求的。不锈钢复层通常是在里层(即与腐蚀介质接触),厚度一般为复合板厚度的10%～20%左右。

目前应用较多的是奥氏体系复合钢板和铁素体与复合钢板。我国生产的不锈钢复合钢板的种类和力学性能见表7-22。

表 7-22 不锈复合钢的种类和力学性能

复合钢（基层+复层）	规　格 (mm)			σ_b (MPa)	σ_s (MPa)	δ_5 (%)	τ_b (MPa)
	总厚度	宽度	长度				
Q235+1Cr18Ni9Ti(0Cr18Ni9Ti)	6,8,10,12,14,15,16,18	1000	≥2000	—	—	—	—
Q235+1Cr18Ni12Mo2Ti(0Cr18Ni12Mo2Ti)				≥370	≥240	≥22	≥150
Q235+0Cr13				≥370	≥240	≥22	≥150
20g+1Cr18Ni9Ti(0Cr18Ni9Ti)				—	—	—	—
20g+0Cr18Ni12Mo2Ti(1Cr18Ni12Mo2Ti)				≥410	≥250	≥25	≥150
20g+0Cr13				≥410	≥250	≥25	≥150
12CrMo+0Cr13				≥410	≥270	≥20	≥150
Q235+1Cr18Ni9				≥410	—	≥20	≥150
Q235+0Cr18Ni12Mo2Ti	6,8,10,12,14,15,16,18,20,22,24,25,28,30	1400~1800	4000~8000	不低于基层钢的力学性能			≥150
Q235+1Cr18Ni12Mo2Ti							
20g+1Cr18Ni9Ti							
16Mn+1Cr18Ni9Ti							
16Mn+1Cr18Ni12Mo2Ti							
16Mn+0Cr13							

2. 不锈复合钢板焊接坡口制备及焊接材料的选择

(1) 坡口制备

对接接头尽可能采用 X 形坡口,双面焊。同时还要考虑过渡层的焊接特点,尽量减少覆层焊接量。当焊位受到空间限制必须单面焊时,可采用单面 V 形坡口。

表 7-23 为不锈复合钢板接焊的坡口形式和尺寸。

不锈复合钢板焊接的坡口形式和尺寸　　　表 7-23

序号	适用厚度(mm)	坡口形式	尺寸(mm)
1	4～6		$b=2$ $p=2$ $\alpha=70°$
2	8～12		$b=2$ $p=2$ $\alpha=60°$
3	14～25		$b=2$ $p=2$ $H=8$ $\alpha=60°$
4	26～32		$b=2$ $p=2$ $H=8$ $R=6$ $\alpha=60°$ $\beta=15°$
5	$\delta=100$ $\delta_1=15$		$b=2$ $p=2$ $R=5$ $\alpha=60°$ $\beta=40°$

注:适用于焊条电弧焊或焊条电弧焊封底自动焊焊接的复合板平板对接和筒体纵、环焊缝。

表 7-24 常用的不锈复合钢板焊接材料的选用

复合钢的组合	基 层	过 渡 层	覆 层
Q235+0Cr13	E4303 E4315,E4316	E309-16(E1-23-13-16) E309-15(E1-23-13-15)	E308-16(E0-19-10-16) E308-15(E0-19-10-15)
16Mn+0Cr13 15MnV+0Cr13	E5003,E5015 E5016 E5515-G	E309-16(E1-23-13-16) E309-15(E1-23-13-15)	E347-16(E0-19-10Nb-16) E347-15(E0-19-10Nb-15)
12CrMo+0Cr13	E5515-B1	E309-16(E1-23-13-16) E309-15(E1-23-13-15)	E347-16(E0-19-10Nb-16) E347-15(E0-19-10Nb-15)
Q235+1Cr18Ni9Ti Q235+0Cr18Ni9Ti	E4303 E4315,E4316	E309-16(E1-23-13-16) E309-15(E1-23-13-15)	E347-16(E0-19-10Nb-16) E347-15(E0-19-10Nb-15)
16Mn+1Cr18Ni9Ti 16Mn+0Cr18Ni9Ti 15MnV+1Cr18Ni9Ti	E5003 E5015,E5016 E5515-G	E309-16(E1-23-13-16) E309-15(E1-23-13-15)	E347-16(E0-19-10Nb-16) E347-15(E0-19-10Nb-15)
Q235+Cr18Ni12Mo2Ti	E4303 E4315,E4316	E309Mo-16 (E1-23-13-Mo2-16)	E318-16 (E0-18-12Mo2Nb-16)
16Mn+0Cr18Ni12Mo2Ti 15MnV+0Cr18Ni12Mo2Ti	E5003 E5015,5016 E5515-G	E309Mo-16 (E1-23-13Mo2-16)	E318-16 (E0-18-12Mo2Nb-16)

注：括号内为 GB/T 983—1985 型号。

表 7-25 不锈复合钢单面焊焊接材料的选用

复合钢板		手工电弧焊		埋弧焊		备注
		牌号	型号	焊丝	焊剂	
覆层	0Cr18Ni9Ti 1Cr18Ni9Ti 0Cr13	A102、A107 A002	E308-16、E308-15 E308L	—	—	—
过渡层	—	纯 Fe	—	—	—	—
基层 (有过渡层)	Q235、20	J422	E4303	H08A	HJ431	最初两层手工电弧焊,其余用埋弧焊
	20g	J422、J502 J507	E4303、E5003 E5015	H08A H08MnA	HJ431	
	16Mn 15MnTi	J507、J557 J607	E5015、E5515-G E6015-G	H08MnA H10Mn2	HJ431	
基层 (无过渡层)	Q235 20、20g 16Mn 15MnTi	A302 A307	E309-16 E309-15	HCr25Ni13 H00Cr29Ni2TiAl	HJ260	

（2）焊接材料的选择

常用的不锈复合钢板焊接材料的选择，要根据基层和覆层的性能要求而定。详见表 7-24。

不锈复合钢板的单面焊和双面焊及埋弧焊，所选用的焊接材料详见表 7-25 和表 7-26。

不锈复合钢板双面焊焊接材料的选择　　表 7-26

母材		焊条电弧焊电焊条	埋弧焊	
			焊丝	焊剂
基层	Q235A	J422	H08,H08A	HJ431
	20 20g	J422 J502,J507	H08A,H08MnA H08Mn2SiA	HJ431
	09Mn2 16Mn 15MnTi	J502,J507 J557 J607	H08MnA H10Mn2 H08Mn2SiA	HJ431
覆层	1Cr18Ni9Ti 0Cr18Ni11Ti 0Cr13	A102,A107 A132,A137 A202,A207	H0Cr19Ni9Ti H00Cr29Ni12TiAl	HJ260
	0Cr18Ni12Mo2Ti 0Cr18Ni12Mo3Ti	A202,A207 A212	H0Cr18Ni12Mo2Ti H0Cr18Ni12Mo3Ti H00Cr29Ni12TiAl	HJ260
过渡层		A302,A307,A312	H00Cr29Ni12TiAl	HJ260

3. 不锈复合钢板焊接的特点及其工艺

（1）不锈复合钢板的焊接特点

1）如果焊接材料选择不当，或焊接参数选择不对，覆层的焊道可能被严重稀释，形成马氏体淬硬组织。

2）由于铬镍元素强烈渗入碳钢基层，引起严重脆化并产生裂纹。

3）在复合钢板过渡区，由于高温使碳扩散，使复合钢板一侧交界区形成高硬度增碳层和基板一侧的低硬度脱碳层。增碳层产生脆性组织,使焊接接头性能和耐腐蚀性能下降。

(2) 焊接工艺

1) 覆层坡口及其两侧的油污杂物等要清除干净,焊前最好用丙酮再清洗一次。

2) 为防止产生裂纹,焊条在使用前,一定要按要求进行烘干。

3) 单面焊时,应对覆层表面(坡口两侧各150mm范围内)及坡口涂上一层防飞溅涂料后再进行覆层的焊接,然后再焊过渡层和基层;双面焊时,先从基层一侧焊接,焊满焊缝后再焊覆层。焊覆层前,必须先清除焊根,经X光检查合格后,再进行过渡层和覆层的焊接。

4) 基层、覆层及过渡层所使用的焊条决不能用错,不锈复合钢板的顺序见图7-4。过渡层焊接,一定要考虑基层的稀释作用。

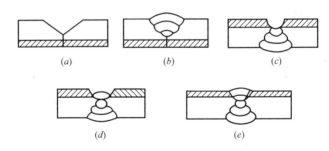

图 7-4 不锈复合钢板焊接顺序

(a) 装配;(b) 焊基层;(c) 覆层清根;(d) 焊过渡层;(e) 焊覆层

5) 基层定位焊用焊条,要根据基层材料来选用。若定位焊靠近覆层,可适当控制焊接电流和定位焊的焊点尺寸。

6) 焊后热处理主要是消除应力,最好是焊完基层就进行热处理。热处理后,再焊接过渡层和覆层。如需进行整体热处理,应考虑覆层的耐蚀性和异种钢过渡区组织的不均匀性。热处理的温度为450~650℃,一般选择下限温度。

（十）有色金属及其异种有色金属的焊接

1. 有色金属基础知识概述

(1) 有色金属材料的分类

有色金属产品分为冶炼产品、铸造产品和加工产品三大部分。

1) 冶炼产品——冶炼产品指以冶炼方法得到的各种纯金属或合金，纯金属冶炼产品按纯度分为工业纯度和高纯度两类。

2) 铸造产品——合金冶炼产品是按铸造有色合金的成分配比而生产的一种原始铸锭。

3) 加工产品——以压力加工方法生产出来的各种管材、棒材、线材、型材、板材、箔、条、带等有色金属及其合金半成品材料。

按金属及合金系统又可分为：铝及铝合金、铜及铜合金（纯铜、黄铜、青铜等）、钛及钛合金、镁及镁合金、镍及镍合金等。

(2) 有色金属的成分及性能

1) 铝及铝合金的成分及性能

纯铝的熔点为 660℃，与氧的亲和力很强，可生成致密难熔的氧化膜（Al_2O_3，熔点 2050℃），该膜可防止铝的继续氧化。铝及铝合金具有良好的耐蚀性、较高的比强度、一定的导电性和导热性，以及在低温下保持良好的力学性能。

铝及铝合金可分为工业纯铝、非热处理强化铝合金、热处理强化铝合金、铸造铝合金。铝合金的分类及性能特点见表 7-27。

非热处理强化铝合金通过加工硬化、固熔强化可提高力学性能、塑性及耐蚀性，又称为防锈铝合金（LF××为代号），有良好的焊接性，是焊接结构中应用最广的一种铝合金。

热处理强化铝合金通过固熔、淬火、时效等工艺，可提高力学性能。经热处理后明显提高了铝合金的抗拉强度，但焊接性较

铝合金分类及性能特点　　　　　表7-27

分类		合金名称	合金系	性能特点	示例
铸造铝合金		简单铝硅合金	Al-Si	铸造性能好，不能热处理强化，力学性能较低	ZL102
		特殊铝硅合金	Al-Si-Mg	铸造性能良好，可热处理强化，力学性能较高	ZL101
			Al-Si-Cu		ZL107
			Al-Si-Mg-Cu		ZL105,ZL110
			Al-Si-Mg-Cu-Ni		ZL109
		铝铜铸造合金	Al-Cu	耐热性好，铸造性能与抗蚀性差	ZL201
		铝镁铸造合金	Al-Mg	力学性能高，抗蚀性好	ZL301
		铝锌铸造合金	Al-Zn	能自动淬火，宜于压铸	ZL401
		铝稀土铸造合金	Al-RE	耐热性能好	—
变形铝合金	不能热处理强化铝合金	防锈铝	Al-Mn	抗蚀性，压力加工性与焊接性能好，但强度较低	3A21
			Al-Mg		5A05
	可热处理强化铝合金	硬铝	Al-Cu-Mg	力学性能高	2A11,2A12
		超硬铝	Al-Cu-Mg-Zn	温度强度最高	7A04,7A09
		锻铝	Al-Mg-Si-Cu	锻造性能好	2A14,2A50
			Al-Cu-Mg-Fe-Ni	耐热性能好	2A70,2A80

差，易出现裂纹，接头的力学性能严重下降。热处理强化铝合金包括硬铝（LY××为代号）、超硬铝（LC××为代号）等。常用铝及铝合金的力学性能和化学性能见表 7-28 和表 7-29 所示。

常用铝及铝合金的力学性能　　　　表 7-28

牌号	供货状态	抗拉强度 σ_b(MPa)	屈服强度 σ_s(MPa)	伸长率 δ(%)	断面收缩率 ψ(%)	布氏硬度 HB
1A99	固溶态	45	$\sigma_{0.2}=10$	$\delta_5=50$	—	17
8A06	退火	90	30	30	—	25
1035	冷作硬化	140	100	12	—	32
3A12	退火	130	50	20	70	30
	冷作硬化	160	130	10	55	40
5A02	退火	200	100	23	—	45
	冷作硬化	250	210	6	—	60
5A05 5B05	退火	270	150	23	—	70
2A11	淬火＋自然时效	420	240	18	35	100
	退火	210	110	18	58	45
	包铝的,淬火＋自然时效	380	220	18	—	100
	包铝的,退火	180	110	18	—	45
2A12	淬火＋自然时效	470	330	17	30	105
	退火	210	110	18	55	42
	包铝的,淬火＋自然时效	430	300	18	—	105
	包铝的,退火	180	100	18	—	42
2A01	淬火＋自然时效	300	170	24	50	70
	退火	160	60	24	—	38
6A02	淬火＋人工时效	323.4	274.4	12	20	95
	淬火	215.6	117.6	22	50	65
	退火	127.4		24	65	30
7A04	淬火＋人工时效	588	539	12	—	150
	退火	254.8	127.4	13	—	—

2) 铜及铜合金的成分及性能

铜及铜合金可分为紫铜（纯铜）、黄铜、青铜及白铜等。它具有极好的导电和导热性能，良好的常温和低温塑性，以及对大

表 7-29 常用铝及铝合金的化学成分

类别	牌号	化学成分(%) Cu	Mg	Mn	Fe	Si	Zn	Ni	Cr	Ti	Be	Al	Fe+Si	原牌号
工业纯铝	1A99	0.05	—	—	0.003	0.002	—	—	—	—	—	99.99	—	LG5
	1A97	0.05	—	—	0.015	0.015	—	—	—	—	—	99.97	—	LG4
	1A85	0.01	—	—	0.10	0.08	—	—	—	—	—	99.85	—	LG1
	1070A	0.01	—	—	0.16	0.16	—	—	—	—	—	99.70	0.26	L1
	1035	0.05	—	—	0.35	0.40	—	—	—	—	—	99.30	0.60	L4
	1200	0.05	—	—	0.05	0.05	0.10	—	—	0.05	—	99.00	1.00	L5
	8A06	0.10	0.10	0.10	0.50	0.55	0.10	—	—	—	—	余量	1.00	L6
防锈铝	5A02	0.10	2.0~2.8	0.15~0.4	0.4	0.4	—	—	—	0.15	—	余量	0.6	LF2
	5A03	0.10	3.2~3.8	0.30~0.6	0.50	0.50~0.8	0.20	—	0.05~0.25	0.15	—		—	LF3
	5083	0.10	4.0~4.9	0.4~1.0	0.40	0.40	0.25	—	—	0.15	—		—	LF4
	5A05	0.10	4.8~5.5	0.30~0.6	0.50	0.50	0.20	—	—	—	—		—	LF5
	5B05	0.20	4.7~5.7	0.20~0.6	0.4	0.4	—	—	—	0.15	0.05		0.6	LF10
	5A12	0.05	8.3~9.6	0.40~0.8	0.30	0.30	0.20	0.10	Sb 0.004~0.05	0.05~0.15	—		—	LF12
	3A12	0.20	0.05	1.0~1.6	0.70	0.6	0.10	—	—	0.15	—		—	LF21

续表

类别	牌号	化学成分(%)											原牌号
		Cu	Mg	Mn	Fe	Si	Zn	Ni	Cr	Ti	Be	Al	Fe+Si	
硬铝	2A02	2.6~3.2	2.0~2.4	0.45~0.7	0.30	0.30	0.10	—	—	0.15	—	余量	—	LY2
	2A04	3.2~3.7	2.1~2.6	0.5~0.8	0.30	0.30	0.10	—	—	0.05~0.4	0.001~0.005		—	LY4
	2A06	3.8~4.3	1.7~2.3	0.5~1.0	0.50	0.50	0.10	—	—	0.03~0.15	0.001~0.005		—	LY6
	2B11	3.8~4.5	0.4~0.8	0.40~0.8	0.50	0.50	0.10	—	—	0.15	—		—	LY8
	2A10	3.9~4.5	0.15~0.3	0.30~0.5	0.20	0.25	0.10	—	—	0.15	—		—	LY10
	2A11	3.8~4.8	0.40~0.8	0.40~0.8	0.70	0.70	0.30	0.10	—	0.15	—		Fe+Ni 0.7	LY11
	2A12	3.8~4.9	1.2~1.8	0.30~0.9	0.50	0.50	0.30	0.10	—	0.15	—		Fe+Ni 0.5	LY12
	2A13	4.0~5.0	0.30~0.5	—	0.60	0.70	0.60	0.10	—	0.15	—		—	LY13
锻铝	6A02	0.2~0.6	0.45~0.9	—	0.50	0.50~1.2	0.2	—	0.15~0.35	0.15	—	余量	—	LD2
	2A70	1.9~2.5	1.4~1.8	0.2	0.9~1.5	0.35	0.3	0.9~1.5	—	0.02~0.1	—		—	LD7
	2A90	3.5~4.5	0.4~0.8	0.2	0.5~1.0	0.5~1.0	0.3	1.8~2.3	—	0.15	—		—	LD9
	2A14	3.9~4.8	0.4~0.8	0.4~1.0	0.7	0.6~1.2	0.3	0.1	—	0.15	—		—	LD10

续表

类别	牌号	化 学 成 分（%）											原牌号
		Cu	Mg	Mn	Fe	Si	Zn	Ni	Cr	Ti	Be	Al	Fe+Si	
超硬铝	7A03	1.8~2.4	1.2~1.6	0.10	0.20	0.20	6.0~6.7	—	0.05	0.02~0.08	—	余量	—	LC3
	7A04	1.4~2.0	1.8~2.8	0.20~0.6	0.50	0.50	5.0~7.0	—	0.10~0.25	—	—		—	LC4
	7A09	1.2~2.0	2.0~3.0	0.15	0.5	0.5	5.1~6.1	—	0.16~0.30	—	—		—	LC9
	7A10	0.5~1.0	3.0~4.0	0.20~0.35	0.30	0.30	3.2~4.2	—	0.10~0.2	0.05	—		—	LC10
特殊铝	4A01	0.20	—	—	0.6	4.5~6.0	Zn+Sn 0.10	—	—	0.15	—	余量	—	LT1
	4A17	Cu+Zn 0.15	0.05	0.5	0.5	11.0~12.5	—	—	—	0.15	—		Ca 0.10	LT17
铸造铝合金	ZL101	—	0.3~0.4	—	—	6.5~7.5	—	—	—	—	—	余量	—	—
	ZL105	1.0~1.55	0.4~0.55	—	—	4.5~5.5	—	—	—	—	—		—	—
	ZL107	3.5~4.5	—	—	—	6.5~7.5	—	—	—	—	—		—	—
	ZL402	—	0.5~0.65	—	—	—	5.0~6.5	—	0.4~0.6	0.15~0.25	—		—	—

表 7-30 紫铜的化学成分及用途

组别	牌号	代号	主要成分			杂质（不大于）化学成分（%）					用途
			Cu	P	Mn	Bi	Pb	S	P	O	总和	

组别	牌号	代号	Cu	P	Mn	Bi	Pb	S	P	O	总和	用途
纯铜	C11000	T_1	≤99.95	—	—	0.002	0.005	0.005	0.001	0.02	0.05	导电及高纯度合金用
		T_2	≤99.90	—	—	0.002	0.005	0.005	—	0.06	0.1	导电用铜材
	C11300	T_3	≤99.70	—	—	0.002	0.01	0.01	—	0.1	0.3	一般用铜材
		T_4	≤99.50	—	—	0.003	0.05	0.01	—	0.1	0.5	一般用铜材
无氧铜	C10200	TU1	≤99.97	—	—	0.002	0.005	0.005	0.003	0.003	0.03	电真空器件用铜材
		TU2	≤99.95	—	—	0.002	0.005	0.005	0.003	0.003	0.05	电真空用铜材
		TUP	≤99.50	0.01~0.04	—	0.003	0.01	0.01	—	0.01	0.49	焊接等用铜材
	C12200	TUMn	≤99.60	—	0.1~0.3	0.002	0.005	0.007	0.003	—	0.30	电真空用铜材

表 7-31 紫铜的力学性能和物理性能

性能指标	力学性能			物理性能					
	抗拉强度 (MPa)	伸长率 (%)	密度 (g·cm^{-3})	弹性模量 (MPa)	热导率 (W·m^{-1}·K^{-1})	比热容 (J·kg^{-1}·K^{-1})	电阻率 (10^{-8} Ω·m)	线膨胀系数 (10^{-6} K^{-1})	表面张力 (10^{-5} N·cm^{-1})	熔点 (℃)
软态	196~253	50	8.94	1083	128700	391	0.384	1.68	16.8	1300
硬态	329~490	6								

表 7-32 常用铜合金的化学成分和应用范围

材料名称		牌号	化学成分(%)							杂质	应用范围
			Cu	Zn	Sn	Mn	Al	Si	Ni+Co	其他		
黄铜	压力加工黄铜	H68	67.0~70.0	余量	—	—	—	—	—	—	≤0.3	弹壳、冷凝器等深冲件
		H62	60.5~63.5	余量	—	—	—	—	—	—	≤0.5	散热器、垫圈、弹簧、船舶零件等
		H59	57.0~60.0	余量	—	—	—	—	—	—	≤0.9	机械及热轧零件
		HPb59-1	57.0~60.0	余量	—	—	—	—	—	Pb0.8~1.9	≤0.75	热冲压销子、钉、管嘴等
		HSn62-1	61.0~63.0	余量	0.7~1.1	—	—	—	—	—	≤0.3	船舶零件
		HMn58-2	57.0~60.0	余量	—	1.0~2.0	—	—	—	—	≤1.2	海轮和弱电流工业用零件
		HFe59-1-1	57.0~60.0	余量	0.3~0.7	0.5~0.8	0.1~0.4	—	—	Fe0.6~1.2	≤1.25	摩擦与海洋工作用零件
		HSi80-3	79.0~81.0	余量	—	1.5~2.5	—	2.5~4	—	—	≤1.5	船舶零件、蒸汽管

续表

材料名称		牌号	化学成分(%)								应用范围
			Cu	Zn	Sn	Mn	Sl	Si	Ni+Co	其他	杂质	
黄铜	铸造黄铜	ZHAlFeMn66-6-3-2	64~68	余量	—	3~4	—	—	—	Fe 2~4	≤2.1	重载螺帽、大型蜗杆配件、衬套、轴承
		ZHMnFe55-3-1	33~68	余量	—	—	—	—	—	Fe 0.5~1.5	≤2.0	形状不复杂的重要零件、海轮配件
		ZHSi80-3	79~81	余量	—	—	—	2.5~4.5	—	—	≤2.8	铸造配件、齿轮等
		ZHMn58-2-2	57~60	余量	—	1.5~2.5	—	—	—	Pb1.5~2.5	≤2.5	轴承、衬套和其他耐磨零件
青铜	压力加工青铜	QSn6.5-0.4	余量	—	6.0~7.0	—	—	—	—	—	≤0.1	造纸工业用铜网、弹簧和其他耐腐蚀零件
		QAl9-2	余量	—	—	1.5~2.5	8~10	—	—	—	≤1.7	船舶和电器设备零件
		QBe2.5	余量	—	—	—	—	—	0.2~0.5	Be 2.3~2.6	≤0.5	重要弹簧及其零件和高速、高温、高压工作的齿轮
		QSi3-1	余量	—	—	1.0~1.5	—	2.75~3.5	—	—	≤1.1	弹簧和耐蚀零件
	铸造青铜	ZQSnP10-1	余量	—	9~11	—	—	—	—	P0.3~1.2	≤0.75	重要轴承、齿轮、垫圈
		ZQSnZnPb6-6-3	余量	5~7	5~7	—	—	—	—	Pb2~4	≤1.3	耐磨零件
		ZQAlMn9-2	余量	—	8~10	1.5~2.5	8~10	—	—	—	≤2.8	海船制造业中铸造简单的大型铸件等
		ZQAlFe9-4	余量	—	—	—	8~10	—	—	Fe2~4	≤2.7	重型铸造零件

表 7-33 常用铜合金的力学性能和物理性能

材料名称	牌号	状态或铸模	力学性能			物理性能				
			σ_b (MPa)	δ_5 (%)	硬度 HB	密度 (g·cm^{-3})	线膨胀系数 (10^{-6}K^{-1})	热导率 (W·m^{-1}·K^{-1})	电阻率 (10^{-8}Ω·m)	熔点 (℃)	线收缩率 (%)
黄铜	H68	软态	313.6	55	—	8.5	19.9	117.04	6.8	932	1.92
		硬态	646.8	3	150						
	H62	软态	323.4	49	56	8.43	20.6	108.68	7.1	905	1.77
		硬态	588	3	164						
	ZHSi80-3	砂模	245	10	100	8.3	17.0	41.8	—	900	1.7
		金属模	294	15	110						
	ZHAl66-6-3-1	砂模	588	7	—	8.5	19.8	49.74	—	899	—
		金属模	637	7	160						
锡青铜	QSn6.5-0.4	砂模	343~441	60~70	70~90	8.8	19.1	50.16	17.6	995	1.45
		金属模	686~784	7.5~12	160~200						
铝青铜	QAl 9-2	软态	441	20~40	80~100	7.6	17.0	71.06	11	1060	1.7
		硬态	584~784	4~5	160~180						
	ZQAl 9-2	砂模	392	20	80	7.6	17~20	71.06	11	1060	1.7
		金属模	392	20	90~120						
	QAl 9-4	软态	490~588	40	110	7.5	16.2	58.52	12	1040	2.49
		硬态	784~980	5	160~200						
	ZQAl 9-4	砂模	392	10	110	7.6	18.1	58.52	12.4	1040	2.49
		金属模	294~490	10~20	120~140						
硅青铜	QSi3-1	软态	343~392	50~60	80	8.4	15.8	45.98	15	1025	1.6
		硬态	637~735	1~5	180						

气、海水和某些化学药品的耐蚀性。紫铜的化学成分及用途见表7-30所示。紫铜的力学性能见表7-31。紫铜在400～700℃的温度下，强度和塑性显著降低，热加工时应重视。

紫铜因在冶炼过程中带入很多杂质元素，会对铜的物理性能、力学性能以及加工性能产生不同程度的影响。特别是铋、铅、氧、硫与铜形成低熔点共晶组织分布于晶界，增加了材料的冷脆性和焊接热裂纹敏感性。所以，焊接结构用铜材，对杂质元素含量要求为：铅含量＜0.03％、铋含量＜0.003％、氧含量＜0.03％、硫含量＜0.01％。

黄铜是由铜和锌组成的二元合金，黄铜具有比紫铜高得多的强度、硬度和耐蚀能力，并有一定的塑性。根据工艺性能、力学性能和用途的不同，黄铜可分为压力加工用黄铜和铸造用黄铜两大类。

青铜是铜基合金的统称（铜-锌、铜-镍合金除外），如锡青铜、铝青铜、硅青铜和铍青铜等。青铜具有较高的力学性能、耐磨性能、铸造性能和耐腐蚀性能，并保持了一定的塑性。常用铜合金的化学成分和应用见表7-32，力学性能和物理性能见表7-33。

3）钛及钛合金的成分及性能

钛及钛合金的比强度很高，是很好的热强合金材料。工业用纯钛根据杂质（主要是氧和铁）的含量以及强度差别分为TA1、TA2、TA3三个牌号。数字大说明杂质含量增加，强度增加，塑性降低。钛的主要物理性能见表7-34所示。

钛的主要物理性能（20℃） 表7-34

密度 ($g \cdot cm^{-3}$)	熔点 (℃)	比热容 ($J \cdot kg^{-1} \cdot K^{-1}$)	热导率 ($W \cdot m^{-1} \cdot K^{-1}$)	电阻率 ($10^{-8} \Omega \cdot m$)	线膨胀系数 ($10^{-6} K^{-1}$)	弹性模量 (MPa)
4.5	1668	522	16	42	8.4	16

工业纯钛是一种常用的α-Ti合金，具有良好的耐蚀性、塑性、韧性和焊接性。工业纯钛强度不高，但加入合金元素后便可以得到钛合金，强度、塑性、抗氧化等性能显著提高，并使钛合金的相变温度和结晶组织发生相应的变化。

表 7-35 钛及钛合金的牌号和化学成分

合金牌号	化学成分	主要化学成分(%)												杂质(%)(≤)				
		Ti	Al	Sn	Mo	V	Cr	Fe	Mn	Zr	Cu	Si	B	Fe	C	N	H	O
TA1	工业纯钛	基	—	—	—	—	—	—	—	—	—	—	—	0.25	0.10	0.03	0.015	0.20
TA2	工业纯钛	基	—	—	—	—	—	—	—	—	—	—	—	0.30	0.10	0.05	0.015	0.25
TA3	工业纯钛	基	—	—	—	—	—	—	—	—	—	—	—	0.40	0.10	0.05	0.015	0.30
TA4	Ti-3Al	基	2.0~3.3	—	—	—	—	—	—	—	—	—	—	0.30	0.10	0.05	0.015	0.15
TA5	Ti-4Al-0.005B	基	3.3~4.7	—	—	—	—	—	—	—	—	—	0.005	0.30	0.10	0.04	0.015	0.15
TA6	Ti-5Al	基	4.0~5.5	—	—	—	—	—	—	—	—	—	—	0.30	0.10	0.05	0.015	0.15
TA7	Ti-5Al-2.5Sn	基	4.0~6.0	2.0~3.0	—	—	—	—	—	—	—	—	—	0.50	0.10	0.05	0.015	0.20
TB2	Ti-5Mo-5V-8Cr-3Al	基	2.5~3.5	—	4.7~5.7	4.7~5.7	7.5~8.5	—	—	—	—	—	—	0.30	0.05	0.04	0.015	0.15
TB4	Ti-4Al-7Mo-10V-2Fe-1Zr	基	3.0~4.5	—	6.0~7.8	9.0~10.5	—	1.5~2.5	—	0.5~1.5	—	—	—	—	0.05	0.04	0.015	0.15
TC1	Ti-2Al-1.5Mn	基	1.0~2.5	—	—	—	—	—	0.7~2.0	—	—	—	—	0.30	0.10	0.05	0.012	0.15
TC2	Ti-4Al-1.5Mn	基	3.5~5.0	—	—	—	—	—	0.8~2.0	—	—	—	—	0.30	0.10	0.05	0.012	0.15
TC3	Ti-5Al-4V	基	4.5~6.0	—	—	3.5~4.5	—	—	—	—	—	—	—	0.30	0.10	0.05	0.015	0.15
TC4	Ti-6Al-4V	基	5.5~6.8	—	—	3.5~4.5	—	—	—	—	—	—	—	0.30	0.10	0.05	0.015	0.20
TC6	Ti-6Al-1.5Cr-2.5Mo-0.5Fe-0.3Si	基	5.5~7.0	—	2.0~3.0	—	0.8~2.3	0.2~0.7	—	—	—	0.15~0.40	—	—	0.10	0.05	0.015	0.18
TC9	Ti-6.5Al-3.5Mo-2.5Sn-0.3Si	基	5.8~6.8	1.8~2.8	2.8~3.8	—	—	—	—	—	—	0.2~0.4	—	0.40	0.10	0.05	0.015	0.15
TC10	Ti-6Al-6V-2Sn-0.5Cu-0.5Fe	基	5.5~6.5	1.5~2.5	—	5.5~6.5	—	0.35~1.0	—	—	0.35~1.0	—	—	—	0.10	0.04	0.015	0.20

注：其他杂质元素中单一元素的含量不大于 0.1%，总和不大于 0.4%。

钛及钛合金的力学性能

表 7-36

合金牌号	材料状态	厚度(mm)	室温力学性能(不小于)					高温力学性能		
			抗拉强度 σ_b(MPa)	伸长率 δ_5(%)	规定残余拉伸应力 $\sigma_{0.2}$(MPa)	弯曲角 α(°)	试验温度(℃)	抗拉强度 σ_b(MPa)	持久强度(MPa)
TA1	退火	0.3~2.0 2.1~10.0	370~530	40 30	250	140 130	—	—	—
TA2	退火	0.3~1.0 1.1~2.0 2.1~5.0 5.1~10.0 10.1~25.0	440~620	35 30 25 25 20	320	100 100 80 — —	—	—	—
TA3	退火	0.3~1.0 1.1~2.0 2.1~5.0 5.1~10.0	540~720	30 25 20 20	410	90 90 80 —	—	—	—
TA6	退火	0.8~1.5 1.6~2.0 2.1~10.0	685	20 15 12	—	50 40 40	350 500	420 340	390 195
TA7	退火	0.8~1.5 1.6~2.0 2.1~10.0	735~930	20 15 12	685	50 50 40	350 500	490 440	440 195

续表

合金牌号	材料状态	厚度(mm)	室温力学性能(不小于)				高温力学性能		
			抗拉强度 σ_b(MPa)	伸长率 δ_5(%)	规定残余拉伸应力 $\sigma_{0.2}$(MPa)	弯曲角 α(°)	试验温度(℃)	抗拉强度 σ_b(MPa)	持久强度(MPa)
TB2	淬火 淬火和时效	1.0~3.5	≤980 1320	20 8	—	120	—	—	—
TC1	退火	0.5~1.0 1.1~2.0 2.1~10.0	590~735	25 25 20	—	100 70 60	350 400	340 310	320 295
TC2	退火	0.5~1.0 1.1~2.0 2.1~10.0	685	25 15 12	—	80 60 50	350 400	420 390	390 360
TC3	退火	0.8~2.0 2.1~10.0	880	12 10	830	35 30	400 500	590 440	540 195
TC4	退火	0.8~2.0 2.1~10.0	895	12 10	830	35 30	400 500	590 440	540 195

注：持久强度是指钢材高温运行 10^5 h 断裂时的应力。

表 7-37

铸造镁合金的化学成分及力学性能

牌号	化学成分(%)					力学性能		热处理
	Mg	Zn	Zr	Mn	Al	RE	抗拉强度 σ_b(MPa)	伸长率 δ_5(%)	
ZM1	余量	3.5~5.5	0.5~1.0	—	—	—	≥240	≥5	人工时效
ZM2	余量	3.5~5.0	0.5~1.0	—	—	0.7~1.7	≥260	≥6	淬火+人工时效
ZM3	余量	0.2~0.7	0.4~1.0	—	—	2.5~4.0	≥190	≥2.5	人工时效
							≥120	≥15	退火
ZM5	余量	0.2~0.8	—	0.15~0.5	7.5~9.0	—	≥225	≥5	淬火
							≥235	≥2	淬火+人工时效

注：RE 为 Ce 含量≥45%的混合稀土。

表 7-38

变形镁合金的化学成分及力学性能

牌号	化学成分(%)					力学性能			状态
	Al	Zn	Mn	Ce	Zr	抗拉强度 σ_b/MPa	屈服强度 σ_s/MPa	伸长率 δ_5/%	硬度 HB
MB1	—	—	1.3~2.5	—	—	290	—	55	7.0	热挤棒材
						300	—	55	10.0	淬火处理棒材
MB2	3.0~4.0	0.2~0.8	0.15~0.5	—	—	240	130	45	12.0	0.8~3.0mm 退火板
MB3	4.0~5.0	0.8~1.5	0.4~0.8	—	—	250	150	—	12.0	0.8~3.0mm 退火板
						200	110	—	5.0	模锻件
MB5	5.5~7.0	0.5~1.5	0.15~0.5	—	—	260	—	50	8.0	锻件、模锻件、退火
MB6	5.0~7.0	2.0~3.0	0.2~0.5	—	—	323	220	—	12.0	热轧状态
MB7	7.8~9.2	0.2~0.8	0.15~0.5	—	—	300	—	55	8.0	淬火处理棒材
MB8	—	—	1.5~2.5	0.15~0.35	—	264	196	—	11.0	退火状态
MB15	—	5.0~6.0	—	—	0.3~0.9	320	264	—	10.0	轧制状态

表 7-39 镍及镍合金的化学成分 (%)

合金牌号	代号	Ni	Si	C	Mn	Cr	Mo	Fe	Ti	S	P	其他
N$_2$	—	Ni+Co ≥99.98	0.003	0.005	0.002	—	—	0.007	—	0.001	0.001	0.02
N$_4$	—	≥99.9	0.13	0.01	0.002	—	—	0.04	—	0.001	0.001	0.1
N$_6$	—	≥99.5	0.15	0.10	0.05	—	—	0.10	—	0.005	0.002	0.5
N$_7$	—	≥99.3	0.15	0.15	0.20	—	—	0.15	—	0.015	—	0.7
N$_8$	—	≥99.0	0.15	0.20	0.20	—	—	0.30	—	0.015	—	1.0
0Cr30Ni70	NS11	余量	≤0.5	≤0.06	≤1.20	28~31	—	≤1	—	≤0.02	≤0.02	Al≤0.3
0Ni65Mo28Fe5V	NS21	余量	≤0.3	≤0.05	≤1.0	—	26~30	4~6	—	≤0.003	≤0.025	V≤ 0.2~0.4
00Cr16Ni75Mo2Ti	NS31	余量	≤0.7	≤0.03	≤1.0	14~17	2~3	≤8	0.4~0.9	≤0.02	≤0.03	—
00Cr18Ni60Mo17	NS32	余量	≤0.7	≤0.03	≤1.0	17~19	16~18	≤10	—	≤0.03	≤0.03	—
00Cr16Ni60Mo17W4	NS33	余量	≤0.7	≤0.03	≤1.0	15~17	16~18	≤7	—	≤0.03	≤0.03	W3.0~4.5
00Cr26Ni35M03Cu4Ti	NS71	34~37	≤0.7	≤0.03	≤1.0	25~27	2~3	余量	0.4~0.9	≤0.02	≤0.03	Cu3~4
0Cr20Ni65Ti2AlNb	NS81	余量	≤0.8	≤0.05	≤1.0	19~21	Nb 0.7~1.2	5~9	2.25~2.75	≤0.03	≤0.03	Al 0.4~1.0
NMn2-2-1	—	Ni+Co 余量	0.85~2.00	≤0.20	1.80~2.20	Cu 含量 ≤0.25	Pb 含量 ≤0.002	≤0.30	Mg 含量 ≤0.05Al 1.8~2.5	≤0.02	≤0.005	0.806
NCr10	—	Ni+Co 余量	≤0.20	≤0.30	≤0.30	9.0~10.0	Cu 含量 ≤0.20	≤0.40	Mg 含量 ≤0.05	≤0.02	≤0.003	1.408
NCu28-2,5-1	—	Ni+Co 余量	≤0.05	≤0.20	1.20~1.80	Cu27~29	As 含量 ≤0.01	2~3	Mg 含量 ≤0.10	≤0.01	≤0.005	0.606

表 7-40 镍及镍合金的力学性能

合金牌号	代号	抗拉强度 σ_b (MPa)	屈服强度 σ_s (MPa)	伸长率 δ_5 (%)	断面收缩率 ψ (%)
0Cr30Ni70	NS11	≥567	≥245	≥45	≥60
0Ni65Mo28Fe5V	NS21	≥784	≥343	≥38	≥25
00Cr16Ni75Mo2Ti	NS31	≥539	≥196	≥35	≥60
00Cr18Ni60Mo17	NS32	≥735	≥294	≥25	≥45
00Cr16Ni60Mo17W4	NS33	≥686	≥343	≥25	≥45
00Cr26Ni35Mo3Cu4Ti	NS71	≥539	≥216	≥40	≥55
0Cr20Ni65Ti2AlNb	NS81	≥931	≥686	≥20	≥35
NMn2-2-1	—	退火 490~588 冷轧 980~1078	—	退火 35~40 冷轧 2~5	—
NCr10	—	退火 588~686 冷轧 980~1078	—	退火 35~50 冷轧 2~5	—
NCu28-2.5-1	—	退火 480~588 冷轧 548~754	—	退火 30~50 冷轧 2~15	—

表 7-41 国外常用镍基合金的化学成分 (%)

合金牌号	C	Mn	Fe	Si	Cu	Ni	Cr	Al	Ti	S	其他
镍科尔 200(Nickel)	0.08	0.18	0.2	0.18	0.13	99.5	—	—	—	0.005	—
镍科尔 270	0.01	<0.01	0.003	<0.001	<0.001	99.98	—	—	—	<0.001	—
镍科尔 271	0.11	—	0.001	0.023	—	97.77	—	—	—	<0.001	Mg 0.051
镍科尔 280	0.12	—	0.002	—	<0.001	99.73	—	—	—	<0.001	Mg 0.08, Al₂O₃ 0.012
蒙乃尔 400(Monel)	0.15	1.0	1.25	0.25	31.5	66.5	—	—	—	0.012	—
因康乃尔 600(Inconel)	0.08	0.5	8.00	0.25	0.25	76.0	15.5	—	—	0.008	—
因康乃尔 601	0.05	0.5	14.1	0.25	0.50	60.5	23.0	1.35	—	0.007	—
因康乃尔 604	0.02	0.10	7.50	0.10	0.03	74.0	16.0	—	0.55	0.005	(Cb+Ta)2.25
因康乃尔 606	0.02	3.00	1.00	0.20	0.04	72.0	20.0	—	0.20	0.007	(Cb+Ta)2.25
因康乃尔 625	0.05	0.25	2.50	0.25	—	61.0	21.5	0.20	1.0	0.008	(Cb+Ta)3.65
因康乃尔 671	0.06	—	—	—	—	50	50	—	—	—	Mo 9.0(Cb+Ta)0.95
因康乃尔 706	0.03	0.18	40.0	0.18	0.15	41.5	16.0	0.20	1.75	0.008	(Cb+Ta)2.90
因康乃尔 718	0.04	0.18	18.5	0.18	0.15	52.5	19.0	0.50	0.90	0.008	Mo 3.05(Cb+Ta)5.13
因康乃尔 721	0.03	2.30	6.60	0.10	0.04	71.0	16.4	—	3.20	0.007	—
因康乃尔 X-750	0.04	0.50	7.00	0.25	0.25	73.0	15.5	0.70	2.50	0.005	(Cb+Ta)0.95
因康洛依 800(Incoloy)	0.05	0.75	46.0	0.50	0.38	32.5	21.0	0.38	0.38	0.008	—
因康洛依 825	0.03	0.50	30.0	0.25	2.25	42.0	21.0	0.10	0.90	0.015	Mo 3.0
哈斯特洛依 B(Hastelloy)	≤0.05	≤1.0	4~7	≤1.0	Co ≤2.50	余量	≤1.0	V 0.20~0.60	—	—	Mo 26~30
哈斯特洛依 C	≤0.08	≤1.0	4~7	≤1.0	Co ≤2.50	余量	14.5~16.5	V≤0.35	W 3~4.5	—	Mo 15~17
哈斯特洛依 N	0.04~0.08	≤1.0	≤5.0	≤1.0*	≤0.35	余量	6~8	Al+Ti ≤0.50	W 0.50	≤0.020	Mo 15~18 B 0.010
哈斯特洛依 F	0.05	1.0	31	0.5	—	40.0	21	—	Mo 3	—	其他 1.75~2.25

钛合金根据退火组织可分为三大类：α 钛合金、β 钛合金和 ($\alpha+\beta$) 钛合金，牌号分别以 T 加 A、B、C 和顺序号表示。例如，TA4～TA10 表示 α 钛合金，TB2～TB4 表示 β 钛合金，TC1～TC12 表示 ($\alpha+\beta$) 钛合金。钛及钛合金牌号和化学成分以及力学性能见表 7-35 和表 7-36。

4）镁及镁合金的成分及性能

镁是比铝还轻的一种有色金属，熔点为 650℃，比热容和线膨胀系数较大，比强度较高，镁合金具有良好的冷热加工性能，应用很广泛。

实际应用的镁合金主要有 Mg-Al-Zn、Mg-Zn-Zr 系高强镁合金和 Mg-RE-Zr、Mg-RE-Mn 系耐热镁合金。铸造镁合金和变形镁合金的化学成分及力学性能见表 7-37 和表 7-38。

5）镍及镍合金的成分及性能

镍属于重有色金属，纯镍有很高的强度、塑性和耐蚀性。镍合金具有耐热性和热强性能。我国常用镍及镍合金的化学成分及力学性能见表 7-39 和表 7-40。国外常用镍基合金的化学成分见表 7-41。

2. 有色金属的焊接

（1）铝及铝合金的焊接

1）铝及铝合金的可焊性

工业纯铝、非热处理强化变形铝镁和铝锰合金，以及铸造铝合金中的铝硅和铝镁合金具有良好的可焊性，但热处理强化变形铝合金的可焊性较差。如超硬铝合金 LC4，因焊后热影响区变脆，所以在焊接方面很少推荐使用。铸铝合金 ZL1、ZL4 及 ZL5 的可焊性较差。几种常用铝及铝合金的可焊性见表 7-42。

2）铝及铝合金的牌号及性能

（A）铝及铝合金的力学性能见表 7-28。

（B）铝及铝合金牌号的化学成分见表 7-29 所示。

3）铝及铝合金的焊接特点

（A）铝极易氧化，生成难熔的氧膜（厚度 $0.1\sim0.2\mu m$，熔

几种铝和铝合金的可焊性　　　　表 7-42

焊接方法	材料牌号及其相对可焊性					适用厚度范围 (mm)
	L1～L6	LF21	LF5 LF6	LF2 LF3	LY11 LY12 LY16	
钨极氩弧焊(手工、自动)	好	好	好	好	差	1～25①
熔化极氩弧焊(半自动,自动)	好	好	好	好	尚可	≥3
熔化极脉冲氩弧焊(半自动,自动)	好	好	好	好	尚可	≥0.8
电阻焊(点焊、缝焊)	较好	较好	好	好	较好	≤4
气焊	好	好	差	尚可	差	0.5～25①
碳弧焊	较好	较好	差	差	差	1～10
焊条电弧焊	较好	较好	差	差	差	3～8
电子束焊	好	好	好	好	较好	3～75
等离子焊	好	好	好	好	尚可	1～10

① 厚度大于 10mm 时，推荐采用熔化极氩弧焊。

点约 2025℃）组织细密。焊接时，它对母材与母材之间、母材与填充材料之间的熔合起阻碍作用，影响操作者对熔池金属熔化情况的判断，造成焊缝金属夹渣和气孔等焊接缺陷，影响焊接质量。

（B）导热系数大，约为钢的 4 倍，要达到与钢相同的焊速，焊接线能量应为钢的 2～4 倍，导电性好，电阻焊时比焊钢需更大功率与电源。

（C）铝及其合金熔点低，高温时强度和塑性低（纯铝在 640～660℃间的延伸率≤0.69%），焊接熔池无显著颜色变化、稍有不注意就会出现烧穿、反面形成焊瘤等缺陷。

（D）铝及其合金的线膨胀系数（$23.5×10^{-6}$/℃）和结晶收缩率大，焊接变形大，对厚度大或刚性较大的结构来说，焊接接头易产生裂纹。

（E）氢可大量溶入液态熔池中，如果熔池冷却较快，焊缝中氢气聚集而形成气孔。

（F）铝及合金一般说来焊接性是良好的，可采用各种熔焊、电阻焊和钎焊等方法进行焊接，只要采取合适的焊接工艺措施，完全可以获得性能良好的焊接成品。

（G）冷硬铝和热处理强化铝合金的焊接接头强度低于母材，给焊接生产造成一定困难。

4）铝及铝合金焊接材料的选择

铝及铝合金焊条是根据焊态的焊缝机械性能及焊态化学成分分类来表示型号的，实际生产中使用很少，故不作详细介绍了。主要介绍铝及铝合金用焊丝。

SAlSi-1（原牌号 HS311）是一种通用焊丝，主要成分为（Al+Si）含量为 5%，属于铝-硅型焊丝。用这种焊丝焊接时，可产生较高的低熔共晶、抗热裂性能好，并能保证一定的焊接接头性能。但用它焊接铝镁合金时会出现脆相组织（如 Mg_2Si 等），降低了接头的塑性和耐腐蚀性能。焊接铝镁合金只能用铝镁焊丝。铝及铝合金用焊丝分类和型号见表 7-43。

铝及铝合金焊丝分类和型号　　表 7-43

类　别	型　号	类　别	型　号
纯铝	SAl-1 SAl-2 SAl-3	铝铜	SAlCu
		铝锰	SAlMn
铝镁	SAlMg-1 SAlMg-2 SAlMg-3 SAlMg-4	铝硅	SAlSi-1 SAlSi-2

5）焊接工艺

（A）电源极性。熔化极氩弧焊一律采用直流焊接。钨极氩弧焊一般采用交流焊。可将氧化膜撞碎，具有阴极破碎作用。所以，铝及铝合金 TIG 焊时一般采用交流焊。

（B）焊接工艺参数。钨极氩弧焊焊接铝及铝合金的焊接工艺参数见表 7-44，熔化极氩弧焊的焊接工艺参数见表 7-45。

（C）焊接操作。钨极氩弧焊首先要检查一下极性，看看阴

表 7-44 铝及铝合金手工钨极氩弧焊焊接工艺参数

板材厚度(mm)	焊丝直径(mm)	钨极直径(mm)	预热温度(℃)	焊接电流(A)	氩气流量(L/min)	喷嘴孔径(mm)	焊接层数(正面/反面)	备注
1	1.6	2	—	45~60	7~9	8	正1	卷边焊
1.5	1.6~2.0	2	—	50~80	7~9	8	正1	卷边或单面对接焊
2	2~2.5	2~3	—	90~120	8~12	8~12	正1	对接焊
3	2~3	3	—	150~180	8~12	8~12	正1	V形坡口对接
4	3~4	4	—	180~200	10~15	8~12	1~2/1	V形坡口对接
5	4	4	—	180~240	10~15	10~12	1~2/1	V形坡口对接
6	4~5	5	100	240~280	16~20	14~16	2/1	V形坡口对接
8	4~5	5	100~150	260~320	16~20	14~16	2/1	V形坡口对接
10	4~5	5	100~150	280~340	16~20	16~20	3~4/1~2	V形坡口对接
12	4~5	5~6	150~200	300~360	18~22	16~20	3~4/1~2	V形坡口对接
14	5~6	5~6	180~200	340~380	20~24	16~20	4~5/1~2	V形坡口对接
16	5~6	6	200~220	340~380	20~24	16~20	4~5/1~2	V形坡口对接
18	5~6	6	200~240	360~400	25~30	16~22	4~5/1~2	V形坡口对接
20	5~6	6	200~260	360~380	25~30	20~22	2~3/2~3	X形坡口对接
16~20	5~6	6	200~260	300~380	25~30	16~22	2~3/2~3	X形坡口对接
22~25	5~6	6~7	200~260	360~400	30~35	20~22	3~4/3~4	X形坡口对接

表 7-45 铝及铝合金熔化极氩弧焊焊接工艺参数

焊接方法	板厚(mm)	焊丝直径(mm)	喷嘴口径(mm)	氩气流量(L/min)	焊接电流(A)	电弧电压(V)	焊接速度(m/h)	焊接层数	备注
自动焊	6	2.5	22	30~33	230~260	20~23	25.0	1	—
	8	2.5	22	30~33	300~320	20~23	25~28	1	—
	12	3	22	30~33	320~340	26~28	15.0	1/1	采用双层喷嘴
	16	4	28/17	35~40	380~420	28~32	17~20	1/1	采用双层喷嘴
	20	4	28/17	47~60	450~500	25~27	16~19	1/1	采用双层喷嘴
	25	4	28/17	47~60	490~520	29~32	—	1/1	采用双层喷嘴
半自动焊	8	1.6	18~20	20~25	180~220	26~28	—	1/1	—
	12	1.6~2.0	18~20	25~30	260~300	28~32	—	2/1	—
	16	2.0~2.5	18~20	30~40	260~340	30~34	—	2~3/1	—
	20	2.5~2.6	18~20	50~60	380~420	35~38	—	3~4/1	—

极破碎作用，垂直引弧不动，如发现熔化点周围呈乳白色，说明阴极有破碎作用。焊接操作为左焊法，注意钨极与熔池的距离，避免造成夹钨缺陷。焊接完了要填满弧坑，防止产生弧坑裂纹。

(D) 焊前准备和焊后清理。焊前准备主要清除焊缝周围及焊丝表面的油污和氧化膜。最好随焊随清。焊后清理目的是防止焊渣对接头的腐蚀。所以，要求焊后（3~6h）将残留在焊缝表面及两侧的熔渣清理掉。

(2) 铜及铜合金的焊接

1) 铜及铜合金的分类及可焊性

(A) 铜及铜合金的分类。纯铜呈紫红色，俗称紫铜。在纯铜中加入不同的合金元素，就形成了不同性能的铜合金。常用的铜及铜合金见表 7-46。

常用铜及铜合金的分类　　　　表 7-46

类别	主要元素	合金元素	合金元素的含量($w\%$)与颜色的关系				
纯铜	Cu	—	紫红色				
黄铜	Cu	Zn	0~3	10	15	20	30~35	55
			红色	黄红色	淡黄色	绿黄色	金黄色	淡黄色
锡青铜	Cu	Sn	11		15		20	50
			红黄色		橙黄色		苍白色	带黄色苍白色
铝青铜	Cu	Al	—					
硅青铜	Cu	Si	—					
锰青铜	Cu	Mn	—					
白铜	Cu	Ni	—					

(B) 铜及铜合金的可焊性。铜及铜合金成分不同，导电性和导热性能也有很大的差异，见表 7-47 所示。含铅的铜合金一般不用于焊接。

2) 铜及铜合金的基本性能

(A) 工业纯铜（紫铜）的化学成分及用途见表 7-30。力学性能和物理性能见表 7-31 所示。

表 7-47

铜及铜合金的相对导热性、导电性及可焊性

名称		主要成分(%)	相对导热性(%)	相对导电性(%)	相对可焊性						
					钨极气电焊	熔化极气电焊	焊条电弧焊	埋弧焊	碳弧焊	等离子弧焊	气焊	点焊
紫铜	无氧铜	99.95Cu	100	101	较好	较好	不推荐	较好	尚可	较好	不推荐	差
	电解铜	99.9Cu,0.04O₂	100	101	尚可	尚可	不推荐	较好	尚可	尚可	不推荐	
	磷脱氧铜	99.9Cu,0.008P	99	97	好	好	不推荐	较好	尚可	尚可	不推荐	
	磷脱氧铜	99.9Cu,0.02P	87	85	好	好	不推荐		尚可	尚可	不推荐	
黄铜	低锌黄铜	95Cu,5Zn	60	56	较好	较好	不推荐	尚可	尚可	较好	较好	差
	低锌黄铜	80Cu,20Zn	36	32	较好	尚可	不推荐	尚可	尚可	较好	较好	尚可
	黄铜	70Cu,30Zn	31	28	尚可	尚可	不推荐	尚可	尚可	尚可	较好	较好
	黄铜	60Cu,40Zn	31	28	尚可	尚可	不推荐	尚可	尚可	尚可	较好	较好
	锡黄铜	71Cu,28Zn,1Sn	28	25	尚可	尚可	不推荐		尚可	尚可		尚可
	锰黄铜	58.5Cu,39Zn,1.4Fe,1Sn,0.1Mn	27	24	尚可	尚可	不推荐			尚可		好
	铝黄铜	77.5Cu,20.5Zn,2Al	26	23	尚可	尚可	不推荐			尚可		尚可
	镍黄铜	65Cu,25Zn,10Ni	12	9	尚可	尚可	不推荐			尚可		好

(B) 常用铜合金、铜合金主要是指黄铜和青铜。其化学成分和应用范围见表 7-32 所示。力学性能和物理性能见表 7-33 所示。

3) 铜及铜合金的焊接特点

(A) 铜的导热系数大，焊接热量损失大，易产生焊接缺陷。因此，焊接时必须采用大功率热源，一般厚度大于 4mm 就要预热。

(B) 线膨胀系数大，收缩率也大，焊后易产生变形。如果刚度大，又会使焊接接头产生裂纹。

(C) 铜在液态下易被氧化，生成氧化亚铜（Cu_2O）和铜形成低熔点共晶体，分布在晶界，易引起热裂纹。紫铜含氧量一般不应大于 0.03%，用于重要部件时，含氧量不应大于 0.01%。

(D) 铜在液态下可熔大量的氢，在焊缝冷却过程中，过剩的氢来不及逸出，易产生气孔，同时氢与氧化亚铜生成水气（H_2O）也易形成气孔。

(E) 焊接黄铜时，锌易烧损和蒸发，降低焊接接头的强度和耐蚀性。

(F) 铜及铜合金在熔焊过程，晶粒严重长大，使接头塑性和韧性显著降低。

(G) 焊接过程中会产生锰、锌及氧化亚铜蒸气，对工人健康有影响，应采取措施加以预防。

4) 铜及铜合金焊接材料的选择

一般来说，铜及铜合金的气焊或氩弧焊，应选用相同成分焊丝。但在焊接黄铜时，为了抑制锌的蒸发，可选用含硅量高的黄铜或硅铜焊丝，以解决由于锌蒸发带来的不利影响。铜及铜合金焊丝见表 7-48。

5) 焊接

(A) 焊接方法的选择。焊接方法很多，熔焊是应用最广泛的一种。当前应用最多的是钨极和熔化极氩气保护电弧焊，等离子焊和真空电子束焊等已应用于铜及铜合金的焊接。铜及铜合金焊接方法的选择见表 7-49。

铜及铜合金焊丝 表7-48

类别	名称	牌号	代号	识别颜色
铜	紫铜丝	HSCu	201	浅灰
黄铜	1号黄铜丝	HSCuZn-1	221	大红
	2号黄铜丝	HSCuZn-2	222	苹果绿
	3号黄铜丝	HSCuZn-3	223	紫蓝
	4号黄铜丝	HSCuZn-4	224	黑色
白铜	锌白铜丝	HSCuZnNi	231	棕色
	白铜丝	HSCuNi	234	中黄
青铜	硅青铜丝	HSCuSi	211	紫红
	锡青铜丝	HSCuSn	212	粉红
	铝青铜丝	HSCuAl	213	中蓝
	镍铝青铜丝	HSCuAlNi	214	中绿

铜及其合金熔焊方法的选择 表7-49

焊接方法(热效率 η) \ 材料(焊接性)	紫铜	黄铜	锡青铜	铝青铜	硅青铜	白铜	简要说明
钨极气体保护焊(0.65~0.75)	好	较好	较好	较好	较好	好	用于薄板(小于12mm),紫铜、黄铜、锡青铜、白铜采用直流正接,铝青铜用交流,硅青铜用交流或直流
熔化极气体保护焊(0.70~0.80)	好	较好	较好	好	好	好	板厚大于3mm可用,板厚大于15mm优点更显著,电源极性为直流反接
等离子弧焊(0.80~0.90)	较好	较好	较好	较好	较好	好	板厚在3~6mm可不开坡口,一次焊成,最适合3~15mm中厚板焊接
埋弧焊(0.80~0.90)	较好	尚可	较好	较好	较好	—	采用直接反接,适用于6~30mm中厚板
气焊(0.30~0.50)	尚可	较好	尚可	差	差	—	易变形、成型不好、用于厚度小于3mm的不重要结构中
碳弧焊(0.50~0.60)	尚可	尚可	较好	较好	较好	—	采用直流正接,电流大、电压高,劳动条件差,目前已逐渐被淘汰,只用于厚度小于10mm的铜件

(B) 焊接工艺。常用焊接方法的焊接工艺如下所述。

A) 气焊铜及其合金。

紫铜——必须采用中性焰,是碳钢焊接的 1～2 倍(因紫铜导热率高)。焊前要预热,中小焊件为 400～500℃,厚大焊件为 600～700℃。紫铜气焊时,使用的焊接材料的重要作用是脱氧。所以,选择的焊丝必须含有一定量的脱氧剂,如 P、Si、Sn、Mn 等,常用紫铜焊丝有 HS201 或 HS202。焊接时还应加气焊粉(CJ301),它可除去氧化膜,又起到焊接保护作用。

黄铜——黄铜气焊时,要采用弱氧化焰,焊丝为硅焊丝,以使焊缝表面生成一层氧化硅薄膜,以阻挡锌的蒸发。焊接也要加气焊焊粉(CJ301)。

焊前,都要清理焊丝和清理焊件(焊缝坡口及其周边)。焊接厚度较大的焊件时(小于 15mm),也要进行预热 400～500℃,厚度大于 15mm,还要提高预热温度 550℃以上。

青铜——锡青铜气焊时,焊件必须预热到 350～450℃,由于锡青铜在高温时有脆性。所以,焊接时不允许有冲击,焊后也不能立即搬动,以防焊缝开裂。

青铜气焊时,必须采用中性火焰。焊丝可与母材相同,但最好采用比母材含锡量高 1%～2% 的焊丝。

铝青铜气焊时,采用与母材相同的焊丝,配合 CJ401 焊粉,它可以有效地破坏氧化铝膜,焊前需预热 500℃。

气焊铜及其合金配用焊粉(剂)见表 7-50。

有色金属气焊用熔剂 表 7-50

牌号	名称	熔剂化学组成(%)	用途
CJ301	铜气焊熔剂	$w(H_3BO_3)76～79$ $w(Na_2B_4O_7)16.5～18.5$ $w(AlPO_4)4～4.5$	用于紫铜及黄铜气焊时的助熔剂
CJ401	铝气焊熔剂	$w(KCl)49.5～52$ $w(NaCl)27～30$ $w(LiCl)3.5～15$ $w(NaF)7.5～9$	用于铝及铝合金气焊时的助熔剂,并起精炼作用,也可用于气焊铝青铜时的熔剂

B）钨极氩弧焊。钨极氩弧焊（即 TIG 焊）具有电弧稳定、能量集中、保护效果好、操作灵活、热影响区小、焊件变形小等优点。特别适用于中、薄板和小件的焊接，应用越来越广泛。

紫铜——紫铜钨极氩弧焊，当焊件厚度大于 3mm 时开 I 形坡口，可不加焊丝；厚度为 3～12mm 时需加焊丝。可采用 HS201 或 HS202 等。电源采用直流正接，用左焊法进行焊接。弧长 3～5mm，喷嘴离焊件表面为 8～14mm。焊接工艺参数见表 7-51。

紫铜手工钨极氩弧焊焊接工艺参数 表 7-51

板厚(mm)	电源种类及极性	钨极直径(mm)	焊丝直径(mm)	焊接电流(A)	喷嘴直径(mm)	氩气流量(L/min)
<1.5	直流正接	2.5	2	140～180	8	6～8
2.0～3.0	直流正接	2.5～3.0	3	160～280	8～10	6～10
4.0～5.0	直流正接	4	3～4	250～350	10～12	8～12
6.0～1.0	直流正接	5	4～5	300～400	10～12	10～14
>10	直流正接	5～6	5～6	350～500	12～14	12～16

黄铜——黄铜钨极氩弧焊，采用的焊丝为 HS221（锡黄铜焊丝）、HS222（铁黄铜焊丝）或 HS224（硅黄铜焊丝）等。电源采用直流正接，也可采用交流。交流电焊接时，锌的蒸发量较小。黄铜和钨极氩弧焊焊接工艺参数见表 7-52。

黄铜手工钨极氩弧焊焊接工艺参数 表 7-52

材料	板厚(mm)	坡口	钨极直径(mm)	电源种类及极性	焊接电流(A)	氩气流量(L/min)	预热温度(℃)
普通黄铜	1.2	端接	3.2	直流正接	185	7	不预热
锡黄铜	2	V 形	3.2	直流正接	180	7	不预热

C）熔化极氩弧焊（即 MIG 焊）。与 TIG 焊相比，熔化极氩弧焊可以选用更大的电流，电弧功率大，熔深大、焊接速度快，是焊接中、厚度铜及其铜合金的理想焊接方法。

熔化极氩弧焊，焊接铜及其合金时，一律采用直流反接，紫铜和黄铜熔化极氩弧焊焊接工艺参数分别见表 7-53 和表 7-54。

紫铜熔化极氩弧焊焊接工艺参数　　　　表 7-53

板厚 (mm)	坡口形式	钝边 (mm)	间隙 (mm)	焊丝直径 (mm)	焊接电流 (直流反接)(A)	电弧电压 (V)	氩气流量 (L/min)	预热温度 (℃)
3.2	I形	—	0	1.6	310	27	14	—
6.4	I形	—	0	2.4	460	26	14	100
6.4	V形	3.2	0～3.2	1.6	400～425	32～36	14～16	200～260
12.7	V形	0～3.2	0～3.2	1.6	425～450	35～40	14～16	425～480
12.7	V形	6.4	0	2.4	600	27	14	200

黄铜熔化极氩弧焊焊接工艺参数　　　　表 7-54

材料	板厚 (mm)	坡口形式	钝边 (mm)	间隙 (mm)	焊丝名称	直径 (mm)	焊接电流 (直流反接)(A)	电弧电压 (V)	氩气流量 (L/min)	预热温度 (℃)
低锌黄铜	3.2～12.7	V形	—	0	硅青铜	1.6	275～285	25～28	12～13	不预热
高锌黄铜	3.2	I形	—	0	锡青铜	1.6	275～285	25～28	14	不预热
（锡黄铜、镍黄铜等）	9.5～12.7	V形	0	3.2	锡青铜	1.6	275～285	25～28	14	不预热

（3）钛及钛合金的焊接

1）钛及钛合金的焊接性

钛及钛合金的焊接主要问题有氧等气体杂质引起接头脆化、裂纹和气孔等。

钛及钛合金按其室温组织可分为：α、β 及 α＋β 三类。工业纯钛（组织为α）及α钛合金可焊性好。在α＋β钛合金中，只有那些β形成元素含量较低的可焊性尚好，其中 Ti-6Al-4V（TC4）应用最广，其焊接接头既可在焊态下使用，又可通过焊后固溶和时效处理进一步强化。大多数的α＋β及β钛合金可焊性较差，焊态接头塑性低，具有冷裂倾向，钛及钛合金的可焊性见表 7-55。

2）钛及钛合金的基本性能

（A）钛及钛合金的化学成分及牌号见表 7-35。

（B）钛及钛合金的力学性能见表 7-36。

（C）钛的主要物理性能见表 7-34。

钛及钛合金的可焊性　　　　表 7-55

可焊性	钛及钛合金
好	各类工业纯钛：TA1、TA2、TA3 α 钛合金：TA7(Ti-5Al2.5Sn 杂质含量低) Ti-2.5Cu、Ti-5Al-5Sn-5Cr Ti-8Al-1Mo-1V α+β 钛合金：Ti-2Al-1.5Mn、Ti-3Al-1.5Mn Ti-6Al-4V(杂质含量低)
较好	α 钛合金：Ti-5Al-2.5Sn(杂质含量正常)、Ti-7Al-12Zn α+β 钛合金：Ti-6Al-4V(杂质含量正常) β 钛合金：Ti-3Al-13V-11Cr
尚好	α+β 钛合金：Ti-8Mn、Ti-7Al-4Mo、Ti-4Al-3Mo-1V、 Ti-2.5Al-16V、Ti-5Al-1.25Fe-2.75Cr Ti-6Al-6V-2Sn-1(Fe,Cu) Ti-6.5Al-3.5Mo-0.25Si
差	α+β 钛合金：Ti-2Fe-2Cr-2Mo β 钛合金：Ti-1Al-8V-5Fe

3) 钛及钛合金焊接特点

(A) 钛的化学活性大，反应后所生成的化合物使焊接接头的塑性和韧性降低，易引起气孔。所以，焊接时对熔池、焊缝及温度超过 400℃ 的热影响都要保护好（与空气隔离）。(400℃ 与 H·O·N 就产生化学反应）。

(B) 钛的熔点高、热容量大、导热性差，所以焊接接头容易过热和晶粒粗大，尤其是 β 钛合金，焊接接头塑性明显下降。冷却快时，易生成不稳定的钛马氏 α 相，使焊接接头变脆。因此，焊接时要采用小电流、快速焊对线能量做好控制。

(C) 由于氢和应力的影响易产生裂纹。所以，对焊接接头的含氢量要控制，对复杂的和刚性大的结构需做消除应力处理。

(D) 钛的弹性模量约比钢小一半、焊接变形大，矫正困难。

4) 钛及钛合金焊接工艺

(A) 焊接方法。焊接方法很多，如氩弧焊、等离子焊、真空电子束焊、压焊及钎焊等。在实际生产中，应用最多最广泛的焊接方法是氩弧焊法和等离子焊法。

A) 钨极氩弧焊，氩气保护效果好，气孔少，焊接操作简单灵活，能保证焊接质量，适于薄板的焊接。

B）熔化极氩弧焊。热功率大，可减少焊接层数，提高生产率，降低成本，产生气孔几率比钨极氩弧焊还少。但容易产生飞溅，使保护气体紊乱，使空气卷入而污染焊缝，为提高保护效果，最好采用大直径喷嘴。熔化极氩弧焊，适用中、厚板钛及钛合金的焊接。

C）等离子焊。等离子焊用氩气作为等离子气体，能量集中，穿透力很强，一次可以焊透 2.5～15mm 的板。可单面焊，双面成型，弧长变化对熔透程度影响小，设备比较复杂。

（B）焊接材料。在钨极氩弧焊中，氩气纯度应≥99.99%，电板为铈钨板。焊丝可选用与母材成分相同的焊丝。有时为了提高和改善焊缝的塑性，可用比母材合金化程度稍低的焊丝，如焊接 TC4 时可用 TC3 焊丝。

（C）焊前准备。

A）焊接坡口形式。钛及钛合金对接接头坡口形式见表 7-56。为保证坡口的尺寸，一般是采用机加工方法。

钛及钛合金对接接头坡口形式　　　表 7-56

名称	接头形式	母材厚度 δ (mm)	间隙(mm)	
			手工焊	自动焊
无坡口对接		≤1.5 1.6～2.0	$b=0～0.30\%\delta$ $b=0～0.5$	$b=0.30\%\delta$
单面 V 形坡口对接		2.0～3.0	$b=0～0.5$ $p=0.5～1.0$	无坡口 $b=0$
卷边接		<1.2	$a=(1.0～2.5)\delta$ R 按图样	—

B）焊前清理。应将焊丝和焊件表面的油污和氧化物清理干净，以防止焊缝增碳、氧、氢，使焊缝产生气孔和裂纹，降低力学性能。

焊丝最好在焊前进行真空热处理、酸洗，至少也要进行机械处理。

焊件表面，尤其是坡口面（对接面）非常重要，应进行机加工。焊前要酸洗，然后冲洗烘干。酸洗到焊接的时间一般不应超过 2h，否则要放到洁净、干燥的环境中储存，储存时间不超过 120h。

组装焊接，焊工必须戴洁净手套，严禁用铁器敲打，否则会降低力学性能和耐腐蚀性能。

(D) 氩气保护装置。为了得到优质焊接接头，钛及钛合金氩弧焊的关键是对 400℃ 以上区域保护，因此需要特殊的保护装置，如下所述。

A）采用大直径的喷嘴。一般选用直径为 16～18mm，喷嘴到工件的距离要小些。也可采用双层气流保护焊枪。

B）喷嘴加施罩。对于厚度大于 0.5mm 的焊件来说，喷嘴已满足不了焊缝和近缝区保护的要求，需加施罩，氩气从施罩喷出，用以保护焊接高温区域。施罩的尺寸可根据焊缝形状、焊件尺寸和操作方法来确定。

C）背面保护。焊缝背面采用充氩保护装置。

D）箱内焊接。对结构复杂的焊件，由于不好保护，可在充氩或充氩-氦混合气的箱内焊接。

焊缝和近缝区颜色是保证效果的标志，呈银白和淡黄色为最好。见表 7-57。

(E) 焊接工艺参数。

A）钛及钛合金和钨极氩焊，焊接工艺参数见表 7-58。

B）工业纯钛等离子弧焊，焊接工艺参数见表 7-59。

3. 异种有色金属焊接

(1) 铜与铝及铝合金的焊接

焊缝和热影响区的颜色　　　　　　表 7-57

焊缝级别	焊缝				热影响区			
	银白淡黄	深黄	金紫	深蓝	银白淡黄	深黄	金紫	深蓝
一级	允许	不允许	不允许	不允许	允许	不允许	不允许	不允许
二级	允许	允许	不允许	不允许	允许	允许	不允许	不允许
三级	允许	允许	允许	不允许	允许	允许	允许	不允许

钛及钛合金手工钨极氩弧焊工艺参数　　　　表 7-58

板厚(mm)	接头形式	钨极直径(mm)	焊丝直径(mm)	焊道数	焊接电流(A)	氩气流量(L/min)		
						喷嘴	保护罩	背面
0.5		1	1	1	20～30	6～8	14～18	4～10
1		1	1	1	30～40	8～10	16～20	4～10
2		2	1.6	1	60～80	10～14	20～25	6～12
3		3	1.6～3.0	2	80～110	11～15	25～30	8～15
5		3	3		100～130	12～16	25～30	8～15
10		3	3	6	120～150	12～16	25～30	8～15

工业纯钛等离子弧焊工艺参数　　　　表 7-59

板厚(mm)	焊嘴直径(mm)	钨极直径(mm)	焊接电流(A)	电弧电压(V)	焊接速度(m/min)	送丝速度(m/min)	氩气流量(L/min)			
							离子气	熔池	水冷保护滑块	背面
5.0	3.8	1.9	200	29	0.333	1.5	5	20	25	25
10	3.2	1.2	250	25	0.15	1.5	6	20	25	25

1) 焊接特点及存在的问题

(A) 焊接特点。铜与铝在液态时可以无限互熔，而在固态时互熔性很小，铜与铝在高温下能生成多种金属间化合物，同时发生强烈氧化生成多种难熔的氧化物。在物理性能方面存在较大差异，熔点相差 400℃ 以上、线膨胀系数相差 40% 以上、导电率也相差 70% 以上。铝与氧易形成氧化膜（Al_2O_3），而铜与氧以及铅、铋、硫等杂质易形成多种低熔点共晶组织。铜与铝及铝合金的物理性能比较见表 7-60。

铜与铝及铝合金的物理性能比较　　　　表 7-60

材料		熔点(℃)	沸点(℃)	密度 ($g \cdot cm^{-3}$)	热导率 $[W \cdot (m \cdot K)^{-1}]$	线膨胀系数 ($10^{-6} \cdot K^{-1}$)	弹性模量 (GPa)
铝及铝合金	纯铝	660	2327	2.7	206.9	24	61.74
	L1	640～660	—	2.7	217.7	23.8	61.70
	L2	658	—	2.7	146.6	24	61.68
	LF3	616	—	2.67	117.3	23.5	—
	LF6	580	—	2.64	117.4	24.7	—
	LF21	643	—	2.73	163.3	23.2	—
	LY12	502	—	2.78	117.2	22.7	—
	LD2	593	—	2.70	175.8	23.5	—
铜及铜合金	纯铜	1083	2578	8.92	359.2	16.6	107.78
	T1	1083	2578	8.92	359.2	16.6	108.30
	T2	1083	2578	8.9	385.2	16.4	108.50
	黄铜	905	—	8.6	108.9	16.4	—
	锡青铜	995	—	8.8	75.36	17.8	—
	铝青铜	1060	—	7.6	71.18	17	—
	硅青铜	1025	—	7.6	41.90	15.8	—
	铍青铜	955	—	8.2	92.10	16.6	—

(B) 焊接主要存在以下问题。

A) 铜、铝易被氧化。铜和铝都是极易被氧化的金属元素，在焊接过程中氧化十分激烈，能生成高熔点氧化物。使焊缝金属难以达到完全熔合的程度。

B) 脆性大，易产生裂纹。铜与铝采用熔焊时，靠近铜母材一侧的焊缝金属中，很容易形成铜与氧化铜共晶体（$Cu + CuO_2$），分布于晶界附近，使焊缝金属脆性倾向增大，易于产生裂纹。由于填充材料以及母材的影响，也可能产生三元共晶组织，易产生晶间裂纹。

C) 焊缝易产生气孔。主要是铜和铝的导热性都比较大，熔池结晶比较快，气体来不及逸出而形成了气孔。所以，焊前要求对焊接部位进行清理，焊接时要严格控制线能量。

2) 焊接方法

(A) 铜与铝及铝合金的熔焊。铜与铝的焊接可以采用熔焊、压焊和钎焊,不管采用哪种焊接方法,首先着眼于熔点的差别,焊接时,铝熔化了,而铜还处于固态。其次是铝和铜在弧焊时的强烈氧化,所以要采取特殊措施防止氧化膜的产生,并设法清除焊缝中的氧化物及控制含铜量。

A) 铜与铝的氩弧焊。采用钨极氩弧焊。焊接工艺参数为:焊接电流150A,电弧电压为15V,焊速为0.17cm/s,铜侧可开V形坡口,一般为45°~75°,填充焊丝选用L6纯铝,直径为2~3mm。焊前在铜一侧坡口上,镀上一层0.6~0.8mm的银钎料,然后与铝进行焊接,填充材料为含硅4.5%~6.0%的铝焊丝。

在焊接过程中,钨极电弧中心要偏离坡口中心一定距离,指向铝的一侧,尽量减少焊缝金属中含铜量(至少控制在10%以下),这样就可获得强度和塑性良好的焊接接头。

铜与铝采用对接氩弧焊时,为了减少焊缝金属中铜含量,增加铝的成分(铜与铝的焊接应是以铝为主组成的焊缝),可将铜侧加工成V形或K形坡口,并在坡口表面镀上一层Zn,厚度约为$60\mu m$。铜与铝钨极氩弧的工艺参数可参考表7-61。

铜与铝钨极氩弧焊的工艺参数 表7-61

被焊金属	焊丝	焊丝直径(mm)	焊接电流(A)	钨极直径(mm)	氩气流量($L \cdot mm^{-1}$)
Cu+Al	Al-Si 丝	3	260~270	5	8~10
	Al-Si 丝	3	190~210	4	7~8
	铜丝	4	290~310	6	6~7

B) 铜与铝的埋弧自动焊。铜与铝的埋弧自动焊,还是采取措施才能进行焊接,如在铜材侧开半U坡口铝材侧不开坡口,并预置铝焊丝,如图7-5所示,目的是控制焊缝中铜含量。

$$L=(0.5\sim 0.6)\delta \quad \delta=10mm$$

焊接工艺参数:

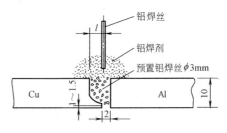

图 7-5 铜-铝埋弧自动焊

焊丝直径 $\phi=2.5$mm（纯铝）

焊接电流 400～420A

焊接电压 38～39V

焊接速度 0.58/s，送丝速度为 553cm/min

采用上述工艺，焊后接头中铜含量只有 8%～10%，获得满意的焊接接头。铜与铝埋弧自动焊工艺参数，可参考表 7-62。

铜与铝埋弧自动焊工艺参数　　　表 7-62

板厚 (mm)	焊接电流 (A)	焊丝直径 (mm)	焊接电压 (V)	焊接速度 $cm \cdot s^{-1}$	焊丝偏离 (mm)	焊剂层(mm)		层数
						宽	高	
8	360～380	2.5	35～38	0.68	4～5	32	12	1
10	380～400	2.5	38～40	0.60	5～6	38	12	1
12	390～410	2.6	39～42	0.60	6～7	40	12	1
20	520～550	3.2	40～44	0.2～0.3	8～12	46	14	3

(B) 铜与铝及铝合金的压焊。

A) 铜与铝的闪光对焊。铜与铝的闪光对焊，它是利用电弧热将母材加热到熔融状态并以一定的速度给予足够的顶锻压力，使其达到连接目的。由于突然顶锻挤压，使端面上的脆性化合物和氧化物迅速被挤出焊接面，同时使接口处金属产生很大的塑性变形，获得了牢固的焊接接头。在这里必须指出：

焊件的断面尺寸一定要精确，形状要平直并对准两断面（均在同一水平面，前启边误差量不大于 0.5mm）；清除表面污物及氧化物，特别是两焊件的断面清理要更加注意，最好在焊前用丙酮清洗一次；焊后对铜和铝进行退火处理，以降低硬度，增加焊件的塑性，提高焊接接头的质量，退火参数见表 7-63。焊接工艺参数见表 7-64。

铜、铝退火处理参数　　　　　　　　　　表 7-63

材料	退火温度(℃)	保温时间(min)	冷却条件
铜	600～650	40～60	水
铝	400～450	40～60	空气

铜与铝采用 LQ-200 型闪光对焊机焊接的工艺参数　　表 7-64

焊件尺寸 (mm×mm)	伸出长度(mm) Cu	伸出长度(mm) Al	夹具压力 (MPa)	顶锻压力 (MPa)	烧化时间 (s)	带电顶锻时间 (s)	凸轮角度 (°)
6×60	29	17	0.44	0.29	4.1	1/50	270
8×80	30	16	0.39	0.29	4.0	1/50	270
10×80	25	20	0.54	0.39	4.1	1/50	270
10×100	25	20	0.59	0.54	4.1	1/50～2/50	270
10×150	25	20	0.59	0.54	4.2	1/50～2/50	270
10×120	31	18	0.64	0.59	4.2	2/50～3/50	270
6×24	14	16	0.29	0.29	4.2	1/50	—
6×50	25	17	0.44	0.39	4.2	1/50	270

我国生产的对焊机有 LQ-150、LQ-200 和 LQ-300 等型号的闪光对焊机，均可以进行大截面的铜-铝闪光对焊，最大截面可达 1500mm^2，均能满足焊接要求。

B) 铜与铝的摩擦焊。铜与铝的摩擦焊有高温和低温摩擦焊两种。由于高温摩擦焊的温度超出了铜-铝共晶点温度（548℃），得到的焊接接头性能很差，而且易于断裂。所以，在实际生产中采用低温摩擦焊法较多。

低温摩擦焊的过程，由摩擦加热、顶锻和维持三个阶段组成，加热时要严格控制焊接面的温度及其均匀性。加热温度必须严格控制在铜-铝共晶温度以下，一般以 460～480℃ 为宜，这时既可防止形成脆性化合物，又能获得较大的顶锻塑性变形，最终达到令人满意的焊接接头。

铜-铝摩擦焊，在焊前对铜、铝母材进行退火处理，见表7-65，焊接面必须平整无油污脏物等。

纯铜与纯铝退火处理的工艺参数 表7-65

材料	加热温度(℃)	保温时间(min)	冷却方式	退火后硬度 HB
T1	600~620	45~60	水冷	≤50
T2	600~620	45~60	水冷	≤50
L1	400~450	45~60	水冷或空冷	≤26
L2	400~450	45~60	水冷或空冷	≤26

低温摩擦焊主要工艺参数有摩擦压力、摩擦速度、摩擦时间、顶锻压力以及铜与铝的出模长度。不同直径铜与铝低温摩擦焊的工艺参数见表7-66。

不同直径铜与铝低温摩擦焊的工艺参数 表7-66

直径(mm)	转速/(r·min^{-1})	摩擦时间(s)	顶锻压力(MPa)	维持时间(s)	铜出模量(mm)	铝出模量(mm)	顶锻速度(cm·min^{-1})	焊前预压力(N)	摩擦压力(MPa)
6	1030	6	588	2	10	1	8.4	—	166.6~196
8	840	6	490	2	13	2	8.4	196~294	166.6~196
9	540	6	441	2	20	2	12.6	392~490	166.6~196
10	450	6	392	2	20	2	12.6	490~588	166.6~196
12	385	6	392	2	20	2	19.2	882~980	166.6~196
14	320	6	392	2	20	2	19.2	1078~1176	166.6~196
16	300	6	392	2	20	2	19.2	1274~1372	166.6~196
18	270	6	392	2	20	2	3.2	1470~1568	166.6~196
20	245	6	392	2	20	2	3.2	1666~1764	166.6~196
22	225	6	392	2	20	2	3.2	1862~1960	166.6~196
24	208	6	392	2	24	2	3.7	2058~2156	166.6~196
26	200	6	392	2	24	2	3.7	2058~2156	166.6~196
30	180	6	392	2	24	2	3.7	2058~2156	166.6~196
36	170	6	392	2	26	2	3.7	2254~2352	166.6~196
40	160	6	392	2	28	2	3.7	2450~2548	166.6~196

（C）铜与铝及铝合金的钎焊。

A）钎焊原理及分类。钎焊是把钎料和母材一起加热，使熔点比母材低的钎料熔化通过毛细管作用润湿并填满母材接头间隙形成焊缝，在钎缝中钎料与母材相互扩散、溶解、冷凝面形成牢固接头的焊接方法。

在工业生产中，根据使用钎焊材料的熔点不同可分为硬钎焊和软钎焊两种；根据热源又可分为气体火焰钎焊、铬铁钎焊、电阻钎焊、感应钎焊、炉中钎焊及浸沉钎焊等方法。

B）钎焊材料的选择。

a. 钎料的选用。从铜与铝及铝合金的钎焊性来看，一般采用锌基钎料，并通过加入 Sn、Cu、Ca 等元素来调整铜与铝的接头性能。在 Sn 中加入 10%～20% 的 Zn 作为铜与铝钎焊的钎料。可提高钎焊接头的力学性能和抗腐蚀性能。目前用于钎焊铝与铜的钎料主要有两大类：一是锌基钎料，一是锡基钎料。钎料还须满足下面基本要求。

钎料要有适当的熔点。同时必须低于母材的熔点。

要有良好的填缝能力。

成分要稳定。钎焊过程中，元素不发生蒸发现象，不产生偏析及缩裂缺陷。铜与铝钎焊的钎料成分见表 7-67。

铜与铝钎焊的钎料成分　　　　表 7-67

化学成分(%)						熔点或工作温度	应用情况及钎剂	钎料代号
Zn	Al	Cu	Sn	Pb	Cd	(℃)		
50	—	—	29	—	31	335	Cu-Al 导线配合 QJ203	—
58	—	2	40	—	—	200～350		501
60	—	—	40	—	—	266～335	配合 QJ203	502
95	5	—	—	—	—	382,工作温度 460	Cu-Al 钎剂	—
92	4.8	3.2	—	—	—	380～450	Cu-Al 钎剂	—
10	—	—	90	—	—	270～290	Cu-Al 钎剂	—
20	—	—	80	—	—	270～290	Cu-Al 钎剂	—
99	—	—	1	—	—	417	Cu-Al 钎剂	—

b. 钎剂的选用。选用的钎剂要有去膜作用（化学反应如物理溶解法都可去掉氧化膜）；改善润湿作用；机械保护作用等。同时熔点要低于钎料的熔点，并易脱渣清除。

钎剂分为无机盐类和有机盐类两大类。可根据钎料及钎焊件的要求选择。铜与铝钎焊常用钎剂成分见表 7-68。

铜与铝钎焊常用钎剂成分　　　　　表 7-68

主要成分(%)								熔点/℃
LiCl	KCl	NaCl	LiF	KF	NaF	$ZnCl_2$	NH_4Cl	
35～25	余	—	—	8～12	—	8～15	—	420
—	—	—	—	5	95	—	—	390
16	31	6	—	5	37	—	5	470
—	—	$SnCl_2$ 28	—	2	55	—	NH_4Br 15	160
—	—	—	—	2	88	—	10	200～220
—	—	10	—	—	65	—	25	220～230

(2) 铜与钛及钛合金的焊接

1) 铜与钛及钛合金的焊接特点

(A) 铜与钛的物理性能和化学性能差异很大，铜与钛相互之间的溶解度不大，并且随温度而变。钛在 880℃ 以上为 β 钛，低于 880℃ 为 α 钛，与铜能形成多种金属间化合物。另外，还可以形成多种共晶体，其熔点最低点只有 860℃。这是钢与钛焊接的主要困难，焊接时的热作用，极易导至这些脆性相的形成，降低了焊接接头的力学性能和耐腐蚀性能。

(B) 铜和钛对氧的亲和力都很大，在常温和高温下都极易氧化。在高温下，铜与钛对氢、氧、氮都有很强的吸收能力，在焊缝熔合线处易形成氢气孔，在母材钛一边易生成片状氢化物（TiH_2）引起氢脆，以及由杂质在铜母材一侧形成的低熔点共晶体（如 Cu+Bi 共晶体的熔点 270℃）。另外，铜与钛焊接时，靠近铜一侧的熔合区及焊缝金属的热裂纹敏感性较大。

2) 焊接方法与焊接措施

焊接方法，目前主要采用熔焊（钨极氩弧焊）和扩散焊，但其要求不同。焊接措施通过过渡层和中间层来实现焊接的目的。

（A）钨极氩弧焊。铜与钛进行氩弧焊时，加入钼、铌或钽的钛合金过渡层，可以使 $\alpha \rightleftharpoons \beta$ 相转变温度降低，从而获得与铜的组织相近的单相 β 组织钛合金。这类过渡层的成分（质量分数），如 Ti＋Nb30％ 或 Ti＋Al3％＋Mo（6.5％～7.5％）＋Cr（9％～11％）等。这时的焊接接头强度 σ_b 可达 216～221MPa，冷弯角 140°～180°。

厚度为 2～5mm 的 TA2 和 Ti3Al37Nb 两种钛合金与 T2 铜的钨极氩弧焊参数和接头性能见表 7-69。

铜与钛合金钨极氩弧焊的工艺参数及接头力学性能　表 7-69

被焊材料	板厚 (mm)	焊接电流 (A)	焊接电压 (V)	填充材料 牌号	填充材料 直径 (mm)	电弧偏离 (mm)	抗拉强度 σ_b (MPa)	冷弯角 (°)
TA2＋T2	3.0	250	10	QCr0.8	1.2	2.5	177.4～202.9	—
	5.0	400	12	QCr0.8	2	4.5	157.2～220.5	90
Ti3Al37Nb＋T2	2.0	260	10	T4	1.2	3.0	113.7～138.5	90
	5.0	400	12	T4	2	4.0	218.5～231.3	90～120

在焊接过程中，不能指向钛材一边，要有一定距离，电弧要直接指向铜材一侧，可以获得良好的焊接接头。

（B）铜与钛及钛合金的扩散焊。真空扩散焊有直接扩散焊接和加入中间过渡层的扩散焊接两种方法。前者焊后接头强度较低（低于铜母材的强度），后者强度较高，并有一定塑性。

铜与钛进行扩散焊时，中间加入过渡金属层钼和铌，它可以阻止焊接时产生金属化合物和低熔点共晶体，从而使焊接头的质量得到很大提高。扩散焊工艺参数：焊接温度 810℃，保温时间 10min，真空度为（133.3×10^{-2}）～（6.66×10^{-4}）Pa，焊接压为 3.4～4.9MPa。在铜（T2）与钛（TC2）中间加入过渡层钼和铌进行焊接，其工艺参数及焊接接头强度见表 7-70 所示。

铜（T2）与钛（TC2）扩散焊的工艺参数及接头力学性能

表 7-70

中间层材料	工艺参数			抗拉强度 σ_b (MPa)	加热方式
	焊接温度 (℃)	保温时间 (min)	压力 (MPa)		
不加中间层	800	30	4.9	62.7	高频感应加热
	800	300	3.4	144.1～156.8	电炉加热
钼（喷涂）	950	30	4.9	78.4～112.7	高频感应加热
	980	300	3.4	186.2～215.6	电炉加热
铌（喷涂）	950	30	4.9	70.6～102.9	高频感应加热
	980	300	3.4	186.2～215.6	电炉加热
铌（0.1mm 箔片）	950	30	4.9	94.1	高频感应加热
	980	300	3.4	215.6～266.6	电炉加热

从表中可以看出，采用电炉加热，时间较长，获得的接头强度明显高于高频感应加热时间较短的接头强度。

(3) 铝与钛及钛合金的焊接

1) 铝与钛的焊接性

铝与钛在物理、化学和力学性能方面都有所不同，其原子结构和原子半径等有明显的差异，所以焊接性很差。必须采用适当的焊接方法才能获得较为满意的焊接接头。焊接困难有以下几方面内容。

(A) 铝与钛极易氧化。焊接加热温度越高，氧化越严重。钛在 600℃ 开始氧化并生成 TiO_2，在焊缝内形成中间脆性层，塑性、韧性下降，而铝和氧作用生成致密难熔的氧化膜（Al_2O_3 熔点 2050℃），同时，焊缝易产生夹渣，增加脆性，使焊接难以进行；铝与钛的熔点相差太大，待钛达到熔点温度时，铝及其合金中元素早已被烧损和蒸发掉，使焊缝化学成分不均匀，强度降低。

(B) 铝与钛在相应温度下可生成多种化合物，使金属塑性降低、脆性增加。当含碳量大于 0.28% 时，铝与钛的焊接性显著变差。

(C) 铝与钛的相互溶解度很小，在室温下（20℃）钛在铝中的溶解度为 0.07%，而铝在钛中溶解度更小，两金属熔合形成焊缝十分困难，铝和钛对氢溶解度却很大，冷却时，多余的氢会影响气孔，使焊缝塑性和韧性降低。

(D) 变形量大，线膨胀系数和导热率两金属相差很大，铝的导热率和线膨胀系数分别是钛的 16 倍和 3 倍，在焊接应力作用下易产生裂纹。

2) 铝与钛的焊接工艺

(A) 铝与钛的氩弧焊。由铝和钛材组焊成的电解槽。铝材（L4 新牌号 1305）厚度为 8mm，钛材（TA2）厚度为 2mm，填充材料为 LD4 焊丝 $\phi=3$mm，接头形式有对接、搭接和角接，在接口的钛材一侧覆盖一层铝粉（或做渗铝）。

焊接要点是：一定要防止钛的熔化，主要熔化铝一侧，在保证焊缝成形的前提下，焊接速度要尽量快速连续焊接，同时背面也要做氩气保护。焊后得到了良好的焊接接头。钨极氩弧焊的工艺参数见表 7-71。

铝 (L4) 与钛 (TA2) 钨极氩弧焊工艺参数　　表 7-71

接头形式	板厚(mm)		焊接电流(A)	氩气流量(L·min^{-1})	
	Al	Ti		焊枪	背面保护
角接	8	2	270～290	10	12
搭接	8	2	190～200	10	15
对接	8～10	8～10	240～285	10	8

(B) 铝与钛的冷压焊。铝与钛可以采用冷压焊进行焊接，在焊接温度 450～500℃，保温时间 5h 时，铝-钛接合面上不会产生金属间化合物，焊接接头比使用熔焊方法有利，且能获得很高的接头强度。冷压焊铝钛接头的抗拉强度可达 $\sigma_b=298\sim 324$MPa。铝管和钛管也可以采用冷压焊，压焊前，必须把铝管加工成凸槽，钛管加工成凹槽。把铝管和钛管凹凸槽紧贴在一起，通过挤压力进行压焊。铝钛管的冷压焊适用于内径为 10～

100mm，壁厚为 1~4mm 的铝钛管接头，接头焊后须从 100℃ 以 200~450℃/min 的速度在液体中冷却，经 1000 次这样的试验，接头仍能保持其密封性。

（十一）钢与有色金属的焊接

1. 钢与铜及其合金的焊接

（1）钢与铜及其合金的焊接性

焊接钢与铜及其合金的主要困难是两种金属的熔点、导热系数、膨胀系数等物理性能差异较大，给钢与铜及其合金的焊接造成不利影响。但钢与铜在高温时的晶格类型、晶格常数、原子半径以及外层电子数等特性都比较接近，对原子间扩散、钢与铜及其合金焊接来说，又是较为有利的因素。

钢与铜及其合金焊接存在的主要问题有以下几方面。

1）热裂纹。这与低熔共晶、晶界偏析以及钢与铜的线膨胀系数相差较大有关，在焊缝中出现晶界偏析，即低熔点共晶合金或是铜的偏析，因而焊接时，在较大的焊接应力作用下，呈现出宏观裂纹。

2）渗透裂纹。铜对铁的表面有很强的浸润作用，钢与铜焊接时，熔融的铜也可能沿近缝区钢材的晶界渗入钢中。另外，焊缝在结晶过程中，往往会在钢的结晶表面上产生微观裂纹，此时的液态铜或铜合金沿晶界继续渗透，使该处晶界强度降低。

实践证明，渗透现象与铜合金成分有关，含锡的青铜渗透严重，含镍、铝、硅的铜合金焊缝金属对钢渗透较少；含镍高于 16% 的铜合金焊缝在碳钢上不会造成渗透裂纹。

渗透裂纹的产生与钢的组织形态有关，如液态铜浸润奥氏体，而不浸润铁素体。所以单项奥氏体钢易产生渗透裂纹，而奥氏体＋铁素体或铁素体钢就不容易产生渗透裂纹。

3）焊接接头力学性能降低。由于钢和铜合金种类不同，焊接接头的组织与性能也不同。

(2) 钢与铜及其合金焊接工艺

1) 焊接方法

钢与铜及其合金的焊接可以用气焊、焊条电弧焊、埋弧焊、氩弧焊、电子束焊等熔焊方法进行施工。应用较多的还是焊条电弧焊、氩弧焊、埋弧自动焊等方法。

2) 碳钢与铜的焊接工艺

(A) 焊条电弧焊。焊前，应将坡口内及两侧（30mm）表面油污、水分、氧化膜及其他杂质彻底清除，直至漏出金属光泽为止。

板-板（紫铜）焊接时，厚度小于3mm可开Ⅰ形坡口，大于3mm可开V形坡口，坡口角度为60°～70°，钝边1～2mm，不留间隙；为保两板热平衡，根据厚度可将铜板一侧进行预热到200～500℃，焊接电弧要略偏向铜板一侧。管-管（紫铜）的焊接，紫铜管一端预热到650～700℃，焊条垂直对准焊缝中心（略偏向紫铜管一侧），以短弧施焊。低碳钢管与紫铜板焊接时，将2/3的熔池面积控制在低碳钢管上，可获得良好的焊缝成形。

焊接材料的选择：

低碳钢与紫铜焊接时，为保证焊缝的抗裂性能，应选用紫铜焊条（铜107），也可选用铜207和铜227焊条。

低碳钢与硅青铜或铝青铜焊接时，可选用铜207或铜237焊条，焊缝为双相组织，具有较好的抗裂性能，焊缝强度比紫铜高。

低碳钢与白铜焊接时，选用BFe5-1做填充材料，（焊缝含铁量达32%），这种焊缝具有良好的抗裂性能。

Q255钢与铜和白铜的焊条电弧焊时的焊接规范见表7-72和表7-73。

(B) 埋弧自动焊。

A) 坡口形式。一般在板厚大于10mm才开坡，坡口角度为60°～70°由于钢与铜的导热性相差很大，保持热平衡，铜材侧坡

Q255 钢与铜焊条电弧焊时的焊接规范　　　　表 7-72

异种 金属名称	接头形式	板厚 (mm)	焊条 种类	焊条直径 (mm)	焊接电流 (A)	电弧电压 (V)
Q255 钢＋T2	对接	3＋3	铜 107	3.2	120～140	23～25
Q255 钢＋T4	对接	4＋4	铜 107	4.0	150～180	25～27
Q255 钢＋TUP	对接	2＋2	铜 107	2.0	80～90	20～22
Q255 钢＋TUP	对接	3＋3	铜 107	3.0	110～130	22～24
Q255 钢＋TUP	丁字形	3＋8	铜 107	3.2	140～160	25～26
Q255 钢＋TUP	丁字形	4＋10	铜 107	4.0	180～210	27～28
Q255 钢＋TUP	丁字形	3＋10	铜 207	3.2	140～160	25～26
Q255 钢＋TUP	丁字形	4＋10	铜 207	4.0	180～220	27～29

Q255 钢与白铜焊条电弧焊时的焊接规范　　　　表 7-73

异种金属名称	接头形式	板厚 (mm)	焊条 种类	焊条直径 (mm)	焊接电流 (A)	电弧电压 (V)
Q255 钢＋白铜	对接	3＋3	BFe5-1	3.0	120	24
Q255 钢＋白铜	对接	4＋4	BFe5-1	3.2	140	25
Q255 钢＋白铜	对接	5＋5	BFe5-1	4.0	170	26
Q255 钢＋白铜	丁字形	3.5＋12	BFe5-1	4.0	280	30
Q255 钢＋白铜	丁字形	5＋12	BFe5-1	4.0	300	32
Q255 钢＋白铜	丁字形	8＋12	BFe5-1	4.0	320	33

口角度要大于钢材侧，大约 10°左右，如图 7-6 所示。

B) 焊接材料。焊丝采用紫铜焊丝，焊剂通常采用 HT430 或 HT431，焊前要在坡口内躺放铝焊丝或镍丝如图 7-7 所示。其目的是使铝和铁形成微小的 $FeAl_3$ 质点，可减少铁的有害作用。同时还能使钢晶粒细化，提高塑性，伸长率可达 20%，弯曲 180°，抗裂性能明显增加。躺放铝不能过多（一般不超过三根），否则会在铜母材侧的熔合线附近出现气孔和夹渣，使接头性能降低。

C) 操作方法。埋弧自动焊时，为了保持热平衡，使铜充分熔化，焊丝必须偏向铜一侧，距焊缝中心线 5～8mm，通常为 6mm，这样可以控制焊缝中铁的含量（10%～40%），可获得优

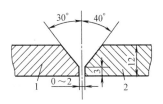
图 7-6 钢与铜对接接
头的坡口尺寸
1—低碳钢；2—紫铜

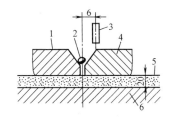
图 7-7 低碳钢与紫铜的接
头装配和焊丝位置
1—低碳钢；2—躺放焊丝；3—填充焊丝；
4—紫铜；5—焊剂垫；6—平台

良的焊接接头。低碳钢与紫铜的埋弧自动焊焊接工艺见表 7-74。

低碳钢与紫铜的埋弧自动焊焊接工艺参数　　表 7-74

异种材料名称	接头形式	板厚(mm)	填充焊丝	焊丝直径(mm)	填充材料	焊接电流(A)	电弧电压(V)	焊接速度(m/min)
Q235+T2	对接 V 形坡口	1+10	T2	4	1 根 Ni 丝	600~650	40~42	0.2
Q235+T2	对接 V 形坡口	12+12	T2	4	2 根 Ni 丝	650~700	42~43	0.2
Q235+T2	对接 V 形坡口	12+12	T2	4	2 根 Al 丝	600~650	40~42	0.2
Q235+T2	对接 V 形坡口	12+12	T2	4	3 根 Al 丝	650~700	42~43	0.2
Q235+T2	对接 V 形坡口	12+12	T2	4	3 根 Al 丝	700~750	42~43	0.19
Q235+T4	对接	4+4	T2	2	—	300~360	32~34	0.55
Q235+T2	对接 V 形坡口	6+6	T2	4	—	450~500	34~36	0.32
Q235+T3	对接 V 形坡口	12+12	T2	4	1 根 Ni 丝	650~700	40~42	0.2
Q235+T3	对接 V 形坡口	12+12	T2	4	2 根 Ni 丝	700~750	42~45	0.2
Q235+T3	对接 V 形坡口	12+12	T2	4	1 根 Al 丝	650~700	40~42	0.2
Q235+T3	对接 V 形坡口	12+12	T2	4	2 根 Al 丝	700~750	42~45	0.2
Q235+T3	对接 V 形坡口	12+12	T2	4	3 根 Al 丝	750~780	44~46	0.18

（C）钨极氩弧焊。碳钢与黄铜（如 H68、H62 等）焊接，主要存在焊缝成形能力差（因导热性强、流动性大）、焊缝和热影响区裂纹倾向大（因铜的氧化低熔点杂质及焊接应力焊接变形大）和气孔倾向严重（氢引起扩散和氧的反应）等困难。同时也

使黄铜中锌的烧损和蒸发,造成烟尘和气孔,使母材改变成分。

根据黄铜本身的特性及与钢的焊接,一般采用氩弧焊工艺。因钨极氩弧焊热源集中,并能取得良好焊接接头的效果。焊接时,应采取如下措施。

A)选择锡青铜作为填充金属。

B)在钢的坡口一侧,用锡青铜先堆焊一层金属隔离层(堆焊时宜采用直流正接电源),然后再与黄铜进行焊接,黄铜不需预热。

C)操作时,电弧不应指向黄铜,以防锌的烧损蒸发而产生烟尘和气孔,同时也不要指向铜材隔离层一边,以免隔离层过度熔化而受到钢的稀释。通常焊接时把电弧指向填充金属。

3)不锈钢与铜的焊接工艺

(A)焊前准备。焊前应将不锈钢和铜及铜合金的接头表面彻底清除油污、杂质及氧化物,使其露出金属光泽;铜的预热温度为400~450℃,不锈钢为350~400℃。

(B)焊接材料。焊接强度要求不高的焊接材料,可选择铜107和铜307焊条。原因是焊后的焊缝金属硬度提高,韧性下降,在不锈钢母材侧的近缝区中仍能产生渗透裂纹。选用70%Ni,30%Cu的蒙乃尔焊条焊接,可降低铜的有害作用,裂纹倾向也减小了,但在接头晶界处仍存在少量的低熔点铜,对焊接接头还会产生热裂纹。

实践证明,最理想是采用镍或镍基合金的焊接材料焊接,这种填充材料能在液态和固态下与铜和铁实现无限互溶,能有效地消除铜的有害作用,防止裂纹产生,提高焊接接头的性能。

(C)焊接操作。焊条电弧焊采用直流反接电源,短弧焊条,焊后需要缓冷,以防焊接接头产生裂纹和变形。

2. 钢与铝及其合金的焊接

(1)钢与铝及其合金的焊接性

钢中的铁、锰、铬、镍等元素在液态下能够与铝混合,形成有限固溶体，也会形成金属间化合物，钢中的碳也能与铝形成化合物，但在固态下彼此几乎不相溶。铝和铁在不同含量之间，可形成多种脆性的金属间化合物，其中 Fe_2Al_3 最脆。对钢与铝的熔接接头的力学性能，包括显微硬度都有明显的影响。另外，由于钢、铝及其合金的热物理性能差别也很大，见表 7-75。因此使钢与铝的焊接性变差。

钢、铝及其合金的热物理性能　　　　表 7-75

材料	物理性能	熔点(℃)	热导率(W/m·K)	线膨胀系数($\times 10^{-6}$℃)
钢	碳钢	1500	77.5	11.76
	1Cr18Ni19Ti 不锈钢	1450	16.3	16.6
铝[①]及其合金	1060(L2 纯铝)	658	217.7	24.0
	5A03(LF3 防锈铝)	658	146.5	23.5
	5A06(LF6 防锈铝)	580	117.2	24.7
	3A21(LF21 防锈铝)	643	163.3	23.2
	2A12(LY12M 硬铝)	502	121.4	22.7
	2A14(LD10 硬铝)	510	159.1	22.5

① 括号外为新标准牌号，括号内为对应的旧标准牌号。

熔焊主要困难有：

1）熔点相差大。钢与铝及其合金的熔点相差 800～1000℃，很难熔合。

2）导热系数（热导率）相差 2～10 倍，很难均匀加热。

3）线膨胀系数相差 1.4～2 倍，在焊接接头熔合区必然造成无法通过热处理消除的残余热应力。

4）铝的氧化膜熔点高（2050℃熔点），阻碍熔合，极易造成夹渣，降低了焊接接头的力学性能。

5）形成脆性金属间化合物。钢与铝及其合金焊接时，铝与铁之间在近缝区形成脆性的金属间化合物，增加了焊接接头脆性。

由此可见，钢与铝及其合金采用熔焊是非常困难的，一般常用压焊方法，由于设备庞大、复杂，对被焊件清洁度要求高，以及接头处有一定的变形量，对设备的使用受到了限制。这里只介绍钢与铝及其合金的钨极氩弧焊。

(2) 钢与铝及其合金的焊接工艺

从上述钢-铝焊接性的分析看，钢与铝及其合金的降低，直接用熔焊工艺几乎是不可能的。用一种热物理性能介于钢与铝之间，而又能与两者冶金相溶的金属或合金作为填充金属来直接熔焊几乎也是不可能的。在生产实践中有涂覆层间接熔焊和中间过渡件间接熔焊法两种。

1) 涂覆层间接熔焊法 在钢与铝焊接之前，先在钢的表面预先涂覆一层或儿层能与某·适当填充金属冶金相熔的金属，形成预涂覆层，然后用钨极氩弧焊方法将涂有覆层的钢与铝熔焊在一起的方法。

通过实践及试验证明：单一涂覆层只能做到防止基体金属的氧化，而不能阻止金属间化合物的产生，其接头强度还是很低的。所以，要采用复合涂覆层进行钢与铝的氩弧焊。

镀层金属材料很多，如 Ni、Cu、Ag、Sn、Zn 等。镀层金属材料不同，焊后结果也不同。Ni、Cu、Ag 复合镀层上易形成裂纹；Ni、Cu、Sn 复合镀层效果较好；Ni、Zn 复合镀层效果最好，见表 7-76。

涂覆层金属和钢与铝接头强度关系　　表 7-76

涂覆金属形式	涂层厚度 (μm)	抗拉强度 (MPa)	弯曲角(°)	断裂部位
电镀银	30～50	67～184	15～45	镀层上
电镀锌	30～40	111～150	12～18	镀层和焊缝上
浸蘸涂锌	40～60	102～156	20～25	焊缝上
黄铜	≤20	90～153	10～25	基体材料、镀层和焊缝上
第一层电镀铜 第二层电镀锌	2～6 30～40	146～207	12～22	基体材料、镀层和焊缝上
第一层电镀镍 第二层电镀锌	2～6 30～40	197～213	15～38	—

复合镀层碳钢与铝及其合金的氩弧焊,就是在钢一侧先镀一层铜或银等金属,然后再镀一层锌。焊接时锌先熔化(因焊丝熔点比锌高),漂浮在液面上。而铝在锌层下与铜或银镀层发生反应,同时铜和或银溶解于铝中,可以形成较好的焊接接头。可使钢-铝焊接接头强度提高到 $197\sim213MPa$。

钢件镀层完后,便可对钢、铝的表面进行处理。对铝件的表面处理是用 $15\%\sim20\%$ 的 NaOH 或 KOH 溶液侵蚀,以清除氧化膜,用清水冲洗干净后,再在 20% 的 HNO_3 中钝化处理,冲洗干净,待干后即可进行氩弧焊。

焊接材料——要选择含硅量少的纯铝焊丝,可获得成形优质的接头。不宜用含镁焊丝(LFS),因它会强烈促进金属间化合物的增长,保证不了焊缝接头的强度。

焊接方法——焊接时,工件与焊丝、钨极的相对位置。如图 7-8 所示。为防钢表面覆层过早烧损,焊第一道焊缝时,焊接电弧要始终保持在填充金属上面;以后各道焊缝焊接,电弧应保持在填充焊丝和已成形焊缝上,这样可避免电弧直接作用于镀层上,如图 7-9 所示。另外使电弧沿铝侧表面移动而铝焊丝沿钢侧移动,使液态铝漫流到复合镀层的钢的坡口表面,也可使镀层不能过早烧损和失去作用。

焊接规范——钢和铝的氩弧焊使用交流电源,一是撞击氧化

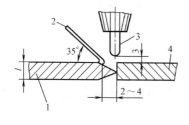

图 7-8 铝-钢氩弧焊时工件与焊丝、钨极的相对位置
1—钢件;2—填充焊丝;
3—钨极;4—铝件

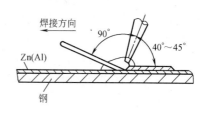

图 7-9 铝和钢氩弧熔焊-钎焊示意图

膜并使其破碎，还能清除熔池表面的氧化膜，使熔化的焊缝金属得到良好的熔合。焊接电流大小根据焊件厚度来选择，一般板厚在 3mm 时，焊接电流为 110～130A；6～8mm 时，焊接电流为 130～160A；9～10mm 时，焊接电流为 180～200A。

2) 中间过渡件间接熔焊法。这种焊法就是在钢-铝接头中间放入一段预制的钢-铝复合板，使其形成各自的接头，即钢-钢和铝-铝接头。然后采用常规的熔焊方法分别焊接两端的同种金属。焊接时要注意先焊收缩较大易于热裂的铝材接头，然后再焊接钢材焊接。

3. 钢与钛及钛合金的焊接

(1) 焊接特点

1) 易于吸收气体。在高温下钛及钛合金大量吸收氧、氮、氢等气体而脆化，甚至产生气孔。因此在焊接或加热到 400℃ 以上的部位必须用惰性气体保护。

2) 易形成金属间化合物。铁在钛中的溶解度很低，焊接时焊缝中易形成金属间化合物（$FeTi$、Fe_2Ti），若与不锈钢焊接时，钛会与铁、铬、镍形成更加复杂的金属间化合物。导致焊接接头塑性严重下降，脆性增加，甚至产生裂纹、气孔。

3) 由于钛及钛合金的热导率大约是钢的 1/6，弹性模量是钢的 1/2，故焊接时用刚性是防止变形，焊后退火消除应力。退火需在真空或氩气保护下进行，退火温度为 550～650℃，1～4h。

(2) 钢与钛及钛合金的间接熔焊工艺

钢与钛直接焊接时，会产生金属化合物而严重脆化，所以采取间接熔焊方法。

钛只能与锆、铪、铌、钽、钒五种金属相互固溶，可以进行焊接，其中锆、铌、钽与钛的焊缝塑性良好。因此，钛与钢的焊接可采用间接熔焊办法，也就是用增加过渡段后进行同材种材料的焊接。过渡段可用爆炸焊方法制成钛-钢复合件。另外，也可以用多种中间层金属轧制成两侧分别为钢和钛合金的过渡段（即钛合金-钒-铜-钢），然后两端采用电子束焊。

若是不锈钢与钛焊接时，可采用钽＋青铜复合中间层或蒙乃尔合金做中间层，其效果良好。

八、铸铁的焊接

（一）概　述

铸铁是含碳量大于2%的铁碳合金（在2.5%～4.0%范围），它具有成本低、铸造性能好、易切削和耐磨等优点，因此，在工业生产中得到了广泛的应用。如按重量比统计，在汽车、拖拉机中占60%左右，在机床制造业中占60%～90%。铸铁的焊接性较差，使它在焊接结构中的应用受到了一定的限制。

近年来，由于稀土镁球墨铸铁的发展，使铸铁的性能不断改善，原用钢制的某些零件也可改用铸铁了，如农机和矿山机械中的曲轴、连杆、齿轮、轴类等改用球墨铸铁以后，不仅降低了生产成本，加工性好，而且为国家节省了大量优质钢材。目前，铸铁与钢比较，在强度韧性和塑性等方面，还有一定的差距。铸铁的焊接主要应用于铸造缺陷的焊补、铸铁中损坏后的焊补及铸铁件与钢件或其他金属材料的焊接。

1. 碳、硅、锰、硫、磷对铸铁组织性能的影响

(1) 碳与硅　碳与硅是促进石墨化的元素。铸铁中含碳量、含硅量高的容易获得灰口组织，以一定厚度的铸件为例，不同碳、硅量对铸件组织的影响见图8-1。其中Ⅰ区属于白口铁，Ⅲ、Ⅳ、Ⅴ区属于灰口铸铁。Ⅱ区属于麻口铁，它是白口与灰口的过渡组织，断口呈灰白相间的麻点状，性能差很少应用。因此，灰口铸铁中含碳量和含硅量都比较高（含碳2.8%～4.0%含硅1%～3%）。

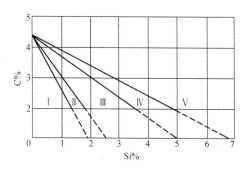

图 8-1 碳、硅含量对铸件组织的影响
Ⅰ—奥氏体＋珠光体＋渗碳体；Ⅱ—珠光体＋渗碳体＋石墨；Ⅲ—珠光体＋石墨；Ⅳ—珠光体＋铁素体＋石墨；
Ⅴ—铁素体＋石墨

(2) 硫　硫在铸铁中对石墨化有强烈的阻碍作用，易使铸件出现白口，因此，应严格控制含硫量，一般应少于 0.1%。

(3) 锰　锰在铸铁中也是阻碍石墨化的元素，但锰能和铸铁中的硫形成 MnS，可减小硫对铸铁的有害影响。锰可在适当的含量下（0.6%～1.3%），既可减少铸铁白口的形成，同时还能提高铸铁的强度。

(4) 磷　磷对石墨化实际上不发生影响，它是铸铁中一个有用的元素杂质，因为磷可以改善铸铁的流动性。这是由于磷形成了熔点在 950℃ 的易熔三元共晶体（奥氏体＋渗碳体及磷化铁组成），呈多角形分布在铸铁的晶粒边界上。在铸铁中应控制 0.3% 以内，可提高铸铁中的硬度和耐磨性，含磷量过多会使基体铁素体的韧性下降，脆性增加。

2. 冷却速度（铸件壁厚）对铸铁组织的影响

冷却速度（铸件壁厚）对铸铁组织同样有重大影响见图 8-2。

(1) 当液态铸铁以很快的速度冷却时，在共晶转变时将析出共晶渗碳体和共晶奥氏体。随后从奥氏体中析出二次渗碳体，在共析转变时析出由共析渗碳体与铁素体组成的珠光体，这样就形

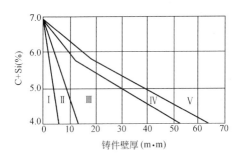

图 8-2 铸件壁厚(冷却速度)和化学成分对铸铁组织的影响
Ⅰ—白口铸铁；Ⅱ—麻口铸铁；Ⅲ—珠光体灰铸铁；
Ⅳ—珠光体+铁素体灰铸铁；Ⅴ—铁素体灰铸铁

成了白口铸铁。

(2) 当缓慢冷却时，液态铸铁的结晶将按 Fe-C 系稳定相图转变，共晶转变时将析出共晶石墨，当奥氏体从共晶温度冷却到共析温度时，其过饱和固溶碳将析出而形成二次石墨，当冷却速度足够慢时，奥氏体在共析转变后分解成为铁素体与石墨(三次石墨)这样就得到铁素体灰铸铁。

(3) 当冷却速度处在以上两者之间时，根据冷却速度的不同，得到的组织或麻口铸铁、或珠光体灰铸铁，或珠光体加铁素体的灰铸铁。麻口铸铁组织中有共晶渗碳体、二次渗碳体及珠光体，同时还有分布着的石墨，具有白口铸铁和灰口铸铁的混合组织。

按碳在铸铁组织中存在的形式可分为灰铸铁、白口铸铁、可锻铸铁、珠墨铸铁和蠕墨铸铁。

3. 铸铁牌号性能

(1) 灰口铸铁

灰口铸铁(HT)中的碳全部或大部分以片状石墨状态存在，分布在不同的基体上，断口呈暗灰色。它生产工艺简单，价格低廉，并具有优良的耐磨性和切削加工性能，所以在机械制造业上得到了广泛的应用，但灰口铸铁的抗拉强度低、硬度低，塑性几乎等于零。灰铸铁的化学成分和力学性能见表 8-1 和表 8-2。

灰口铸铁的化学成分　　　　　表 8-1

牌号	基体组织	化学成分/%				
		C	Si	Mn	P	S
HT100	珠光体 30%～70% 粗片状，铁素体 70%～30%，二元磷共晶少于 7%	3.4～3.9	2.1～2.6	0.5～0.6	<0.3	<0.15
HT150	珠光体 40%～90% 中粗片状，铁素体 10%～60%，二元磷共晶少于 7%	3.2～3.5	2.0～2.4 1.9～2.3 1.8～2.2	0.5～0.8 0.5～0.8 0.6～0.9	<0.03	<0.15
HT200	珠光体多于 90% 中片状，铁素体少于 5%，二元磷共晶少于 4%	3.2～3.5 3.1～3.4 3.0～3.3	1.6～2.0 1.5～1.8 1.4～1.6	0.7～0.9 0.7～0.9 0.8～1.0	<0.3	<0.12
HT250	珠光体多于 98% 粗片状，二元磷共晶少于 2%	3.0～3.3 2.9～3.2 2.8～3.1	1.5～1.8 1.4～1.7 1.3～1.6	0.8～1.0 0.9～1.1 1.0～1.2	<0.2	<0.12
HT300①	珠光体多于 98% 中细片状，二元磷共晶少于 2%	3.0～3.3 2.9～3.3 2.8～3.1	1.4～1.7 1.3～1.6 1.2～1.5	0.8～1.0 0.9～1.1 1.0～1.2	<0.15	<0.12
HT350①	珠光体多于 95% 粗片状，二元磷共晶少于 1%	28～3.1 2.8～3.1 2.7～3.0	1.3～1.6 1.2～1.5 1.1～1.4	1.0～1.3 1.0～1.3 1.1～1.4	<0.15	<0.10

① 处理方法为孕育。

常见灰口铸铁力学性能、特点及用途　　　　　表 8-2

牌号	金相组织	抗拉强度/MPa	弯曲强度/MPa	硬度/HBS	特点及用途举例
HT100	铁素体	≥100	≥260	≤175	强度低，用于制造对强度及组织无要求的不重要铸件，如油盘、盖、镶装导轨的支柱等
HT150	铁素体＋球光体	≥150	≥330	150～200	强度中等，用于制造承受中等载荷的铸件，如机床底座、工作台等
HT200	珠光体	≥200	≥400	170～220	强度较高，用于制造承受较高载荷的耐磨铸件，如发动机的汽缸体、液压泵、阀门壳体、机床机身、汽缸盖、中等压力的液压筒等
HT250	珠光体	≥250	≥470	190～240	

续表

牌号	金相组织	抗拉强度/MPa	弯曲强度/MPa	硬度/HBS	特点及用途举例
HT300	孕育铸铁	≥300	≥540	210～260	强度高,组织为珠光体基体,用于承受高载荷的耐磨件,如剪床、压力机的机身、车床卡盘、导板、齿轮、液压筒等
HT350	孕育铸铁	≥350	≥610	230～280	
HT400	孕育铸铁	≥400	≥680	207～269	

注：灰口铸铁的牌号采用"HT+数字"表示，其中数字表示最低抗拉强度。

(2) **球墨铸铁**

球墨铸铁（QT）基体中石墨呈球状，对基体割裂最小，大大降低应力集中，因此，具有较高的强度和韧性，而且可通过热处理来改善力学性能。它是在灰口铸铁浇注前，进行石墨化处后而得到的。球墨铸铁主要应用在承受较大动载荷的重要零件，如柴油机曲轴、连杆、汽缸盖、汽缸套和齿轮等；还可以在一定范围内代替铸钢件用来制造受压阀门、机器底座和汽车后桥壳等。球墨铸铁的主要化学成分见表8-3。常用球墨铸铁的牌号及力学性能见表8-4。

球墨铸铁的主要化学成分（%） 表8-3

碳 C	硅 Si	锰 Mn	磷 P	硫 S
3～4	2～3	0.4～1.0	≤0.1	≤0.04

常用球墨铸铁的牌号及力学性能 表8-4

牌 号	抗拉强度 σ_b/MPa	屈服强度 σ_s/MPa	伸长率 δ/%	硬度 HBS	金相组织
QT400-18	≥400	≥250	≥18	130～180	铁素体
QT400-15	≥400	≥250	≥15	130～180	铁素体
QT450-10	≥450	≥310	≥10	160～210	铁素体
QT500-7	≥500	≥320	≥7	170～230	铁素体+珠光体
QT600-3	≥600	≥370	≥3	190～270	珠光体+铁素体
QT700-2	≥700	≥420	≥2	225～305	珠光体
QT800-2	≥800	≥480	≥2	245～335	珠光体或回火组织
QT900-2	≥900	≥600	≥2	280～360	贝氏体或回火组织

注：球墨铸铁的牌号采用"QT 数字-数字"表示，第一组数字表示最低抗拉强度，第二组数字表示伸长率。

(3) 可锻铸铁

可锻铸铁（KT）又称展性铸铁。可锻铸铁生产要经过两大步骤：一是白口铸铁的浇铸，二是铸件的可锻化退火。也就是说：为了获得白口铸铁，必须从成分和冷却条件两方面来保证，同时还要达到：经 900~1000℃长时间的退火（15h 左右），使团絮状石墨形成析出，使奥氏体分解成铁素体加团絮状石墨，成为铁素体可锻铸铁；如果在共析转变温度范围内冷却速度较快，使奥氏体中的碳石墨化来不及进行。而直接转变成了珠光体，这就形成了珠光体可锻铸铁。

可锻铸铁的可锻化退火工艺较复杂，时间长，温度高，只适宜大批生产和制薄壁零件（<25mm）。机械性能比灰口铸铁好些，但还不够理想，随着稀土镁球墨铸铁的发展将会逐步代替可锻铸铁的生产。可锻铸铁的化学成分和力学性能见表 8-5 和表 8-6。

常用可锻铸铁的主要化学成分（%） 表 8-5

材料	C	Si	Mn	P	S
铁素体可锻铸铁	2.2~2.6	1.0~1.3	0.3~0.4	≤0.12	≤0.18
珠光体可锻铸铁	2.8~3.2	0.6~1.1	≥0.45	≤0.10	≤0.15

常用可锻铸铁的牌号及力学性能 表 8-6

牌号	抗拉强度 σ_b/MPa	屈服强度 σ_s/MPa	伸长率 δ/%	硬度 HBS
KTH300-06	≥300	—	≥6	120~163
KTH330-08	≥330	—	≥8	120~163
KTH350-10	≥350	≥200	≥10	120~163
KTH370-12	≥370	—	≥12	120~163
KTZ450-05	≥450	≥270	≥5	150~200
KTZ550-04	≥550	≥340	≥4	180~230
KTZ650-02	≥650	≥430	≥2	210~260
KTZ700-02	≥700	≥530	≥2	240~290

注：可锻铸铁的牌号采用"KT 数字-数字"表示，第一组数字表示最低抗拉强度，第二组数字表示伸长率。KTH 表示铁素体可锻铸铁，KTZ 表示珠光体可锻铸铁。

(4) 蠕墨铸铁

蠕墨铸铁（RT），即石墨以蠕虫状分布的铸铁。与片状石墨相比，其不同处是蠕墨铸铁中石墨形似蠕虫，较短而厚，头部较圆。力学性能介于基体组织相同的灰口铸铁与球墨铸铁之间。蠕墨铸铁有三种类型：铁素体蠕墨铸铁、铁素体加珠光体蠕墨铸铁、珠光体蠕墨铸铁。常用蠕墨铸铁的抗拉强度为 300～500MPa，伸长率 1%～6%。

因蠕化剂中含有球化元素 Mg、稀土等，蠕虫状石墨总是与球状石墨共存，所以对基体的切割作用减小（与片状石墨比），应力减小，抗拉强度、塑性疲劳强度等均优于灰口铸铁，接近铁素体基体的球墨铸铁。另外，蠕墨铸铁的导热性、铸造性、切削性能等都优于球墨铸铁，而与灰口铸铁相近。

(5) 白口铸铁

白口铸铁（BT）中的碳几乎全部以渗碳体状态存在，断口呈白色，硬而脆，不易机加工，只在冶金、矿山、橡胶塑料等轧制机械中获得了越来越广泛的应用。

常用白口铸铁主要化学成分为：C 2.1%～3.8%，Si ≤1.2%。有时添加 Mo、Cr、W 等合金元素以提高力学性能。

（二）铸铁焊接性分析

铸铁含碳量高，可焊性差，很少用于焊接结构。所谓铸铁焊接主要是指对铸件的铸造缺陷的焊外和已损坏的铸件。

1. 易产生热应力裂纹

焊接过程的加热和冷却及不合理的预热，会使焊件不能均匀地膨胀和收缩而产生热应力，当热应力引起的拉伸应变超过材料某薄弱部位的变形能力就会出现裂纹，这就是热应力裂纹。热应力裂纹表现形式有：

（1）在升温或焊后冷却过程中，补焊区以外的母材断裂。其部位发生在铸铁件的薄弱断面和断面形状或壁厚突变处，原因是由不适当的局部预热或过大的焊接加热规范引起。

（2）在冷却过程中，焊缝或补焊区产生横向裂纹，方向与熔合线垂直。这种焊缝有时只发生在紧邻焊缝的母材上，有的与焊缝热裂纹相通，也有的横贯焊缝及邻近的母材。原因是由不合理的操作工艺引起，特别是一次焊缝过长，或预热不当所致。

（3）焊缝金属在冷却过程中，产生沿熔合线裂纹（有时焊缝与母材剥离），这种裂纹多发生在非铸铁焊条焊接过程中。焊缝材质强度越高，或铸铁母材强度越低时，这种裂纹倾向越大。填充金属越多，越易产生剥离。所以，焊接时要适当提高焊件整体或焊接环境温度，控制补焊区的温度，采取短焊道断续焊，同时在焊后要及时充分地对焊缝进行锤击，这样可避免热应力裂纹的产生。

2. 熔合区易产生白口组织

采用铸铁材质作为填充金属时，一定要减缓高温（800℃以上）的冷却速度同时增加碳和硅的含量以提高焊缝石墨化能力，这样可减小和防止焊缝金属和熔合区产生白口组织。采用高镍或纯镍焊条焊接时，也可以减少熔合区的白口倾向。

3. 焊缝金属的热裂纹倾向

采用非铸铁组织焊条或焊丝冷焊铸铁时，焊缝热裂纹因焊缝的材质不同而异。焊缝中母材熔合比增大和过分延长焊缝处于高温下的停留时间都会加大热裂纹倾向。可采取相应焊接工艺，如坡口要圆滑、电流要小、短而窄的焊道及断续焊等，这样可减小热裂纹倾向。

（三）灰铸铁焊接

1. 灰铸铁焊接方法选择

灰铸铁焊接时，一定要考虑下列几方面因素：

(1) 铸件的化学成分、组织及力学性能，铸件的大小、薄厚和结构的复杂程度，以便焊时保证焊接接头的组织和性能。

(2) 铸件缺陷的类型（裂纹、缺肉、磨损、气孔、砂眼、未浇足等）、大小、部位及缺陷所在部位的刚度和产生的原因，以便制定焊接工艺措施。

(3) 焊接质量要求，如焊后接头的力学性能和加工性能、密封等要求，以便选用适合的焊接材料焊接设备和焊接方法等。

(4) 在保证焊接质量的前提下，力求方法简便、常用设备、成本低就能达到目的。

铸铁的焊接方法有焊条电弧热焊法、焊条电弧冷焊法、气焊和钎焊法等。铸铁焊接常用方法及特点见表 8-7 所示。

2. 灰铸铁的焊条电弧热焊

铸件加热到 600~720℃ 后进行焊接，焊接过程始终保持这一温度范围，焊后铸件在炉中缓冷。这一方法称为电弧热焊法。如果铸件预热温为 300~400℃ 时称为半热法。

(1) 电弧热焊的特点

1) 可获得与母材化学成分接近的焊缝金属，强度线膨胀系数等与母材相一致的焊接接头；

2) 熔合线外无白口组织，硬度均匀，切削加工性好；

3) 焊接接头致密性较好，一般不会产生渗漏问题；

4) 焊接材料正确、完全可以达到与母材色泽相一致（焊缝表面加工后）；

5) 成本低、铸铁焊条芯供应方便；

6) 不适宜精度要求高的铸件焊补（如汽缸面、导轨等）；

7) 作业区温度高劳动条件差，应采用隔热板和二名以上焊工轮换操作；

8) 只能适用于平焊位置。

(2) 电弧热焊的焊接材料

电弧热焊及半热焊的焊条，主要是石墨化型焊条，目前常用

表 8-7 铸铁焊接常用方法及特点

焊接方法	焊接材料	母材	焊缝金属 σ_b(MPa)	接头机械加工性能	接头致密性	热裂纹倾向	热应力裂纹倾向	备注
焊条电弧冷焊	EZNi(Z308)	灰铸铁	>280	较好①	较好	小	小	预热200℃左右可进一步改善机械加工性;母材含磷高时焊缝易产生热裂纹
	EZNiFe(Z408)	灰铸铁、球墨铸铁、高强度灰铸铁	400~500	较好①	较好	小	较小	
	EZNiCu(Z308)	灰铸铁	—	较好①	稍差	较小	小	
	EZV(Z116、Z117)	灰铸铁、球墨铸铁	>400	稍差	好	较小	小	
	铜钢焊条或奥氏体铁铜焊条	灰铸铁	—	较差	稍差	较小	小	多用于非加工面焊补
	EZFe(Z100)、E5015	灰铸铁、可锻铸铁、球墨铸铁	—	很差	较差	大	大	
焊条电弧半热焊	EZCC(Z208、Z218)	灰铸铁	—	较好	好	不产生	较小	多用于小件修复
焊条电弧热焊	石墨化型药皮铸铁芯焊条	灰铸铁	母材等强度②	很好(硬度分布均匀)	好		较小	劳动条件较差
铸铁芯焊条不预热电弧焊	石墨化型药皮铸铁芯焊条	灰铸铁		较好	好		刚度大的部位易裂	劳动条件好,刚度小的部位可代替热焊

续表

焊接方法	焊接材料	母材	焊缝金属 σ_b (MPa)	接头机械加工性能	接头致密性	热裂纹倾向	热应力裂纹倾向	备注
预热气焊	灰铸铁焊丝球墨铸铁焊丝	灰铸铁、球墨铸铁	与母材等强度或接近	很好(硬度分布均匀)	好		极小	多用于中、小件
加热减应区法气焊	灰铸铁焊丝	灰铸铁	与母材等强度	很好	好	不产生	加热不当时易裂	多用于汽车、拖拉机气缸体、气缸盖、齿轮箱、皮带轮等复杂结构、大刚度部位缺陷的焊补
不预热气焊	灰铸铁焊丝	灰铸铁	与母材等强度	很好	好	小	较小	用于小件或不重要部位焊补
钎焊	黄铜丝	灰铸铁、可锻铸铁	120~150	较好	较差	—	小	边角部位焊补也可用于熔焊时不易熔合的铸铁。焊缝颜色与母材差别大
钎焊	银锡钎料	灰铸铁	—	很好	—	—	小	多用于导轨面研伤的修复。焊缝颜色与母材差别大
钎焊	Cu-Zn-Ni-Mn 钎料	灰铸铁、可锻铸铁	240~280	很好	好	小	小	部分代替预热气焊。焊缝颜色与母材差别小

续表

焊接方法	焊接材料	母材	焊缝金属 σ_b(MPa)	接头机械加工性能	接头致密性	热裂纹倾向	热应力裂纹倾向	备注
	高钒钢焊丝	球墨铸铁、灰铸铁	>400	稍差	好	较小	较小	用于球铁轧辊辊脖堆焊及汽车传动轴焊接等,CO_2保护
	镍铁合金焊丝	球墨铸铁、高强度铸铁	400~500	较好	较好	小	小	氩气保护
气电焊	低碳低合金钢焊丝	灰铸铁、球墨铸铁		细丝较好	较好	较小	较小	CO_2保护
手工电渣焊	灰铸铁铁屑	灰铸铁	与母材等强度	很好	好	不产生	刚度大的部位易裂	用于特厚大件,劳动条件差

①Z308加工性好,Z508次之,Z408再次之;②对于中等强度的灰铸铁(如HT150、HT200),一般可达到等强度。

的有两种：一种是铸铁芯石墨化焊条（Z248），一种是钢芯石墨化焊条（Z208）。Z248焊条可通过焊芯和药皮向焊缝过渡C、Si等石墨化元素，而Z204焊条只能通过药皮的焊缝过渡石墨化元素。热焊虽然采取了很多措施减小焊接接头冷却速度，但焊缝的冷却速度还是比铸造成型的冷却速度快得多，特别是熔池在1150～1250℃结晶区间的冷却速度。为了防止白口的产生和控制好焊缝硬度（＜200HBS），所以，选择的焊接材料时，一定要保证焊缝中碳和硅的含量，见表8-8。

Z248焊条，焊芯直径为6～12mm，交直流两用，现国内已有焊条厂生产，也可自制。表8-9是焊芯成分，表8-10为药皮配方。

焊缝中碳和硅含量范围　　　　　　　　　表8-8

方法	化学成分%		
	C	Si	C+Si
热焊	3.0～3.8	3.0～3.8	6.0～7.6
半热焊	3.3～4.5	3.0～3.8	6.5～8.3
不预热焊	4.0～5.5	3.5～4.5	7.5～10.0

Z248焊条焊芯化学成分　　　　　　　　　表8-9

铸铁芯成分					焊缝成分	
C	Si	Mn	S	P	C	Si
3.0～3.5	0.45～5.0	0.5～0.8	≤0.6	＜0.3	3.0～3.5	2.7～3.6

Z248焊条药皮配方（%）　　　　　　　　表8-10

石墨粉	铝粉	萤石	大理石	冰晶石	碳酸钡
25	8	15	22	15	15

Z248焊条直径较粗，可选择大电流施焊，所以，它适用于厚度较厚的大铸件焊补，机床行业用的较多。

Z208焊条　主要是通过药皮中的C、Si及Al等石墨化元素向焊缝过渡，焊芯直径一般在 5mm 以下，较 Z248 焊条便宜易得。Z208 焊条药皮配方见表 8-11。

Z208 焊条药皮配方（%） 表 8-11

序号	成分含量								
	石墨	硅铁	铝粉	大理石	萤石	白泥	云母	碳酸钡	固体水玻璃
1	30	24	8	12	14	6	6	—	—
2	20	28	10	20	8	—	—	8	1.5

（3）焊接工艺要点

焊接工艺要点，对铸铁焊条电弧热焊来说，主要包括焊接前准备、预热、焊接及焊后处理等。

1) 焊前准备 （A）焊前应对焊接缺陷部位的油、锈、型砂等彻底清除干净。对于裂纹要查清它的走向、分枝和端点所在位置。如果肉眼和放大镜也不能明显查出时，可采火焰法或渗油法检查，对有密封要求的铸件可通过水压和气密试验检查。总之一句话：一定要查清裂纹来龙去脉。

（B）为防在焊补过程中裂纹继续扩张，在距裂纹两端 3～5mm 处钻止裂孔（$\phi 5 \sim \phi 8mm$），深度应比裂纹所在平面深 2～4mm，穿透性裂纹则应钻透。

（C）开好坡口或造型，坡口角度在保证能操作情况下尽量小，母材熔化量尽量减少，以减低焊接应力和焊缝中的碳硫磷含量，防止裂纹产生。

2) 预热 热焊和半热焊预热，主要是根据铸件的体积、壁厚结构复杂程度、缺陷位置、焊补处的刚度及现场条件来决定。预热方法有整体预热和局部预热。

3) 焊接 为保持预热温度、促进石墨化、降低焊接应力，所以要采用较大直径焊条，大电流（约为焊条直径的 40～50 倍）、长弧、连续快速焊接。焊接时从缺陷中心引弧，然后移向边缘，逐层焊，直至将缺陷焊满。电弧在边缘处停留时一定要短，以免母材熔化量过多或造成咬边。如发现熔渣过多，要随时清除以防焊缝造成夹渣。在整个焊补过程中,一定要始终保持预热温度,否则,要重新加热才能继续进行焊接。

4)焊后处理　焊后要缓冷,一定要采取保温缓冷措施(可用保温材料覆盖包裹)。对于重要铸件,还要进行消除应力处理(600～900℃)。

3. 灰铸铁的焊条电弧冷焊

电弧冷焊是指铸件焊前不预热,焊接过程中也不做辅助加热,主要用于铸件小缺陷的补焊。

(1) 电弧冷焊的特点

1)铸件焊前不加热或低温预热,大大改善了焊工的劳动条件。

2)焊补前的准备工作和工艺过程的简化,节约了辅助材料和时间。

3)变形量较小。

4)与电弧热焊比较,铸件缺陷焊补位置不受限制(热焊只能在平焊位置)。

(2) 电弧冷焊用焊条

电弧冷焊灰铸铁焊条分同质和异质二大类,常用铸铁焊条的牌号及用途,见表8-12。

1)焊缝金属为铸铁的石墨化型焊条、焊缝金属为铸铁(同质)焊条主要有"Z208""Z248"两种,只是焊条焊芯不同,Z208焊条是低碳钢芯,Z248焊条为铸铁芯,药皮类型均属石墨化型。

这两种焊条,适合焊补形状结构简单的铸件,采用正确的焊接工艺和焊接措施,就可以使焊接口不产生白口及淬硬组织,得到较好的焊补效果。

2)焊缝金属为钢的焊条　焊缝金属为钢的铸铁焊条牌号、特点及用途见表8-12。

常用铸铁焊条的牌号及用途　　表 8-12

牌号	焊条型号	药皮类型	焊接电源	焊芯主要成分	主　要　用　途
Z100	EZG-1	氧化铁型	交直流	碳钢	一般用于不预热工艺,灰铸铁件非加工面的补焊
—	EZFe-1	—	—	纯铁	
—	EZFe-2	低氢型	直流	低碳钢	
J422	E4303	钛钙型	交直流	低碳钢	
J506	E5016	低氢钾型	交直流	低碳钢	
Z116	EZG-3	低氢钾型	直流	碳钢(高钒药皮)	高强度灰铸铁件及球墨铸铁件的补焊,可加工
Z117	EZG-3	低氢钠型	直流	碳钢(高钒药皮)	
Z112Fe	—	钛钙铁粉型	交直流	碳钢	一般灰铸铁件非加工面的补焊
Z208	EZG-2	石墨型	交直流	碳钢	
Z238	EZG-4	石墨型	交直流	碳钢(药皮加球化剂)	球墨铸铁件补焊
Z248	—	石墨型	交直流	铸铁	灰铸铁件补焊
Z308	EZNi	石墨型	交直流	纯镍	重要灰铸铁件薄壁件和需加工补焊,切削性能良好
Z408	EZNiFe	石墨型	交直流	镍铁合金	高强度灰铸铁件及球墨铸铁件的补焊,切削性能尚好
Z508	EZNiCu	石墨型	交直流	镍铜合金	强度要求不高的灰口铸铁件补焊,切削性能尚好
—	EZNiFeCu	石墨型	交直流	镍铁铜合金	用于不预热工艺焊补重要灰铸铁、球墨铸铁件
Z607	EZCuFe	低氢型	直流	纯铜(药皮内含铁粉)	一般灰铸铁件非加工面的补焊,切削性能较差
Z612	EZCuFe	钛钙型	交直流	铜包铁芯	

　　这类焊条主要有"Z100"药皮类型为氧化铁型;"Z112-Fe"药皮属于钛钙型铁粉焊条;"EZFe-1"属于纯铁型药皮焊条;"EZFe-2"为低熔点低氢铸铁焊条;"J422"与"J506"为结构钢焊条;"Z116"与"Z117"为高钒铸铁焊条等。

　　以上焊条焊接灰铸铁时,焊缝金属为碳钢或合金钢。为保证熔池中碳、硅含量的稀释效果和较好的焊缝塑性，就必须做到母材熔化少，减小熔合比，缩短高温停留时间。为此，焊接时一般不采用预热的焊补工艺，焊接时要用小电流、电源为交流或直流反接。采用多道分段、断续或分散焊接方法焊接。用这些焊条焊补灰铸铁铸件实例较多，效果也比较满意。

3) 镍基铸铁焊条 镍基铸铁焊条有 Z308、Z408、Z508 等，牌号、特点及用途见表 8-12，其熔敷金属化学成分见 8-13。

镍基铸铁焊条熔敷金属化学成分（%） 表 8-13

焊条型号	C	Si	Mn	S	Fe	Ni	Cu	Al
EZNi-1		≤2.50	≤1.00		≤1.00	≥90	—	—
EZNi-2		≤4.0				≥90	≤2.50	≤1.00
EZNiFe-1	≤2.00	≤2.50	≤1.80	≤0.03	余	45～60		—
EZNiFe-2		≤4.00	≤1.00				≤2.50	≤1.00
EZNiFe-3								1.00～3.00
EZNiCu-1	≤1.00	≤0.80	≤2.50	≤0.025	≤1.00	60～70	24～35	—
EZNiCu-2	0.35～0.55	≤0.75	≤2.30		0.35～0.55	50～60	35～45	
EZNiFeCu	≤2.00	≤2.00	≤1.50	0.03	余	45～60	4～10	

从理论到实践，都证明用纯镍（Ni 含量≥90%）焊条（如 Z308）焊补灰铸铁是最好的。焊缝强度接近母材、塑性好；半熔化区宽度小（0.05～0.1mm），并呈断续分布、硬度较低，便于焊后机械加工；具有较好的抗裂性，如适用薄壁铸件和需焊后加工的灰铸铁件的焊补。镍金属是我国稀缺物质，基本是靠进口，所以纯镍焊条价格昂贵。

镍铁焊条（如 Z408 焊条）也是比较好的灰铸铁焊条，焊缝中镍和铁基本上各占一半，强度较高（400MPa 以上）但仍可进行机械加工，塑性也较好，伸长率 10%～20%，线膨胀率也较小，接头有较好的抗裂性。焊条成本比纯镍焊条低。此种焊条多用于焊补高强度灰铸铁件、球墨铸铁件不重要部位的缺陷及可锻铸铁件的缺陷。

镍铜铸铁焊条（如 Z508，型号为 EZNiCu-1、EZNiCu-2），焊芯中镍含量在 70% 左右，铜含量在 30% 左右，也称蒙乃尔焊条。焊缝金属在镍基焊条中是最低的（约在200MPa左右）硬度与镍铁焊条相近，可焊后进行机械加工。但易产生热裂纹，而且冷裂纹倾向也较大，目前这类焊条使用较少并逐步被其他铸铁焊条所代替。

镍铁铜铸铁焊条（EZNiFeCu）是国家标准中新列入的一种铸铁焊条。它综合吸收了镍铁焊条和镍铜焊条的优点，克服了镍铜焊条易产生裂纹的缺点，所以焊缝金属既有较高的强度和塑性，又有较好的抗裂性。焊缝中碳硅含量较高，镍、铜非碳化物形成元素含量近50%～70%，提高了半熔化区的石墨化程度，降低了白口层的宽度，改善了加工性能和抗冷裂性能。

镍基焊条焊接铸铁时，因镍与硫易形成多种低熔点共晶物，对热裂纹有一定的敏感性，所以，此类焊条多采用不预热工艺、补焊要求较高缺陷较小的铸件。

4）铜基铸铁焊条 铜基焊条有多种形式："Z607"为铜芯铁粉焊条，药皮为低氢钠型，铁粉占药皮重量的一半左右；"Z616"铜芯铁皮焊条，以纯铜芯外包低碳钢皮做焊芯，外涂低氢钾型药皮；若外涂钛钙型药皮，则成为牌号"Z612"的焊条。这类焊条多用于低强度铸铁件非加工面不预热工艺的焊补。

（3）铸铁电弧冷焊工艺

1）焊前彻底清除油污、铸造型砂；找出裂纹脉路，并在裂纹两端打好止裂孔；加工坡口，坡口的加工要保证便于焊补和减少焊件的熔化量。

2）选择合适的最小焊接电流。

3）采用较快的焊接速度及短弧焊接。

4）采用短段焊、断续焊、分散焊及焊后立即锤击焊缝的工艺，降低焊接应力，防止裂纹发生。

5）选择合理的焊接方向和顺序。焊接方向和顺序正确合理，对焊接应力的大小及裂纹的发生具有较大的影响。在一般情况下，应先焊刚度大的缺陷部位，后焊刚度小的部位，这样有利于减少焊接接头的应力水平和防止产生裂纹。

6）采用栽丝焊等特殊工艺。这种栽丝焊法主要应用承受冲击负荷的厚大铸铁件（厚度大于 20mm）裂纹的焊补。栽丝焊法的程序如下：

（A）焊前在坡口内钻孔攻丝，栽螺柱。栽丝二排，上、下错开布置要均匀，螺柱直径 8～16mm，拧入深度等于或大于螺柱直径，螺柱待焊高度为 6mm（距坡口表示），螺柱总面积为坡口表面积的 25%～35%。

（B）焊接。首先进行绕螺柱焊接（应跳着焊），螺柱焊完后再焊螺柱间的未焊部位，按修补的焊接工艺进行焊接，防止剥层裂纹的发生。

4. 铸铁的气焊

（1）铸铁气焊的特点

1）气焊火焰温度比电弧焊低得多，对被焊件的加热和冷却都比较缓慢，所以，对防止铸铁焊接时产生白口组织加裂纹都是有好处的。

2）生产效率低、成本高、焊工劳动强度高，焊件变形大，对焊补大型铸件难以焊透，虽然电弧焊在逐步代替气焊，但由于气焊的铸铁件质量好，焊后又易于机械加工，所以许多单位对小型灰铸件缺陷的焊补还在用气焊法

（2）气焊铸铁用焊丝与焊剂

1）焊丝。要求选用的焊丝保证焊缝处不产生白口组织；焊后有良好的机加工性；焊丝应有较高的碳与硅的含量。气焊常用焊丝化学成分见表 8-14。

气焊常用焊丝的化学成分（%） 表 8-14

序号	C	Si	Mn	S	P	用途
1（HS401A）	3.0～4.2	2.8～3.6	0.3～0.8	≤0.08	0.15～0.5	热焊
2（HS401B）	3.0～4.2	3.8～4.8	0.3～0.8	≤0.08	0.15～0.5	冷焊

2）焊剂。气焊用焊剂也称气焊粉，市场有售，也可自配，关键是必须是碱性焊剂，使其与酸性氧化物（SiO_2）复合成易

熔的盐类，保证焊接顺进行。焊剂统一牌号为"CJ201"，焊剂的配方见表8-15。

CJ201的配方成分（%） 表8-15

序号	硼水硼砂($Na_2B_4O_7$)	苏打(Na_2CO_3)	钾盐(K_2CO_3)
1	—	100	—
2	50	50	—
3	56	22	22

（3）操作要点

1）火焰。焊接火焰要采用中性焰或弱碳化焰。具体选用根据焊补情况而定。

2）操作。焊接时要注意基本金属熔透情况，必须在基本金属熔透后才能填加焊丝，以防熔合不良，加入焊丝的同时要轻轻搅动熔池，以促使气体、熔渣浮出。发现熔池中有气孔和白亮点夹杂物时，可加入一些焊，有助于消除夹渣，注意焊剂填加量，一定不要过多，否则会使得其反。焊补的焊缝要稍高于焊件表面。

3）采用加热减应法。在被焊件上选择适当的区域进行加热，使焊接区域有自由热胀冷缩的可能，以减小焊接应力，防止产生裂纹的方法。根据焊件的情况，焊补区以外的加热区是一个或几个，加热温度为600～700℃呈暗红色。

（四）球墨铸铁焊接

球墨铸铁具有铸钢的力学性能和灰铸铁的浇铸性能，并有良好的切削加工性能等，发展迅速，在生产中得到大量使用，其铸件的焊补也越来越受到人们的重视。

1. 球墨铸铁的焊接特点

（1）球墨铸铁焊接接头白口化倾向及淬硬倾向比灰铸铁大。原因是由于球化剂镁、铈、钇等，阻碍石墨化及提前淬硬临界冷却速度。有些球墨铸铁中还含有铝、铜合金元素，使其力学性能明显提高。

(2) 焊缝组织、性能难与母材相匹配　球墨铸铁有较高的强度和一定的伸长率，球墨铸铁主要用来制强度和塑性要求较高的零部件，所以，对焊后焊接接头的力学性能要求也较高，可见焊接难度更大了。

2. 焊接方法的选择和焊接工艺要点

球墨铸铁焊接方法有焊条电弧焊和气焊两种。

(1) 焊条电弧焊球墨铸铁　接所用焊条不同，可分为同质和异质焊缝两种形式。

1) 同质焊缝的焊条电弧焊，同质焊缝即球墨铸铁焊缝。球墨铸铁焊条电弧焊的同质焊条可分二类：一类是球墨铸铁芯，外涂球化剂和石墨化剂药皮，通过焊芯和药皮向焊缝过渡钇基重稀土稀土或镁、铈、钙等球化剂，使焊缝中石墨球化，如 Z258 焊条。另一种是低碳钢芯，外涂球化剂和石墨化剂，通过药皮使焊缝中石墨球化，如 Z238 焊条。

用"Z238"焊条焊补球墨铸铁后，为了改善机械加工性能，需进行正火处理。将焊件加热到 $900 \sim 920℃$ 保温 2.5 小时，随炉冷却至 $730℃$ 再保温 2 小时，然后取出铸件空冷。正火处理后的焊缝组织为：铁素体或珠光体加球状石墨，硬度为 $149 \sim 229$ HBS。属于此类焊条还有：Z238-Sn-Cu、Z238-Fe。其中 Z238-Sn-Cu 为低碳钢芯强石墨化药皮焊条，药皮加入适量强化元素锡、铜，经不同的热处理，可以与不同等级的球墨铸铁相匹配。"Z238-Fe"焊条是在强石墨化药皮中加入微量元素铋的球墨铸铁焊条。焊缝颜色、硬度与母材相近，适用于铸态球墨铸铁的焊接。

"Z258"焊条是采用钇基重稀土或镁作球化剂，球化能力强。焊条直径为 $4 \sim 10$ mm，大直径焊条特别适用于焊补厚大铸件的缺陷。

采用同质焊缝的焊条电弧焊工艺要求：

(A) 清理缺陷、开焊接坡口。

(B) 采用大电流、连续焊工艺。

(C) 中等缺陷应连续焊满，较大缺陷采用分区、分段焊工艺，保证焊补区有较大的焊接热输入量。

(D) 大缺陷又处在刚度大的部位时，应采用加热减应区法或焊前预热（200~400℃）焊补方法，焊件焊完后进行缓冷，以防产生裂纹。

2）异质焊缝的焊条电弧焊 球墨铸铁焊条电弧焊的异质焊条主要有："Z408"（镍铁焊条）及"Z116"、"Z117"（高钒钢焊条）。近年来，在"Z408"焊条的基础上，又研制出"新Z408"及"球Z408"焊条，可用于焊接球墨铸铁。

"新Z408"焊条是在"Z408"的基础上，对焊缝的碳、硅、锰元素进行了调整，使焊缝获得共晶成分；另外加了少量稀土元素，起到了净化、球化和细化晶粒作用，焊缝的抗裂性和力学性能都有了很大的提高，冷焊接头也有良好的加工性。

"球Z408"是在"Z408"焊条的基础上，加入适量的稀土、镁和铋，调整了碳、硅和锰的含量，使石墨球化，并消除了晶间石墨和共晶相，使焊缝金属的强度、塑性和抗裂性都有一定程度的提高。

高钒钢焊条"Z116"和"Z117"，冷焊球墨铸铁，焊缝的抗拉强度及伸长率分别为 558MPa 及 28%~36%，硬度小于 250HBS。但半熔化区白口区较宽，加工性较差，这类焊条主要用于非加工面的焊补。通过焊后退火，可降低接头硬度，改善机加工性能。

球墨铸铁异质焊缝焊条电弧冷焊工艺与灰铸铁基本相同。

球墨铸铁焊条的焊芯成分、药皮配方及适用范围见表8-16。

3. 球墨铸铁的气焊工艺

气焊加热和冷却过程都比较缓慢均匀，球化剂烧损少，有利

表 8-16 球墨铸铁焊条的焊芯成分、药皮配方及适用范围

焊条牌号	焊芯化学成分					药皮配方											适用范围
	C	Si	Mn	P	S	Mg											
含铁芯球墨铸铁焊条(Z258)	3.0~3.6	2.0~3.0	0.4~0.8	≤0.10	≤0.03	0.10~0.14	石墨 85						硅铁 15				焊前铸件预热到600～700℃,焊后缓冷以避免白口,获得熔合区白口,球墨铸铁组织,良好的力学性能。适用于形状简单的球墨铸铁零部件
钢芯球墨铸铁焊条(Z238)	0.05~0.12	0.17~0.37	0.35~0.65	≤0.035	≤0.04	—	药皮配方号	石墨	稀土硅铁	稀土钙1号	稀土钙	镁砂	铝粉	铜粉	大理石	萤石	四氧化三铁	冰晶石	用于补焊质量要求较高、结构复杂、尺寸较小的球墨铸铁件,如补焊机床车辆的球墨铸铁轴瓦等
							1	28	—	—	20	11	7	1	22	8	2	1
							2	28	—	20	—	11	7	1	22	8	2	1
							3	28	24	—	—	11	5	1	16	14	2	1
高钒钢芯球墨铸铁焊条(Z116、Z117)	0.05~0.12	0.17~0.37	0.35~0.65	≤0.035	≤0.04	—	焊条牌号	钒铁	大理石	萤石	稀土钙	白泥	长石	石棉	钛白粉	硅钙合金	锰铁	铝粉	固体水玻璃
							Z116	55	20	3	—	—	10	2	—	2	4	—	3
							Z117	60	6	16	8	4	—	—	2	2	2	—	2

用于强度较高的灰铸铁、球墨铸铁或可锻铸铁的焊接,如各种铸铁机床设备及其零部件

于石墨球化，减小白口和淬硬组织的形成，对防止裂纹是非常有利的。可见，气焊很适合球墨铸铁的焊接。主要应用在薄壁铸件的焊补。

气焊球墨铸铁一般要求使用球墨铸铁焊丝，因这种焊丝有很强的球化和石墨化能力，并能获得焊缝的球墨化组织。常用球墨铸铁焊丝有两种：稀土镁球墨铸铁焊丝和钇基重稀土球墨铸铁焊丝，化学成分见表8-17。为了保证焊缝中石墨的球化，焊丝中球化元素要较母材高些。钇基重稀土沸点高达3038℃，比镁的沸点（1070℃）要高的很多，不易烧损，比镁的过渡量大，焊缝抗球化衰退能力强，可保证焊缝中的石墨球化。所以，在生产实践中应用比较广，焊补中小球墨铸铁件缺陷，效果也是比较好的。焊剂可采用"CJ201"铸铁焊剂。

气焊球墨铸铁用焊丝化学成分（%） 表8-17

焊丝种类	C	Si	Mn	S	P	其他
钇基重稀土球墨铸铁焊丝	3.8～4.2	3.0～3.6	0.5～0.8	≤0.05	≤0.05	钇基重稀土 $\sum RE 0.08～0.15$
稀土镁球墨铸铁焊丝	3.5～4.0	3.5～3.9	0.5～0.8	≤0.03	≤0.10	$Mg=0.5$ $\sum RE 0.03～0.04$

中、小件采用不预热工艺焊接时，必须注意焊接操作程序及焊后保温处理。

厚、大铸件缺陷焊补时，焊前必须预热（500～700℃），焊后保温缓冷，以防止产生白口、淬硬组织和焊接裂纹，具体工艺措施与灰铸铁基本相同。

九、焊接缺陷与质量检验

(一) 焊 接 缺 陷

1. 焊接缺陷的分类

常用的分类方法是按焊接缺陷在焊缝中的部位进行分类,可分为外部缺陷与内部缺陷两类。

外部缺陷——缺陷位于焊接区的外表面,用眼或低倍放大镜即可观察到。如焊缝尺寸、咬边、焊瘤、弧坑、烧穿、下塌、表面气孔和裂纹等。

内部缺陷——缺陷位于焊缝内部,需用破坏性试验或探伤方法才能确定缺陷性质、位置及尺寸大小等。如未焊透、未熔合、夹渣、夹杂物、内部气孔和裂纹等。

2. 焊接缺陷的危害性

(1) 引起应力集中

焊接生产实践说明,要想完全消除焊缝中的缺陷是不可能的。由于焊接缺陷的产生,使焊缝工作截面减小及焊接应力的产生和分布不均。焊接接头中应力分布是相当复杂的,凡是结构截面有突然变化的部位,就会使应力分布特别不均匀,在某点的应力值可能比平均应力值大许多倍,这种现象称为应力集中。造成应力集中的原因很多,而焊缝缺陷就是重要因素之一。如裂纹、未焊透及其他带尖缺口的缺陷等,就会使接头的截面不连续和间断,存在有突变部位,在外力作用下将产生很大应力集中。当应力超过缺陷前端部位金属材料的断裂强度时，材料就开裂。接着新开裂的端部又产生应力集中，不断继续，使原缺陷不断扩展，直至产生破裂。随着缺陷尺寸和尖锐度增大，应力集中越来越严重，产生破裂倾向就越大。

（2）缩短使用寿命

锅炉及压力容器使用过程中承受低周脉动载荷，若存在的焊接缺陷尺寸超过一定界限，循环一定周次后，缺陷会不断发展、长大，最后引起结构发生断裂。例如，有两个同样大小的试样，在同样大小交变应力作用下，焊缝中存在有缺陷试样（经检验存在175mm夹渣），经过 2×10^6 次循环后破裂；而另一个试样（检验无缺陷）经过 7×10^7 次循环后仍没有发生破断。从这项试验可以看到，只要焊缝存在焊接缺陷，特别是微裂纹的存在，就会缩短产品的使用寿命。

（3）造成脆断

脆性断裂是一种低应力断裂。是焊接结构在没有塑性变形情况下产生的快速突发性断裂，在低温下更容易发生。可见危害性是相当大的。焊接质量对产品脆断有很大的影响。国内外大量脆断事故的分析发现，脆断原因就是焊接缺陷的存在。所以，焊接产品要想防止脆断，必须控制焊缝中焊接缺陷。

3. 焊接缺陷产生原因及排除方法见表 9-1

熔化焊常见缺陷产生原因及排除方法　　　表 9-1

序号	缺陷名称	产 生 原 因	排 除 方 法
1	焊接变形	(1)焊接准备不好 (2)焊接夹具低劣 (3)操作技术不好	认真搞好焊前准备,选用合格夹具,采取相应措施消除残余变形
2	焊缝尺寸不符合要求	(1)焊条移动(摆动)不正确 (2)焊接规范、坡口选择不好	(1)选择合适焊接规范、坡口 (2)正确移动焊条
3	咬边	(1)焊条角度和摆动不正确 (2)焊接规范、顺序不对 (3)焊条端部药皮的电弧偏吹 (4)焊接零件的位置安放不当	(1)轻微、浅的咬边可用机械方法修锉,使其平滑过渡 (2)严重、深的咬边应进行焊补

续表

序号	缺陷名称	产生原因	排除方法
4	焊瘤	(1)焊条质量不好 (2)焊条角度不对 (3)焊接位置、焊接规范不当	用机械方法修锉
5	焊漏和烧穿	(1)坡口尺寸不符合要求,间隙太大 (2)电流过大或焊速太慢 (3)操作技术不佳	清除烧穿孔洞边缘的残余金属,用补焊方法填平孔洞后再继续焊接
6	未填满	焊接电流过大且焊接速度太快	用补焊方法填满
7	弧坑	(1)操作技术不正确 (2)设备无电流衰减系统	用机械方法修锉并焊补
8	下塌、焊缝超高及凸度过大	(1)焊接速度太慢 (2)操作技术不佳	用机械方法铲去过高焊缝金属
9	表面和内部气孔	(1)焊接材料和工件不符合工艺要求,不干净,焊条吸潮 (2)焊接电流过小,焊速太快,弧长太长 (3)焊接区域保护不好 (4)被焊材料表面潮湿	铲去气孔处的焊缝金属,然后焊补
10	夹渣	(1)填充材料质量不好,熔渣太稠 (2)焊接电流太小,焊速太快 (3)焊件表面不干净 (4)熔池保护不良 (5)操作技术不佳	铲除夹渣处的焊缝金属,然后进行焊补
11	未熔合和未焊透	(1)焊接速度太快,焊接电流太小 (2)坡口、间隙的尺寸不对 (3)焊条偏心 (4)工作不干净 (5)操作技术不佳	(1)对开敞性的结构,可以在其单面焊缝背部的未焊透处直接补焊 (2)对于不能直接焊补的重要焊件,应铲去未焊透处的部分或全部焊缝金属,重新焊接或补焊
12	裂纹	(1)焊接技术不好 (2)焊接规范不好 (3)焊缝内应力大 (4)被焊材料裂纹敏感性强 (5)填充材料的质量不符合要求 (6)其他缺陷引起	在裂纹两端钻止裂纹孔或者铲除裂纹处的金属,进行焊补

续表

序号	缺陷名称	产生原因	排除方法
13	错边	装配定位焊时产生的偏差	用加热、加压矫正
14	角度偏差	装配定位焊或焊接变形造成	用加热、加压矫正
15	电弧擦伤和飞溅	(1)操作技术不佳 (2)焊接参数不正确	用机械方法修锉,母材表面损伤时用熔焊方法焊补,并打磨平整
16	磨痕、凿痕及打磨过量	操作技术不当	对于深的磨痕等用补焊方法,且重新打磨

（二）焊接质量检验

焊接质量检验，是焊接生产过程中的重要一环。焊接质量的好坏，直接影响结构使用安全性和使用时间。因此，焊接结构（从另一部件到装焊完）的质量检验和焊接生产过程的质量控制就显得非常重要了。

1. 检验内容与方法

（1）检验内容

1）技术能力检验　主要有：图纸（加工制作用的构件分解图）及有关技术文件是否齐全；焊接与切割设备、工夹具及检测仪器等；焊工操作水平的考核；生产及技术管理。

2）焊前检验　母材和焊接材料（焊条、焊丝、熔剂等）的检验，同时也包括母材和焊材（主要结构用的焊条）的复验报告；焊接参数的调整和检验（焊接工艺评定报告）；焊件表面处理检验；坡口制备检验；紧固件和连接件（网架结构的焊接球和螺栓球）的检验；焊接零件毛坯和装配质量的检验。

3）中间检验　焊接设备是否能正常运行；焊接规范参数、预热、焊后热处理等工艺文件执行情况；焊缝质量及尺寸检验（下料过程需拼接的焊缝）；结构变形检验（包括部件焊接、运输过程的装卸等）；焊接材料、紧固件（主要抬高强螺栓）的保管及使用是否符合有关规范要求。

4）焊后成品检验　焊后成品应理解为成品和半成品结构超

长超宽（主要是指运输），在工厂制作时，就必须根据结构分解图（分段进行）制作，这就是我们常讲的半成品，运到现场后再组装成成品。

焊后成品检验：半成品外形尺寸的检查（出厂检验合格证）；焊接结构的外形检验；焊接接头（主要是安装组对焊缝）的质量检验；焊接构件的强度及焊缝致密性检验；热处理参数及过程是否准确、正常。

（2）检验方法

全部焊接工作完成后，焊道及其周边要清除干净（不能做表面涂料），首先对焊缝做目视检查，检查焊缝尺寸、外形及表面

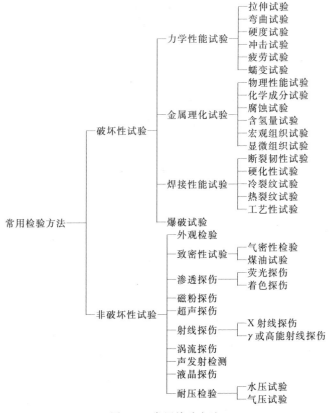

图 9-1 常用检验方法

质量，然后根据产品图样及有关技术文件再进行其他检验，常用的焊接接头质量检验如图 9-1 所示。

2．非破坏性检验方法

（1）外观检查

外观检查是用眼或借助一些量具（焊缝检测尺、量规、放大镜等）对焊缝进行检查，检查表面有否超规范的焊接缺陷；检查时必须将焊缝表面及其周边的熔渣和污垢清理干净。

多层焊时，要特别重视根部焊道的外观检查。

对弧坑（特别焊条电弧焊）要仔细检查，此处易出裂纹。

对于低合金高强钢焊缝做外观检查时，要进行二次，焊完后检查为第一次。经过 15～30d 后再检查一次为第二次，因为合金钢焊后有形成延迟裂纹的倾向。

（2）密封性检验

1）焊接接头密封性检验

密封性检验方法很多，详见表 9-2。可根据结构对象来选择（设计无要求时）。

焊接接头密封性检验 表 9-2

检验方法	适用范围	检 验 程 序	评定方法
煤油试验	敞开容器，储存液体容器及同类其他产品的容器	（1）在焊接接头的一面涂上白垩粉水溶液，而在另一面涂煤油 2～3 次 （2）在气温高于 −5℃ 的条件下，涂煤油后立即观察，检验的持续时间为 15～30min （3）碳钢和低合金钢做煤油实验所需时间（水平位置）推荐为：金属厚度≤5mm 为 20min；厚度 5～10mm 为 35min；厚度 10～15mm 为 45min；厚度＞15mm 为 1h（注：当煤油透漏为其他位置时，煤油作用时间可酌情增加）	在规定时间内，焊缝表面未出现油斑和油带，即定为合格

续表

检验方法	适用范围	检验程序	评定方法
载水实验	不受压容器或敞口焊接容器	(1)仔细清理容器焊缝表面,并用压缩空气吹净,吹干 (2)在气温不低于0℃的条件下,在容器内灌入温度不低于5℃的净水,然后观察焊缝,其持续时间不得少于1h	在实验时间内,焊缝不出现水流、水滴状渗出,焊缝及热影响区表面无"出汗"现象,即可定为合格
冲水实验	难以进行水压实验和载水实验的大型容器	(1)用出口直径不小于15mm的消防水带往焊缝上冲水。水射流方向与焊缝所在表面夹角不小于70° (2)实验时的气温应高于0℃,水温高于5℃。水压应不小于0.1MPa,以造成水在被喷射面上的反射水环直径不小于400mm (3)对垂直焊缝应自下而上地检查,冲水同时对焊缝另一面进行观察	焊缝的缺陷位置由出现水流、水滴状渗出、焊缝及热影响区"出汗"来确定
沉水实验	只适用于小型焊接容器,如汽车油箱	将工件沉入水中20～40mm深处,然后试件内充灌压缩空气,观察焊缝处有无气泡出现	出现气泡处即为缺陷
吹气实验	低压容器和管道	(1)用压缩空气流喷吹焊缝,压缩空气压力不小于0.4MPa,喷嘴与焊缝距不大于30mm,且垂直对准焊缝 (2)在焊缝另一面涂以100g/L的水肥皂液,观察肥皂液一侧是否出现肥皂泡	出现肥皂泡处即为缺陷
氨气实验	可封闭的容器或构件做密封性实验	(1)在焊缝上贴以浸透5%硝酸银(汞)水溶液的试纸(其宽度比焊缝宽度大20mm) (2)在制件内部充入含10%(体积)氨气的混合压缩空气(其压力按制件技术条件规定),保压3～5min,然后对试纸进行观察	试纸上出现黑色斑点处即为缺陷位置。此法比吹气实验更准确、迅速
氦气检漏	致密性要求较高的焊缝	(1)将容器抽真空 (2)然后喷射氦气或在容器内通入微量氦气 (3)由专用氦气质谱检漏仪(如ZLS-23、JLH-1型)进行测漏	根据检漏仪测定结果来判定

2) 焊接接头耐压检验

耐压试验主要是检查焊接接头的强度。根据使用介质分为水压试验和气压试验两种。详见表9-3。

焊接接头耐压试验方法 表 9-3

检验方法	适用范围	检验程序	评定方法
水压试验	焊接容器的密封性实验和强度实验	(1)实验时水温应维持5℃以上 (2)首先将焊件内的空气排尽。再用水将容器灌满,并堵塞好容器上的一切孔和眼,用水泵把容器内的水压逐级提高到技术条件规定的数值(一般是工作压力的1.25～1.5倍),在此压力下保持一段时间(一般为20min),然后把压力降低到工作压力,用1～1.5kg左右的圆头小锤在距焊缝15～20mm处沿着焊缝轻轻敲打 (3)对管道进行检查时宜用阀门将其分成若干段,依次进行实验 (4)用水将容器灌满,不加压力,检查是否漏水	焊接接头上焊缝如无水珠、细水流或"出汗"时,即为合格
气压实验	一般用于排水困难的低压容器和管道	气压实验的危险性比水压实验大,进行实验时必须按下列安全规定操作: (1)实验要在隔离场所进行 (2)在输气管道上要设置一储气罐,储气罐的气体出入口处均装有气阀,以保证进气稳定。在产品入口端管道上需安装安全阀、工作压力计和监控压力计 (3)当实验压力达到规定值(一般为产品工作压力的1.25～1.5倍)时,关闭输气阀门、停止加压 (4)施压下的产品不得敲击、振动和修补缺陷 (5)低温下实验时,要采取防冰冻的措施 实验时,当停止加压后,涂肥皂水检漏或检查工作压力表数值变化	没有发现漏气或压力表数值稳定,定为合格

(3) 无损探伤检验

焊接结构无损探伤是利用超声波、射线、电磁辐射、磁性及涡流等物理现象，在不损坏被检产品的情况下，检查焊接质量的有效方法。常用的无损检验方法见表 9-4。

焊接接头无损探伤检验方法　　　　　表 9-4

探伤方法	适用范围	可发现缺陷及灵敏度	判定方法	主要优点	主要缺点
X射线探伤	2~120mm 厚度的焊件，焊接表面不需要特殊加工	气孔、夹杂物、未焊透、未熔合、裂纹等，灵敏度一般为厚度的10%	由胶片观察缺陷的位置、形状、大小及分布情况	灵敏度高，能保存永久性的缺陷记录	费用高、设备较重，不能发现与射线方向平行的裂纹一类极细的线状缺陷，有放射性，对人体有一定的影响
超声波探伤	厚度一般为8~120mm 的形状简单的焊件，表面需光滑	任何部位的气孔、夹杂、裂纹，灵敏度高，且不受厚度变化而变化	根据信号指示可测定缺陷的位置、大小和分布情况	适用范围广，对人体无影响，灵敏度高，能及时得出探伤结论	焊件形状要简单，表面粗糙度要小，对探伤人员的技术水平要求高，不能测定缺陷性质，不能保留永久性探伤记录
磁粉探伤	厚度不限的铁磁性金属焊件，表面需光洁	表面及表面下 1~2mm 毛发裂纹。灵敏度取决于磁化方法、磁化电流、磁粉粒度等因素	目视磁粉在焊接接头上分布情况来判定缺陷的形状和大小	灵敏度高，速度快，能直接观察，操作方便	不能检验非铁磁性材料，不能发现内部缺陷，不能测定缺陷的深度
荧光探伤	厚度不限的各种铝合金焊件，表面粗糙度需在 R_a 3.2~1.6μm 以上	宽度为 10^{-4} mm，深为 10^{-2} mm 的细小的表面缺陷	通过荧光直接观察缺陷的位置、形状和大小	操作方便，设备简单	紫外线能产生臭氧，对人体有一定的影响，只能发现外部缺陷
着色探伤	厚度不限的任何材料的焊件，表面粗糙度需在 R_a 1.6μm 以上	宽度不小于 0.01mm，深为 0.03~0.04mm 的表面缺陷	直接观察焊件上显影粉来确定缺陷的位置、形状和大小	不需专门设备，操作简单，费用低廉	灵敏度较低，速度慢，表面粗糙度要细

3. 破坏性检验方法

破坏性检验是焊缝及接头性能检测的一种必不可少的手段。例如,焊缝和接头的力学性能指标、化学成分、金相检验等指标和数据只能通过破坏性检验才能办到。常用的破坏性检验有力学性能试验、腐蚀试验和金相试验三种。

（1）力学性能试验

力学性能试验主要包括拉伸、弯曲、冲击和硬度,通过试验机可测得到精确数值。其试样应按国家标准制取。表9-5为国家规定的力学性能试验标准。

力学性能试验国家标准 表9-5

标准号	标 准 名 称	测试性能代号
GB 2650—1989	焊接接头冲击实验方法	A_{kv}或a_{kv}、A_{ku}或a_{ku}
GB 2651—1989	焊接接头拉伸实验方法	σ_b、σ_s、δ_5（或δ_{10}）、ψ或P_τ
GB 2652—1989	焊缝及熔敷金属拉伸实验方法	σ_b、σ_s、δ_5（或δ_{10}）、φ或P_τ
GB 2653—1989	焊接接头弯曲及压扁实验方法	α及H（压扁高度）
GB 2654—1989	焊接接头及堆焊金属硬度实验方法	HB或HR或HV
GB 2655—1989	焊接接头冷作时效敏感性实验方法	A_{kvs}、a_{kvs}或C_s A_{kvs}、a_{kvs}或C_u残余应变量
GB 2656—1989	焊接接头和焊缝金属的疲劳实验方法	$\sigma-1$、$\sigma-n$曲线

常用的力学性能试验的特点和用途见表9-6。

力学性能试验的特点和用途 表9-6

试验方法	特 点 及 用 途
拉伸试验	可以测定焊缝或焊接接头的强度和塑性。由伸长率($\delta\%$)和断面收缩率($\psi\%$)的比较,可以看出塑性变形的不均匀程度,并能定性说明焊缝金属的偏析和组织不均匀性,以及焊接接头区域的性能差别。在拉抻试验中还可以从试样断口上发现一些焊接缺陷
弯曲试验	可测定焊接接头的塑性和反映接头各区域的塑性差别,能暴露焊接缺陷,考核熔合线的结合质量。常用的有正面弯曲、反面弯曲和侧面弯曲三种。侧面弯曲试验能检验焊缝与母材之间的结合程度,堆焊衬里的过渡层,双金属焊接头过渡层与异种钢接头的脆性。多层焊时焊层与焊层间的缺陷,如层间夹杂、裂纹、气孔和未焊透等。试样的尺寸、压头直径和位置、加载速度等因素,对试验结果(弯曲角α)有一定影响

续表

试验方法	特 点 及 用 途
冲击试验	可测定焊缝金属和焊接接头的冲击韧度及缺口敏感性。试样分为U形缺口和V形缺口两种。宜将缺口开在焊缝或焊接接头最薄弱区域或重点考核的部位。如焊缝中的结晶脆弱面、焊缝根部、熔合线、过热区、异种钢接头的马氏体带和脱碳带层等。缺口表面粗糙度、加工方法对冲击试验的结果（冲击韧度 a_k）有影响
硬度试验	可测定焊缝的硬度。焊接接头的硬度分布曲线能比较出接头各区域的性能区别，区域性偏析和近缝区的淬硬倾向
疲劳试验	用来测定焊缝金属和焊接接头承受交变载荷时的强度。焊接接头的疲劳极限主要决定于施加的载荷和振幅，其大小由相应的技术条件规定

(2) 焊接接头的腐蚀试验

金属受周围介质的化学和电化学作用而引起的损坏称为腐蚀。腐蚀试验的目的是在给定的条件（介质、浓度、温度、腐蚀方法及应力状态等）下，测量金属的抗腐蚀能力，估计使用寿命，分析腐蚀原因，找出防止腐蚀或延缓腐蚀的方法。

试验方法是根据产品对耐腐性能要求而定。方法有晶间腐蚀试验、应力腐蚀试验、腐蚀疲劳试验、高温腐蚀试验、大气腐蚀试验、静水腐蚀试验和动水腐蚀试验等。不锈耐酸钢晶间腐蚀试验倾向试验已列入国家标准（GB 1223—1975），可用于检验奥氏体型不锈钢和奥氏体-铁素体型不锈钢的晶间腐蚀倾向。不锈钢腐蚀试验标准见表9-7。焊接接头晶间腐蚀试验方法见表9-8。

不锈钢腐蚀试验标准　　　　表9-7

标准号	标准名称	标准号	标准名称
GB 4334.1—1984	不锈钢10%草酸浸蚀实验方法	GB 4334.4—1984	不锈钢硝酸-氢氟酸腐蚀实验方法
GB 4334.2—1984	不锈钢硫酸-硫酸铁腐蚀实验方法	GB 4334.5—1984	不锈钢硫酸-硫酸铜腐蚀实验方法
GB 4334.3—1984	不锈钢65%硝酸腐蚀实验方法	GB 4334.6—1984	不锈钢5%硫酸腐蚀实验方法
GB 4334.7—1984	不锈钢三氯化铁腐蚀实验方法	GB 4334.9—1984	不锈钢点蚀电位测定法
GB 4334.8—1984	不锈钢42%氯化镁腐蚀实验方法		

焊接接头晶间腐蚀实验方法　　　　　　　　表 9-8

名　称	实验方法	适用范围	晶间腐蚀倾向的评定
A法(硫酸铜-硫酸法)	将试样放在硫酸铜和硫酸水溶液中煮沸72h	不锈钢焊接结构	经A、B、C三种方法试验的试样,由反应器中取出洗净,烘干后弯曲90°,用不大于10倍大镜检查。如表面出现横裂纹,则不合格。如试样不能弯曲,则进行金相检验。根据金相磨片上出现的晶界裂缝的深度来确定晶间腐蚀的程度,当沿磨片整个边界上有腐蚀,深度大于30μm,或沿磨片边界上个别腐蚀深度大于50μm者为不合格
B法(硫酸铜、硫酸铜-铜屑法)	将试样放在加有铜屑的硫酸铜和硫酸水溶液中煮沸72h	铬镍不锈钢焊接结构	
C法(硫酸铜、硫酸-锌粉法)	将试样放在加有锌粉的硫酸铜和硫酸水溶液中煮沸144h	0Cr23Ni28Mo3Cu3Ti、Cr23Ni28Mo3Cu3Ti钢焊接结构	
D法(阳极酸洗法)	以试样表面阳极,用装有质量分数为60%硫酸铜的铝容器作阴极,通6~9V直流电进行电解腐蚀,通电时间5min	1Cr18Ni19奥氏体型钢焊件,不适用焊缝金属	酸洗后用水冲洗,再用酒精冲洗并吹干,放在大于30倍显微镜下观察,如阳极部分有连续不断的网状组织,则为不合格
E法(沸腾硝酸法)	将试样称好重量放入65%浓度体积分数的硝酸溶液中煮沸48h为一周期,试验需三个周期	1Cr18Ni9奥氏体型钢焊件和在体积分数为65%的硝酸(65℃到沸点)中工作的其他铬镍钢焊件	在三个周期中,如发现一个周期试验失重超过2mg/g则为不合格;如发现晶界被破坏,也认为不能通过E法试验

(3) 焊接接头的金相检验

金相检验分宏观金相试验和微观金相试验两大类。

金相检验的目的是用来检查焊缝、热影响区及母材的金相组织情况,以及确定焊缝内部缺陷等。

1) 宏观金相检验　宏观检验是在试片上用眼或低倍放大镜(5~20倍)直接进行观察,它可以确定焊接接头的宏观组织及各区域的界限。还可以确定未焊透程度以及内部的缺陷(夹渣、裂纹、气孔、偏析及缩孔)。宏观金相检验是在焊缝磨面上进行的,也可以在焊缝断面上观察到某些低倍缺陷。通过对焊缝断口的观察,可以确定其是塑性破坏还是脆性破坏,同时也可以发现气孔、裂纹、夹渣、未焊透等缺陷。宏观金相检验方法和对象见表 9-9。

宏观金相检验方法和对象　　　　　表 9-9

方　法	检验内容	检验对象	备　注
宏观组织(粗晶)分析	焊缝一次结晶组织的粗细程度和方向性；熔池形状、尺寸；焊接接头各区域的界线和尺寸；裂纹、气孔、夹杂、未焊透等焊接缺陷	焊接接头，一般取横断面	也可取接头表面层，进行产品的非破坏性检验
断口分析	断口组成；裂源及扩展方向；是塑性断裂还是脆性断裂；是晶间断裂、穿晶断裂、还是复合断裂；组织及其对断裂的影响	冲击、拉伸、弯曲、疲劳试验等试样的断口和折断试验法的断口；破坏试验、废品的断口	尽可能配以电子显微镜和电子探镜做断口分析，对断裂性质、断裂原因作进一步分析和判断
硫、磷、氧化物	硫、磷、氧化物的偏析程度(数量、大小、分布等)	焊接接头，一般取横断面	
钻孔试验法	焊缝中气孔、夹杂，焊接接头熔合线附近未焊透，焊缝和热影响区的裂纹	不能使用其他方法检验的产品部位	只有在不得已的情况下偶然使用

2) 微观金相检验　微观金相检验是将试片放在显微镜下（放大 1000～1500 倍）进行观察。借助显微镜进一步查明焊接接头的显微组织状态，通过微观金相检验可以确定：

（A）熔化区、热影响区及母材的组织特征，晶粒的大小及大致力学性能。

（B）焊缝金属及热影响区的冷却速度。

（C）合金钢焊接时，焊缝金属和热影响区内碳化物的析出情况。

（D）焊接接头的显微缺陷、组织缺陷（淬火组织）、氧化、氮化夹渣物和过烧现象。

（4）焊缝化学分析

焊缝化学分析试验是检查焊缝金属的化学成分。通常用小钻头（$\phi 4\sim 6mm$）在焊缝中心部位钻取试样，钻取试样要慢慢进行以防氧化、不得有锈和油污，数量为 50～60g。

对于碳钢分析来说，主要检验的元素有 C、Mn、Si、S、P 等在焊缝中的含量。对一些合金钢或不锈钢焊缝，尚需分析相应的合金元素有 Cr、Mo、F、Fe、Ni、Al、Cu 等。化学分析试验按国家标准（GB 223）有关规定进行。

（三）焊接质量检验标准

1. 钢结构焊缝外形尺寸（JB/T 7949—1999）

（1）总则

1）焊缝外形尺寸检验前，其焊缝及两侧必须清除熔渣、飞溅及其他污物。

2）焊缝外形尺寸检验主要用肉眼借助有关辅助量具进行。检验时要保证良好的照明。

3）焊缝的坡口形式与尺寸应该符合 GB/T 985—1998 和 GB/F 986—1988 的有关规定。

4）焊缝外形尺寸的标注应按 GB/T 324—1988 的有关规定执行。

（2）主要内容与适用范围

本标准规定了钢结构焊接接头的焊缝外形尺寸。

本标准适用于钢结构的熔化焊对接和角接接头的外形尺寸检验。

（3）外形尺寸

1）焊缝外形应均匀，焊道与基本金属之间应平滑过渡。

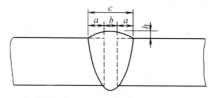

图 9-2　I 形坡口对接焊缝

2）I形坡口对接焊缝（包括I形带垫板对接焊缝）见图9-2。其焊缝宽度 $c=b+2a$ 及余高 h 值应符合表9-10的规定。

对接焊缝的焊缝宽度及余高（mm）　　表 9-10

焊接方法	焊缝形式	焊缝宽度 c		焊缝余高 h
		$c_{\min}$	$c_{\max}$	
埋弧焊	I形焊缝	$b+8$	$b+28$	$0\sim3$
	非I形焊缝	$g+4$	$g+14$	
焊条电弧焊及气体保护得	I形焊缝	$b+4$	$b+8$	平焊：$0\sim3$ 其余：$0\sim4$
	非I形焊缝	$g+4$	$g+8$	

注：1. 表中 b 值为符合 GB 985、GB 986 标准要求的实验装配值；
　　2. g 值计算结果若带小数时，可利用数的修约规则计算到整数位。

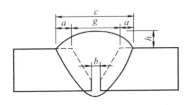

图 9-3　非I形坡口对接焊缝

3）非I形坡口对接焊缝（GB 985、GB 986 中除I形坡口外各种对接坡口形式的焊缝）见图9-3。其焊缝宽度 $c=g+2a$ 及余高 h 值应符合表9-10。g 值应按图9-4与公式计算。

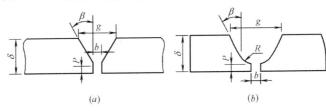

图 9-4　非I形坡口对接焊缝
(a) $g=2\text{tg}\beta\cdot(\delta-P)+b$；(b) $g=2\text{tg}\beta\cdot(\delta-R-P)+2R+b$

4）焊缝最大宽度 $c_{\max}$ 和最小宽度 $c_{\min}$ 之差，在任意 50mm 的焊缝长度范围内不得大于 4mm，整个焊缝长度范围内不得大于 5mm。

5）焊缝边缘直线度（f），在任意 300mm 连续焊缝长度内，焊缝边缘沿焊缝轴向的直线度（f）见图9-5。其值应符合表9-11。

焊缝边缘直线 f 值　　表 9-11

焊接方法	焊缝边缘直线度 f
埋弧焊	≤4
焊条电弧焊及气体保护焊	≤3

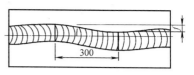

图 9-5　焊缝边缘直线度 f 的确定

6) 焊缝表面凸凹,在焊缝任意 25mm 长度范围内,焊缝余高 $h_{max}-h_{min}$ 的差值不得大于 2mm。

7) 角焊缝的焊角尺寸（K）值的偏差应符合表 9-12。

焊脚对 K 值的偏差（mm）　　表 9-12

焊接方法	尺寸偏差		焊缝余高 h
	$K<12$	$K\geq 12$	
埋弧焊	+4	+5	0～3
焊条电弧焊及气体保护焊	+3	+4	

焊缝外形尺寸经检验超出上述规定时,应进行修磨或按一定工艺进行局部补焊,返修后应符合本标准的规定,但补焊的焊缝应与原焊缝间保持圆滑过渡。

2. 钢熔化焊接头的要求和缺陷分级（GB/T 12469—1990）

（1）主题内容与适用范围

本标准规定了钢熔化焊接头的要求及缺陷的分级。

本标准适用于熔化焊方法施焊的对接和角接（搭接以及 T 形）接头。

（2）对焊接接头的要求

1) 对焊接接头性能要求　本标准不对接头的力学性能规定分等,但设计文件或技术要求中必须明确规定出产品对接接头（包括焊缝金属）性能要求的项目和指标,且应符合相应产品设计规程、规则或法规的要求。

接头性能要求项目有：

（A）常温拉伸性能。

(B) 常温冲击性能。

(C) 常温弯曲性能。

(D) 低温冲击性能。

(E) 高温瞬时拉伸性能。

(F) 高温持久拉伸或蠕变性能。

上述试验的试样应符合 GB 2649～GB 2655 的要求。

(G) 疲劳性能。

(H) 断裂韧性。

(I) 其他（如耐蚀、耐磨等特定性能）。

不应随意增加或删减对接头性能要求的类别和指标。

2) 接头外观及内在缺陷分级　本标准对钢熔化焊接头外观及内在缺陷作出了分级规定（见表 9-13）。这一分级可供产品制造及焊接工艺评定时质量验收选用。

缺陷分级　　表 9-13

缺陷名称	GB 6417 代号	缺陷分级			
		I	II	III	IV
焊缝外形尺寸		按选用坡口由焊接工艺确定,只需符合 GB 10854 或产品相关规定要求,本标准不作分级规定			
未焊满（指不满足设计要求）	511	不允许	不允许	≤0.2δ+0.02δ 且≤1mm 每100mm 焊缝内缺陷总长≤25mm	≤0.2δ+0.04δ≤2mm 每100mm 焊缝内缺陷总长≤25mm
根部收缩	515 5013	不允许	≤0.2δ+0.02δ 且≤0.5mm	≤0.2δ+0.02δ 且≤1mm	≤0.2δ+0.04δ且≤2mm
			长　度　不　限		
咬边	5011 5012	不允许	不允许	≤0.05δ,且≤0.5mm,连续长度≤100mm,且焊缝两侧咬边总长≤10%焊缝全长	≤0.1δ且≤1mm长度不限
裂纹	100	不允许			
弧坑裂纹	104	不允许			个别长≤5mm 的弧坑裂纹允许存在

续表

缺陷名称	GB 6417 代号	缺陷分级			
		Ⅰ	Ⅱ	Ⅲ	Ⅳ
电弧擦伤	601	不允许			个别电弧擦伤允许存在
飞溅	602	清除干净			
接头不良	517	不允许		造成缺口深度 $\leqslant 0.05\delta$ 且 $\leqslant 0.5$mm 每 m 焊缝不得超过一处	缺口深 $\leqslant 0.1\delta \leqslant 1$mm 每 m 焊缝不得超过一处
焊瘤	506	不允许			
未焊透（按设计焊缝厚度为准）	402	不允许		不加垫单面焊允许值 $\leqslant 15\delta\%$，且 $\leqslant 1.5$mm，每 100mm 焊缝内缺陷总长 $\leqslant 25$mm	$\leqslant 0.1\delta$ 且 $\leqslant 2.0$mm，每 100mm 焊缝内缺陷总长 $\leqslant 25$mm
表面夹渣	300	不允许		深 $\leqslant 0.1\delta$ 长 $\leqslant 0.3\delta$ 且 $\leqslant 10$mm	深 $\leqslant 0.2\delta$ 长 $\leqslant 0.5\delta$ 且 $\leqslant 20$mm
表面气孔	2017	不允许		每 50mm 焊缝长度内允许直径 $\leqslant 0.3\delta$ 且 $\leqslant 2$mm 的气孔二个 孔间距 $\geqslant 6$ 倍孔径	每 50mm 长度焊缝内允许直径 $\leqslant 0.4\delta$ 且 $\leqslant 3$mm 气孔二个 孔间距 $\geqslant 6$ 倍孔径
角焊缝厚度不足（按设计焊缝厚度计）		不允许		$\leqslant 0.3\delta + 0.05\delta$ 且 $\leqslant 1$mm 每 100mm 焊缝长度内缺陷总长度 $\leqslant 25$mm	$\leqslant 0.3\delta + 0.05\delta$ 且 $\leqslant 2$mm 每 100mm 焊缝长度内缺陷总长度 $\leqslant 25$mm
角焊缝焊脚不对称	512	差值 $\leqslant 1a + 0.1a$		$\leqslant 2a + 0.15a$	$\leqslant 2a + 0.2a$
		a——设计焊缝有效厚度			
内部缺陷		GB 3323 Ⅰ级 GB 11345 Ⅰ级	GB 3323 Ⅰ级	GB 3323 Ⅱ级 GB 11345 Ⅱ级	不要求

注：1. 除注明角焊缝缺陷外，其余均为对接、角接焊缝通用；2. 咬边如磨削修整并平滑过渡则只按焊缝最小允许厚度值评定；3. 特定条件下要求平缓过渡时不受本标准规定限制（如搭接或不等厚板的对接和角接组合焊缝）。

在特殊情况下，可经商定采用与本标准不同的规定，这必须在设计及制造文件中说明。

（3）缺陷评级依据

1）凡已有产品设计规程或法定验收规则的产品，应遵循这些规定，换算成相应级别。

2）对没有相应规程或法定验收规程的产品，在确定评定级别时应考虑下列因素：

（A）载荷性质：A）静载荷；B）动载荷；C）非强度设计（刚性设计的构件以变形为限值，一般情况下强度、裕度均较大）。

（B）服役环境：A）温度；B）介质；C）湿度；D）磨耗。

（C）产品失效后的影响：A）能引起爆炸或泄漏而引起严重人身伤亡并造成产品报废等经济损失；B）造成产品损伤且由停机而造成重大经济损失；C）造成产品损伤但仍可以运行，待检修时再处理。

（D）选用材质：A）相对产品要求有良好的强度及韧性裕度；B）强度裕度虽然不大，但韧性裕度充足；C）高强度、低韧性；D）焊接材料的相配性。

（E）制造条件：A）焊接工艺方法；B）企业质量管理制度；C）构件设计中焊接可达性；D）检验条件；E）经济性。

对技术要求较高但又无法实施无损检验的产品，必须对焊工操作及工艺实施产品适应性模拟件考核，并明确规定焊接工艺实施全过程的监督制度和责任记录制度。

（4）缺陷检验

1）外观检验及断口宏观检验使用放大镜的放大倍数应以5倍为限。也可以磁粉或渗透检验方法进行检验。

2）无损检验应符合 GB/T 3323—1987 或 GB/T 11345—1987 标准的规定。

3）在确定缺陷的性质和尺寸及部位时，可能要使用多种检验方法。

（5）标志

1) 凡应用本标准缺陷规定分级要求者,可在图样上直接标注本标准号及分级代号以及简化技术文件内容。

2) 标志示例:

(A) 用手工焊封底的埋弧焊缝,缺陷要求:除咬边按本标准Ⅲ级外,其余均按本标准Ⅱ级。标志见图 9-6。

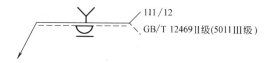

图 9-6 手工焊封底的埋弧焊缝缺陷要求标志

(B) 用手工焊焊接的对称角缝,焊脚尺寸 6mm,相同焊缝 N 条,缺陷要求Ⅳ级。标志见图 9-7。

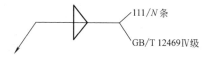

图 9-7 手工焊的对称角缝缺陷要求标志

3. 钢熔化焊对接接头射线照相和质量分级 (GB 3323—1987)

本标准规定 2～200mm 母材厚度钢熔化焊对接接头(以下称为焊缝)的 X 射线和 γ 射线照明方法以及焊缝的质量分级。

照相质量等级、照相范围和焊缝的质量等级,应按产品技术条件和有关的规定选择,也可以由设计、制造和使用单位根据产品的具体情况决定。

(1) 焊缝质量分级

1) Ⅰ级焊缝内应无裂纹、未熔合、未焊透和条状夹渣。

2) Ⅱ级焊缝内应无裂纹、未熔合、未焊透。

3) Ⅲ级焊缝内应无裂纹、未熔合以及双面焊和加垫板的单面焊中的未焊透。不加垫板的单面焊中的未焊透允许长度按条状夹渣分级表Ⅳ级评定。

4) 焊缝缺陷超过Ⅲ级者为Ⅳ级。

(2) 圆形缺陷的分级

1) 长度比小于或等于3的缺陷定义为圆形缺陷。它们可以是圆形、椭圆形、锥形或带有尾巴（在测定尺寸时应包括尾巴等不规则的形状）。包括气孔、夹渣或夹钨。

2) 圆形缺陷按评定区进行评定，评定区域大小的规定见表9-14，评定区应选在缺陷最严重的部位。

圆形缺陷评定区尺寸　　　　　　　　　　表 9-14

母材厚度 δ(mm)	≤25	25～100	>100
评定区尺寸(mm)	10×10	10×20	10×30

3) 评定圆形缺陷时应将尺寸换成缺陷点数，见表9-15。

缺陷尺寸换成点数的规定　　　　　　　　表 9-15

缺陷长度(mm)	≤1	1～2	2～3	3～4	4～6	6～8	>8
点数	1	2	3	6	10	15	25

4) 不计点数的缺陷尺寸应符合表9-16的规定。

不计点数的缺陷尺寸　　　　　　　　　　表 9-16

母材厚度 δ(mm)	缺陷长径(mm)
≤25	0.5
25～30	0.7
>50	1.4%δ

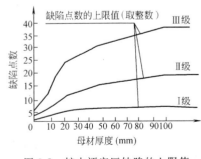

图 9-8　扩大评定区缺陷的上限值

5) 当缺陷与评定区边界相接时，应把它划分为评定区内计算点数。

6) 当评定区附近缺陷较少，且认为只用该评定区大小划分级别不适应时，经供需双方协商，可将评定区沿焊缝方向扩大到3倍，求出缺陷的总点数，取其1/3进行评定。

如果评定区缺陷点数超过规定的级别,且不超过如图 9-8 所示规定的上限值,附近的缺陷点数又较少时,可将评定区焊缝方向扩大到 3 倍,求出缺陷的总点数,取其 1/3 进行评定。当缺陷点数超过图 9-8 中上限值时,则不能用此方法进行评定。

7) 圆形缺陷的分级见表 9-17。

圆形缺陷分级　　　　　　　　　　表 9-17

评定区(mm) 母材厚度(mm) 质量等级	10×10		10×20		10×30	
	≤10	10~15	15~25	25~50	50~100	>100
Ⅰ	1	2	3	4	5	6
Ⅱ	3	6	9	12	15	18
Ⅲ	6	12	18	24	30	36
Ⅳ	缺陷点数大于Ⅲ级者					

注:表中的数字是允许缺陷点数的上限。

8) 圆形缺陷的长径大于 $1/2\delta$ 时,评为Ⅳ级。

9) Ⅰ级焊缝和母材厚度等于或小于 5mm 的Ⅰ级焊缝内,不计点数的圆形缺陷,在评定区内不得多于 10 个。

(3) 条状夹渣的分级

1) 长宽比大于 3 的夹渣定义为条状夹渣。

2) 条状夹渣的分级见表 9-18。

条状夹渣的分级　　　　　　　　　　表 9-18

质量等级	单个条状夹渣长度(mm)	条状夹渣长度(mm)
Ⅱ	δ≤12 时　　4 12<δ<60 时　　$1/3\delta$ δ≥60 时　　20	在任意直线上,相邻两夹渣间距均不超过 6L 的任何一组夹渣,其累计长度在 12δ 焊缝长度内不超过 δ
Ⅲ	δ≤9 时　　6 9<δ<45 时　　$2/3\delta$ δ≥45 时　　30	在任意直线上,相邻两夹渣间距均不超过 3L 的任何一组夹渣,其累计长度在 6δ 焊缝长度内不超过 δ
Ⅳ	大于Ⅲ级者	

注:1. 表中 L 为该夹渣中最长的长度;2. 长宽比大于 3 的长气孔的评级与条状夹渣相同;3. 当被检焊缝长度小于 12δ(Ⅱ级)或 6δ(Ⅲ级)时,可按比例折算。当折算的条状夹渣总长小于单个条状夹渣长度时,以单个条状夹渣的长度为允许值。

（4）综合评级

在圆形缺陷评定区内，同时存在圆形缺陷和条状夹渣（或未焊透）时，应各自评级，将级别之和减 1 作为最终级别。

4. 钢管熔化焊对接接头的射线照相和质量分级（GB 3323—1987 补充件）

本标准适用于外径≤89mm 的管子对接焊缝。外径大于 89mm 的管子对接焊缝可采用双壁单影分段透照，根部不允许未焊透的管子焊缝质量的评级与 GB/T 3323—1987 相同。

（1）检验方法

1) 采用双壁双影法，射线束的方向应满足上下焊缝的影像在底片上呈椭圆形显示。其间距以 3～10mm 为宜，最大间距不得超过 15mm。

2) 只有当上下两焊缝椭圆显示有困难时才可做垂直透照。垂直透照可以适当提高管电压。

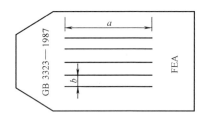

图 9-9　小口径钢管专用像质计

注：A 代表编号

3) 可采用 GB/T 3323—1987 规定的像质计或采用专用像质计。专用像质计由五根直径相同的钢丝和铅字符号组成，制作要求按 GB 5618—1985 的规定，其形式、代号（即线编号）如图 9-9 所示。

不同管子壁厚应选用的像质计线编号见表 9-19。

使用专用像质计时，金属线垂直横跨焊缝表面正中。如数个管子接头在一张底片上同时显示时，应至少放置一个像质计，如果只用一个，则必须放在最边缘的那根管子上。

当选用专用像质计时，底片上应至少观察到一根以上的钢丝影像。

4) 对允许存在内凹坑和单面未焊透的管子，应在焊缝边上

小口径钢管像质计的选用 (mm) 表 9-19

要求达到像质指数	线直径	尺寸 a	尺寸 b	管子透照厚度 倾斜透照	管子透照厚度 垂直透照
9	0.50	50	3~5	11.6~15.0	10.6~14.0
10	0.40	50	3~5	7.1~11.5	6.1~10.5
11	0.32	50	3~5	4.1~7.0	3.1~6.0
12	0.25	50	3~5	3.1~4.0	2.1~3.0
13	0.20	50	3~5	2.1~3.0	
14	0.16	50	3~5	≤2.0	≤2.0

放置槽形测深计或采用其他有效方法，判断缺陷的深度。

5) 为保证上下焊缝影像清晰，焦距不得低于 600mm。

6) 底片上每个管接头应有代号和定位中心标记。

(2) 焊缝质量分级

1) 裂纹、未熔合、条状夹渣和圆形缺陷的分级按 GB 3323—1987 的规定。

2) 内凹分级见表 9-20。设计焊缝系数≤0.75 的根部未焊透分级见表 9-21。

内凹坑的分级 表 9-20

质量等级	内凹坑的深度 占壁厚的百分数(%)	内凹坑的深度 深度(mm)	长度(mm)
Ⅰ	≤10	≤1	不限
Ⅱ	≤20	≤2	不限
Ⅲ	≤25	≤3	不限
Ⅳ	大于Ⅲ级者		

根部未焊透的分级 表 9-21

质量等级	未焊透的深度 占壁厚的百分数(%)	未焊透的深度 深度(mm)	长度(mm)
Ⅰ	0	0	0
Ⅱ	≤15	≤1.5	≤10%周长
Ⅲ	≤20	≤2.0	≤15%周长
Ⅳ	大于Ⅲ级者		

5. 钢制焊接压力容器技术条件 (GB 150—1998)

(1) 焊缝表面的形状尺寸及外观要求

1) A、B类焊缝的余高（h、h_1）在表 9-22 数值范围之内。

A、B 类焊缝的余高（h、h_1）（mm） 表 9-22

焊缝有效厚度 $s(s_1)$	焊条电弧焊	埋弧焊	图 例
$\leqslant 12$	$0\sim1.5$		
$12<s\leqslant25$	$0\sim2.5$	$0\sim4$	
$25<s\leqslant50$	$0\sim3$		
>50	$0\sim4$		

注：焊缝有效厚度 $s(s_1)$：单面焊为母材厚度；双面焊为坡口直边部分中点至母材表面的厚度，两侧分别计算。

2) C、D 类焊缝的焊脚，在图样无规定时，取焊件中较薄者之厚度。补强圈的焊脚，在补强圈的厚度不小于 8mm 时，其焊脚等于补强圈厚度的 70%，且不小于 8mm。

（2）对焊缝内、外表面外观的要求

1) 焊缝表面不得有裂纹、气孔、弧坑和夹渣等缺陷，并不得保留有熔渣和飞溅物。

2) 用标准抗拉强度大于 540MPa 级的钢材及铬锰低合金钢材和奥氏体型不锈钢材制造的容器以及焊缝成形系数为 1 的容器，其焊缝表面不得有咬边，其他容器焊缝表面的咬边深度不得大于 0.5mm，咬边的连续长度不得大于 100mm，焊缝两侧咬边的总长度不得超过该焊缝长度的 10%。

3) C、D 类焊缝应有圆滑过渡至母材的几何形状。

（3）焊缝返修

1) 当焊缝需要返修时，其返修工艺应符合原焊接工艺的要求。

2) 焊缝同一部位的返修次数不宜超过两次。如超过两次，返修前均应经制造单位技术总负责人批准。返修次数、部位和返修情况记入容器的质量说明书。

3) 要求热处理的容器，一般应在热处理前进行返修。如在热处理后返修时，焊补后应做必要的热处理。

4) 有抗晶间腐蚀要求的奥氏体型不锈钢制容器，返修部位必须保证原有要求。

（4）无损探伤评定标准

1）焊缝的射线探伤按 GB/T 3323—1987《钢熔化焊对接接头射线照相和质量分级》进行，其检查结果对百分之百探伤的 A、B 类焊缝，Ⅱ级为合格；对局部探伤的 A、B 类焊缝，Ⅲ级为合格。

2）焊缝的超声波探伤按 GB/T 11345—1989《钢焊缝手工超声波探伤方法和探伤结果分级》进行，其检查结果对百分之百探伤的 A、B 类焊缝，Ⅰ级为合格；对局部探伤的 A、B 类焊缝，Ⅱ级为合格。

3）磁粉探伤按 JB 3965—1985《钢制压力容器磁粉探伤》进行。

4）渗透探伤按 JB 3965—1985《钢制压力容器渗透探伤》的附录 H 进行。

6. 钢焊缝手工超声波探伤方法和探伤结果的分级（GB/T 11345—1989）

本标准规定了检查焊缝及热影响区缺陷，确定缺陷位置、尺寸和缺陷评定的一般方法及探伤结果的分级方法。

本标准适用于母材厚度不小于 8mm 的铁素体类型钢，全焊透熔化焊对接焊缝脉冲反射法手工超声检验。

本标准不适用于铸钢及奥氏体型不锈钢焊缝、外径小于 159mm 的钢管对接焊缝、内径≤200mm 的管座角焊缝、外径小于 250mm 和内外径之比小于 80% 的纵向焊缝。

（1）缺陷评定

1）超过评定线的信号应注意其是否具有裂纹等危害性缺陷特征，如有怀疑时，应采取改变探头角度、增加探伤面、观察动态波形、结合结构工艺特征作判定，如对波形不能准确判断时，应辅以其他检验综合判定。

2）最大反射波幅位于Ⅱ区的缺陷，其指示长度小于 10mm

时按 5mm 计。

3）相邻两缺陷各向间距小于 8mm 时，两缺陷指示长度之和作为单个缺陷的指示长度。

（2）检验结果的等级分类

1）最大反射波幅位于Ⅱ区的缺陷，根据缺陷指示长度按表 9-23 规定评定。

缺陷指示长度评定缺陷等级　　　表 9-23

检验定级 板厚 (mm) 评定等级	A	B		C	
	8～50	8～300		8～300	
Ⅰ	$2/3\delta$,最小 12	$\delta/3$	最小 10 最大 30	$\delta/3$	最小 10 最大 20
Ⅱ	$3/4\delta$,最小 12	$2/3\delta$	最小 12 最大 50	$\delta/2$	最小 10 最大 30
Ⅲ	$<\delta$,最小 20	$3/4\delta$	最小 16 最大 75	$2/3\delta$	最小 12 最大 50
Ⅳ	超过Ⅲ级者				

注：1. δ 为坡口加工侧母材厚度，母材厚度不同时，以较薄侧板为准；
　　2. 圆管座角焊缝 δ 为焊缝截面中心线高度。

2）最大反射波幅不超过评定线的缺陷，均评为Ⅰ级。

3）最大反射波幅超过评定线的缺陷，检验者判定为裂纹等危害性缺陷时，无论其波幅和尺寸如何，均评为Ⅳ级。

4）反射波幅位于Ⅰ区的非裂纹性缺陷，均评为Ⅰ级。

5）反射波幅位于Ⅲ区的缺陷，无论其指示长度如何，均评为Ⅳ级。

6）不合格的缺陷，应予返修，返修区域修补后，返修部位及补焊受影响的区域，应按原探伤条件进行复验，复探部位的缺陷亦应按缺陷评定 1）评定。

十、焊接应力和变形

（一）焊接应力和变形的基本概念

1. 焊接应力和变形的危害性

在焊接过程中，随时间变化的内应力称为焊接瞬时应力。残存于焊件中的内应力称为焊接残余应力。残留于焊件上的变形称为焊接残余变形。

（1）焊接应力的危害性

1）焊接应力是形成各种裂纹（热裂纹、冷裂纹和再热裂纹）的主要因素之一。如发现有宏观裂纹，则需进行返修或报废。

2）在腐蚀介质中工作的焊接构件，如果具有拉伸残余应力，就会产生应力腐蚀开裂及低应力脆断。

3）降低构件的承载能力。

4）具有焊接应力的构件，如果焊后进行机械加工则会破坏内应力的平衡，引起焊件变形，影响加工尺寸的不稳定性。

（2）焊接变形的危害性

1）由于焊件变形，几何尺寸及形状的技术指标的超差，降低了装配质量和构件的承载能力。

2）由于焊接变形需矫正，浪费了工时和材料。如矫正后仍达不到要求，就会导致产品报废，造成更大的经济损失。

2. 焊接应力和变形产生的原因

焊接应力和变形产生的原因主要有以下几方面。

(1) 焊件受热不均造成残余应力

焊接热源作用在焊件上产生不均匀温度场,使材料不均匀膨胀,处于高温区的材料在加热过程中的膨胀量大,因受到周围温度较低、膨胀量较小材料的限制,而不能自由膨胀,于是在焊件中产生内应力,使高温区的材料受到挤压,产生局部压缩塑性应变。在冷却过程中,已经受压缩塑性应变的材料,由于不能自由收缩而受到拉伸,于是在焊件中又出现一个与焊接加热时方向大致相反的内应力场,使焊件产生了残余应力和残余变形,其大小和分布取决于工件的形状、尺寸、焊接热输入量和材料本身的物理性能(如线膨胀系数、屈服极限、导热系数及密度等)。

(2) 焊缝金属的收缩

焊缝金属冷却过程体积要收缩。由于焊缝金属与母材是紧密相接的,因此,焊缝金属不能自由收缩。这将引起整个焊件的变形,同时在焊缝中引起残余应力。另外焊缝是在焊接过程中逐步形成的,先结晶部分要阻止后结晶部分的收缩,由此也会产生焊接应力和变形。

(3) 金属组织的变化

钢在焊接加热和冷却过程中发生相变,可得到不同的金属组织。这些组织的比体积也不一样,因此也会造成焊接应力和变形。

(4) 焊件的刚性和拘束

焊件的刚性和拘束对焊接应力和变形也有较大的影响。刚性及拘束度越大,焊接变形越小,焊接应力越大;相反,刚性及拘束度越小,则焊接变形越大,则焊接应力越小。

3. 焊接应力和变形的影响因素

(1) 焊接工艺方法

采用焊接方法不同,如焊条电弧焊、埋弧焊、气体保护焊、等离子弧焊等,所产生的焊接应力和变形情况也不相同。

(2) 焊接工艺参数及施焊方法

焊接工艺参数（焊接电源、焊接电压、焊速、时间等）和施焊方法（直通焊、跳焊，或逆向分段、从中间向两边焊等）等都对焊接应力和变形产生影响。

（3）焊接位置、尺寸及数量

单道多层或多道多层焊、坡口形式、焊缝及填充金属的多少以及焊缝的位置等，均对应力和变形有明显影响。

（4）被焊材料的热物理性能

由于金属材料不同，热导率、线膨胀系数、比热容、表面散热系数等热物理性能也不同，所以，产生的应力和变形也不一样。

（5）焊件的尺寸及形状

不同形状的焊件，形成的焊接温度场也不同，而且刚度、拘束度也不同。因此，产生的焊接应力和变形也就不同。

（6）装配焊接顺序及焊接状态

装配焊接顺序不同、是否采用胎卡具进行焊接等，对焊件的刚度和拘束度有着重要影响，同样对焊接应力和变形，特别是焊接应力产生较大的影响。

（二）焊 接 应 力

在焊接过程中焊接构件产生的内应力称为焊接瞬时应力。焊接完结后留在构件中的内应力称为焊接残余应力。焊接瞬时应力和残余应力统称为焊接应力。

1. 焊接应力的分类

焊接应力的分类见图 10-1 所示。

常见的应力有：热应力、相变应力、拘束应力、装配应力和残余应力。

2. 焊接残余应力的分布与影响

（1）焊接残余应力的分布

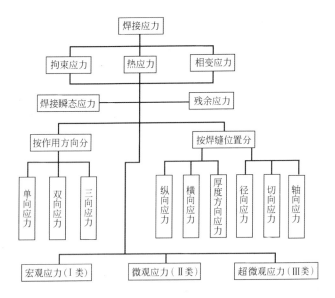

图 10-1 焊接应力的分类

一般厚度不大的焊接结构（15～20mm），残余应力是双向的，所以称为双向应力，又称平面应力。即纵向应力 σ_x（平行于焊缝方向的应力），横向应力 σ_y（垂直于焊缝方向的应力）。残余应力在焊件上的分布是不均匀的，分布状况与焊件的尺寸、结构和焊接工艺有关。长板上纵向应力 σ_x 的分布如图 10-2（a）所示，横向应力的分布如图 10-2（b）所示。

厚板的焊接接头，除纵向和横向应力外，在厚度方向上还存在一个向上的应力 σ_z。三个方向的内应力分布也是不均匀的，如图 10-3 所示。

（2）残余应力的影响

1）对静载强度的影响。当材质的塑性和韧性较差处于脆性状态，则拉伸应力与外载叠加可能使局部应力首先达到断裂强度，导致结构早期破坏。

2）对结构刚度的影响。当外载产生的应力与结构中等局部的内应力之和达到屈服点时，就使这一区域丧失了进一步承受外

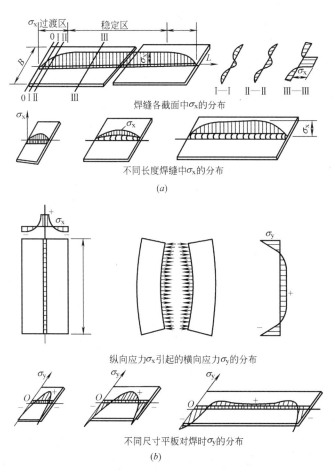

图 10-2 残余应力 σ_x 和 σ_y 在焊缝中的分布

(a) 焊缝中 σ_x 的分布；(b) 焊缝中 σ_y 的分布

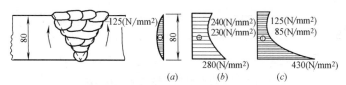

图 10-3 厚板多层焊缝中的应力分布

(a) σ_z 在厚度上的分布；(b) σ_x 在厚度上的分布；(c) σ_y 在厚度上的分布

287

载的能力，使构物的有效面积减小，刚度降低，结构的稳定性受到破坏。

3）如果在应力集中处存在拉伸内应力，就会使构件的疲劳强度降低。

4）有较大焊接残余应力的结构，在机械加工后长期使用中，由于残余应力发生逐渐松弛变化，而可能引起结构的几何形状或尺寸改变，影响了机械加工精度和尺寸稳定性。

5）焊接残余应力促使接触腐蚀介质的结构，在使用时易发生应力腐蚀，产生应力腐蚀裂纹，也会引起应力腐蚀低应力脆断。在高温工作的焊接结构（如高温容器），残余应力又会起加速蠕变的作用。

3. 控制焊接残余应力的措施和消除方法

（1）控制焊接残余应力的措施
1）设计措施
（A）尽量减少焊缝的数量和尺寸，采取填充金属少的坡口形式。

（B）焊缝布置避免集中，焊缝之间按规范要有一定距离。尽量避免三轴交叉的焊缝，同时也不要把焊缝布置在工作应力最严重的区域如图10-4（a）、(b)所示。

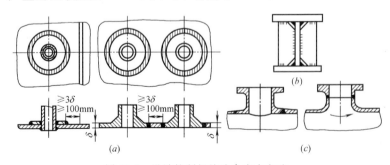

图10-4 设计控制焊接残余应力方法
(a) 焊缝间保持足够距离（应符合设计要求）；(b) 避免三轴焊缝交叉；(c) 嵌入与翻边法均可减小刚性

(C) 采用刚性较小的接头形式,使焊缝能够自由地收缩(见图 10-4c)。

(D) 在残余应力为拉应力的区域内,尽量避免几何区连续性,以免内应力在该处进一步增高。

2) 工艺措施

(A) 采用合理的焊接顺序和方向,尽量使焊缝纵向和横向收缩比较自由,不受到较大的拘束,例如:

A) 结构中同时具有对接焊缝和角接焊缝时(如图 10-5 所示),应先焊收缩量较大的焊缝 1,使焊缝能较自由地收缩,后焊焊缝 2。

B) 拼接板焊接时(见图 10-6),先焊错开的短焊缝 1、2,后焊直通焊缝 3,使焊缝有较大的横向收缩自由。焊接长焊缝时,采用从中间向两端施焊法,焊接方向指向自由端,使焊缝两端能较自由地收缩。分段退焊法变形是小了,但焊缝横向收缩受阻较大,焊接应力大了。

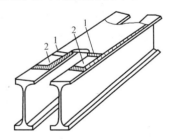 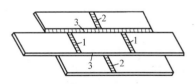

图 10-5　按收缩量大小确定焊接顺序　　图 10-6　拼板时选择合理的焊接顺序
1—对接焊缝;2—角焊缝　　　　　　1、2—对接焊缝;3—角焊缝

C) 焊接平面上交叉焊缝时,应采用保证交叉处不产生焊接缺陷、刚性拘束较小的焊接顺序。例如,T 形和十字形焊缝,应按图 10-7 (a)、(b)、(c) 所示的顺序焊接,图 10-7 (d) 为不合理的焊接顺序。此外,还应先焊在工作时受力较大的焊缝,使焊接应力合理分布。

(B) 采用较小的焊接线能量。焊接线能量小,使不均匀加热区及焊缝收缩减小,从而减小焊接应力。选用小直径焊条,小

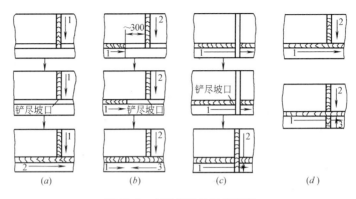

图 10-7 交叉焊缝的焊接顺序

(a)、(b) 为T形焊缝(只是焊接顺序不同);(c) 十字形焊缝;(d) 不合理的焊接顺序

电流快速焊及多层多道焊等。

(C) 预热法。焊接温差越大,残余应力也越大。通过焊前预热可降低温差和减慢焊件的冷却速度,所以可减少焊接应力。

(D) 锤击焊缝法。通过锤击,使焊缝得到延展,锤击应保持均匀适度,避免锤击过分,从而降低焊接应力和防止产生裂纹。锤击中间层,第一层和表面层不能锤击。焊缝经锤击后,应力可减少 $1/2 \sim 1/4$。

以上是控制焊接残余应力常用的措施,除此之外还有:加热减应区法、开减应力槽法及留裕度法等等。

4. 焊接残余应力消除方法

消除焊接残余应力的方法总的来说有两种,即热处理法和加载法。

(1) 热处理法

通过消除应力退火或高温回火(对易淬火钢而言,焊后产生淬硬组织时)的焊后热处理方法,利用高温时金属材料屈服点下降和蠕变现象来松弛焊接残余应力。有时消除应力退火与高温回火不分。生产中有整体热处理和局部热处理两种。局部热处理,只对焊缝及其附近的局部区域进行热处理。

1) 整体高温回火

整体高温回火是将焊件缓慢地均匀加热到一定温度，然后保温一段时间，最后随炉冷却到 300～400℃ 后出炉在空气中冷却的过程，高温回火是生产中应用广泛的行之有效的消除残余应力的方法。整体高温回火可消除残余应力 80%～90% 以上。

高温保温时间根据材料厚度确定。钢按每毫米 1～2min 计算，一般不少于 30min，不大于 3h。为使板厚方向上的温度均匀地升高到所要求的温度，要考虑均温时间，使表面和里面的温度一致。

对于有回火脆性或有再热裂纹倾向的材料，选择加热温度要避开回火脆性温度和产生再热裂纹的温度。例如含钒的低合金钢，在 600～620℃ 回火后，塑性、韧性下降（回火脆性），所以回火温度选为 550～560℃。

热处理一般是在炉内进行。对于大型容器，也可采用外覆绝热材料、里面加热，采用较多的是火焰加热法和电热加热法两种。各种材料的回火温度的选择可参考表 10-1。

各种材料的回火温度　　　　表 10-1

材料种类	低碳及低、中合金钢	奥氏体钢	铝合金	镁合金	钛合金	铌合金	铸铁
回火温度（℃）	580～680	850～1050	250～300	250～300	550～600	1100～1200	600～650

2) 局部高温回火

对焊缝及其附近应力较大的局部区域加热到回火温度，然后保温及缓慢冷却的过程，多用于比较简单，拘束度较小的焊接接头，如管道接头、长的圆筒形容器接头，以及长构件的对接接头等。加热方法有电阻、红外线火焰和工频感应加热等。

局部高温回火，只能消除部分焊接残余应力，但它可以降低应力峰值，使应力分布比较平缓。为了取得较好的降低应力效果，应保持一定的加热宽度。例如：圆筒接头加热区宽度一般采取 $B=5\sqrt{R\delta}$，长板的对接接头取 $B=W$（见图 10-8 所示）。R 为圆筒半

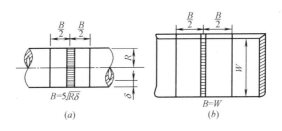

图 10-8 局部热处理的加热区宽度
(a) 环焊缝；(b) 长构件对接焊缝

径，δ 为管壁厚度，B 为加热区宽度，W 为对接构件宽度。

（2）加载法

加载法是利用力的作用，使焊接接头拉伸残余应力区产生塑性变形，达到松弛焊接残余应力的方法。具体做法有如下几种。

1）机械拉伸法

焊后对结构进行加载，使焊接接头塑性变形区得到拉伸，可减小由焊接引起的局部压缩塑性变形量，从而消除部分焊接残余应力。加载应力越高，焊接过程中形成的压缩塑性变形就被抵消得越多，内应力消除程度也越好些。机械拉伸消除残余应力，对锅炉（锅筒）、焊接压力容器、圆筒卧式贮缸等特别有意义。它可以通过在室温下进行过载的耐压试验（1.25～1.5 倍工作压力）来消除部分焊接残余应力。

2）温差拉伸法（又称低温消除应力法）

在焊缝两侧各用一个适当宽度的氧-乙炔焰炬加热（150～200℃），在焰炬后一定距离外喷水冷却。焰炬和喷水管同步向前移动（见图 10-9）。这样就形成了一个两侧温度高、焊

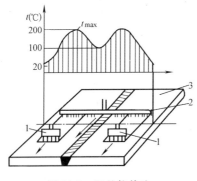

图 10-9 温差拉伸法

1—火焰加热炬；2—喷水排管；3—焊件

缝区温度低的温度场。两侧金属受热膨胀（沿焊缝纵向）对温度较低的焊缝区进行拉伸，使其产生拉伸塑性变形，从而达到消除部分焊接残余应力的目的。消除应力为50%～70%。温差拉伸法适用于焊缝比较规则、厚度不大（＜40mm）的容器、船舶等，具有一定的实用价值。温度拉伸法主要参数有：焰炬头宽度约100mm，两焰炬中心距为180mm，焰炬与喷水管距离为130mm，移动速度与板厚有关，根据板厚情况可在150～600mm/min之间调节。

3）振动法

在结构中拉伸残余应力区施加振动载荷，使振源与结构发生稳定共振。利用稳定共振所产生的交变应力，使焊接接头拉伸残余应力区产生塑性变形，达到松弛焊接残余应力的目的。如何控制振动，交变载荷达到什么样的数值，更有效地降低焊接残余应力还不使结构发生疲劳破坏等问题，尚需进一步研究。

（三）焊接残余变形

焊接残余变形，是焊接结构生产中经常出现的问题。它不仅影响结构的尺寸精度和形状，而且还使结构降低了承载能力，甚至因变形无法矫正而使结构报废。因此，对焊接残余变形，必须有足够的重视。

1. 焊接残余变形的分类

焊接变形的分类如图10-10所示。焊接变形是焊接残余变形的简称。焊接变形种类很多，现介绍几种常见的焊接残余变形种类。

（1）纵横向收缩变形

1）纵向收缩变形。构件焊后在焊缝方向发生的收缩量（如图10-11a所示）。焊缝长度越长，收缩也越大。母材线膨胀系数大，收缩量大。多层焊时，第一层收缩量最大。

2）横向收缩变形。构件焊后在垂直焊缝方向发生的收缩量，

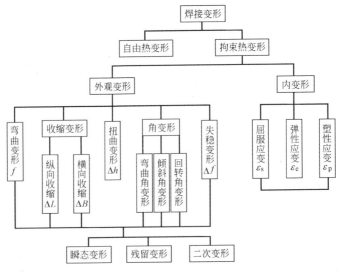

图 10-10　焊接变形的分类

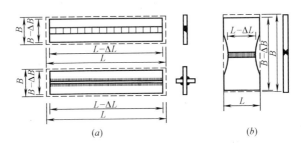

图 10-11　纵向、横向收缩变形
(a) 纵向收缩；(b) 横向收缩

如图 10-11（b）所示。缩短量与许多因素有关，如对接焊缝的横向收缩比角焊缝大；连续焊缝比间断焊缝的横向收缩量大；随母材板厚和熔宽的增加，横向收缩量也增加；坡口角越大、横向收缩量也越大。

（2）角变形

焊后构件的平面围绕焊缝产生的角位移（旋转变形），如图 10-12 所示。这种变形产生的原因是由于焊缝坡口形状不对称

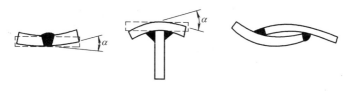

图 10-12 角变形

性，使横向收缩变形在厚度方向上分布不均匀，正面变形大、背面变形小，这样就造成了构件平面的偏转，产生角变形。

(3) 弯曲变形

构件焊后发生的挠曲变形，如图 10-13 所示。由于焊缝在结构中布置不对称（偏离中心线或中性轴）或焊件断面形状不对称，焊件在焊后就会发生弯曲变形。焊缝的纵向收缩和横向收缩，都会造成弯曲变形。挠曲度越大、弯曲变形越大。

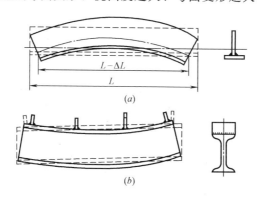

图 10-13 弯曲变形
(a) 由纵向收缩引起的弯曲变形；(b) 由横向收缩引起的弯曲变形

(4) 波浪变形

这种变形在薄板结构（小于 10mm 时）焊接时最容易发生。当薄板结构焊缝的纵向缩短使薄板边缘的应力超过一定值时，在边缘就会出现波浪式变形。如图 10-14 所示。角焊缝的横向收缩引起的角变形所造成的波浪式变形，如图 10-15 所示，也称为翘曲变形。

 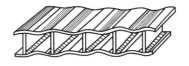

图 10-14　波浪变形　　　图 10-15　焊接角变形引起的波浪变形

（5）扭曲变形

由于焊件装配不良（位置、尺寸等，不符合设备要求）、强行组装、焊件放置不当（焊接时）、焊接程序不合理等，焊后都会引起扭曲变形。工字梁的扭曲变形如图 10-16 所示。产生这种变形的原因与焊缝角变形后长度上的分布不均匀性及工件的纵向错边有关。

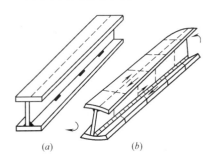

图 10-16　工字梁的扭曲变形
(a) 焊前；(b) 焊后

（6）错边变形

构件厚度方向和长度方向不在一个平面上可称为错边变形，如图 10-17 所示。原因是装配不善或焊接程序不合理而造成的。

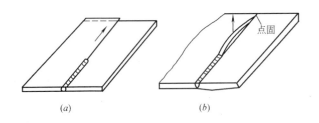

图 10-17　错边变形
(a) 长度方向的错边；(b) 厚度方向的错边

通过上述变形的机理可知：产生焊接变形的根本原因是由于焊缝的纵向收缩和横向收缩所致。

2. 焊接残余变形的控制和矫正方法

(1) 控制焊接残余变形的方法

焊接变形控制有两方面：一是设计方面，如选择合理的焊缝尺寸和形状、减少焊缝数量、合理地安排焊缝位置等。二是工艺方面，这里主要从工艺方面介绍控制焊接残余变形的方法。

1）选择合理的装配—焊接顺序

采用合理的装配焊接顺序，是控制焊接残余变形的重要方法之一。一般是先进行结构的总装，然后再布置岗位安排焊接，对于不能先进行结构总装时，可选择较佳的装焊顺序进行焊接，以达到控制焊接残余变形的目的。

2）选择合理的焊接顺序

合理的焊接顺序和焊接方向是减小焊接变形的有效方法。有对称焊条件时，一定要采用相同焊接工艺参数同时进行焊接。长焊缝焊接，要使用从中间向两端逐步退焊法能有效地减小焊接变形，如图10-18所示。

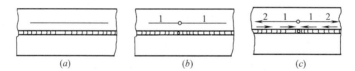

图 10-18　长焊缝的焊接方向和顺序
(a) 变形最大；(b) 变形较小；(c) 变形最小

对于不对称焊缝结构，要先焊焊缝少的一侧，后焊焊缝多的一侧。这样可使后焊的变形抵消焊缝少的一侧变形，使总体变形减小。

3）反变形法

在焊接前，对焊件施加具有大小相同、方向相反的变形，以抵消焊后发生变形的方法，称为反变形法。

4）刚性固定法

刚性大的焊件，焊后变形一般都比较小，当焊件刚性较小时，焊前对焊件进行刚性拘束，强制焊件在焊接时不能自由变形，这种防止变形的方法称为刚性固定法。对薄板焊接是很有效的，特别是用来防止由于焊缝纵向收缩而产生的波浪变形更有效。

5）选择合理的焊接力和焊接参数

采用快速高温焊接法或小线能量（热输入）可以减小焊接变形。采用 CO_2 气体保护焊、等离子弧代替气焊和焊条电弧焊、可以减小变形量。

此外，还有散热法和锤击法也可以减小焊接变形。总之，在实际生产中，防止和控制焊接变形的方法很多，在选择时要考虑焊件的材质、结构的形状和尺寸等诸多因素以及所采用的控制变形方法效果等进行综合分析后再做出决定。

（2）矫正焊接残余变形的方法

在焊接生产中，采用了各种控制变形方法，也不可避免地要出现变形，只能体现变形的大小而已。有时，焊接变形很严重并超出焊接规范、规程所要求的标准，实践证明：通过矫正后的结构完全可以达到使用条件，是一项焊后不可缺少的重要工作。通常矫正结构变形的方法有两种，即机械矫正法和火焰加热矫正法。

1）机械矫正法

通常采用油压机、千斤顶、专用矫正设备等，对变形构件给予外力使构件产生与焊接变形方向相反的塑性变形，达到两者相互抵消。此法简单、效果好、使用比较广泛。适用于塑性比较好的材料及形状简单的构件；对于低合金钢结构焊后先做应力消除处理，然后再进行机械矫正。否则不仅矫正困难；而且还有可能导致裂纹的产生；对高强度钢，如采用此法矫正，更要慎重。

2）火焰加热矫正法

利用局部加热时产生的压缩塑性变形，使较长的金属在冷却后收缩，达到矫正变形的目的。要想达到好的效果，必须做到加热温度和加热位置相对准确。虽然此法简单易行，但做起来还是有一定的难度。

(A) 火焰的加热温度。该种矫正法的关键是掌握火焰局部加热时引起变形的规律,以便确定正确的加热位置,否则会得到相反的效果。同时应控制温度和重复加热的次数。适用于低碳结构钢和普通低合金结构钢的矫正,塑性好的材料可用水强制冷却(易淬火钢除外)。

对于低碳钢和普通低合金结构钢,加热温度为 600~800℃。正确加热温度,可根据材料在加热过程中表面颜色的变化来识别如表 10-2 所示。

加热钢材表面颜色与相应温度　　　表 10-2

钢材表面颜色	温度(℃)	钢材表面颜色	温度(℃)
深褐红色	550~580	樱红色	770~800
褐红色	580~650	淡樱红色	800~830
暗樱红色	650~730	亮樱红色	830~900
深樱红色	730~770	橘黄色	900~1050

(B) 火焰加热方式。火焰加热方式有三种:点状加热、线状加热和三角形加热。

A) 点状加热。加热为一圆点,根据结构特点和变形情况,可加热一点或多点。多点加热常用梅花式。点的直径不小于 15mm,点与点之间的距离一般在 50~100mm。适于薄板波浪形变形的矫正。

B) 线状加热。火焰沿直线方向移动;同时在宽度方向横向摆动称为线状加热。加热线的横向收缩大于纵向收缩。横向收缩随加热线的宽度增加而增加。加热宽度为 0.5~2 倍板厚。适用于变形量较大或刚性较大的变形构件的矫正,有时也用于厚板变形的矫正。

(C) 三角形加热。加热区为一三角形,三角形的底边应在被矫正钢板的边缘,顶端朝内,三角加热的面积较大,收缩量也较大。适用于厚度较大、刚性较大构件的弯曲变形矫正。

火焰矫正焊接变形的实例如图 10-19 所示。

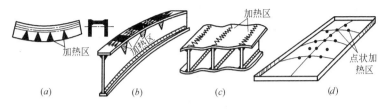

图 10-19 火焰矫形实例
(a)、(b) 三角形加热；(c) 线性加热；(d) 点状加热

（四）焊接结构破坏

1. 概述

焊接结构随着焊接技术的提高，应用越来越广泛。但由于难以预见问题的发生，使得焊接结构还不时发生一些破坏事故，这些事故许多是灾难性的，而且大多是脆性断裂、疲劳断裂和应力腐蚀破坏。因此，了解焊接结构的特点、破坏产生的原因及防止方法等，就显得非常必要了。

（1）焊接结构的特点

焊接结构与铸造结构、铆接结构相比，有它的优缺点。

1）焊接结构的优点

（A）大于构造可以减轻重量，提高产品质量。

（B）没有厚度要求，气密性和水密性好。

（C）因结构多用轧制钢材制造，所以它的过载能力和承受冲击载荷的能力较强。

（D）节省制造工时和材料。

2）焊接结构缺点

（A）焊接结构中存在焊接残余应力和变形。

（B）焊接过程会改变材料性能，使结构的性能不均匀。

（C）焊接结构是一个整体，刚度大，因焊接易产生裂纹等缺陷，导致焊接结构对塑性破坏、脆断和疲劳等破坏特别敏感。

(D) 到目前为止，焊接缺陷的检查方法和手段等尚需提高。

(2) 焊接结构的分类

焊接结构的分类，按其工作特征，并与其设计和制造紧密相连，可分为下列几种类型。

1) 梁、柱和桁架结构

工作在横向和纵向载荷下的结构可称为梁或柱。

由多种杆件（型钢或钢管等）通过节点联成承担梁或柱的载荷，而各杆件都是主要工作在拉伸或压缩载荷下的结构称为桁架。实际上输变电铁塔、电视塔、起重机吊臂（钢管或型钢制造）、钢球（节点）—杆（钢管）网架等也是桁架。

2) 壳体结构

壳体结构包括各种焊接容器，立式或卧式贮罐（圆筒型）球形容器、锅炉、废热锅炉、电站锅炉的汽包、各种压力容器，以及冶金设备（高炉炉壳、热用炉、除尘器、洗涤塔等）、水泥窑炉壳、水轮发电机的蜗壳等。这类结构要求是非常严格的（从材料—制成品），应按国家法规进行设计和制造。通过有关部门检验合格后，才能出厂使用。

3) 运输装备的结构

这种结构大多承受动载荷，所以要求有足够的强度和刚度，以及安全性，并希望结构重量轻，如汽车结构（轿车车体、货车驾驶室等）、铁路敞车、客车车体和船体结构等。

4) 复合结构

常见的有铸、压—焊结构、铸—焊结构和锻—焊结构等。

(3) 焊接结构的破坏形式

焊接结构的破坏主要包括：塑性破坏、脆性破坏和疲劳断裂。其中脆性破坏是焊接结构中最常见的，也是较严重的破坏方式。

2. 焊接结构的塑性破坏

(1) 塑性破坏的特征

塑性破坏包括塑性失稳（屈服或发生显著塑性变形）和塑性

断裂（韧性断裂或延性断裂）。整个过程是结构在载荷作用下，首先发生弹性变形→屈服→塑性变形（塑性失稳）→产生微裂口或微空隙→形成宏观裂纹→发生失稳扩展→断裂。

1）塑性破坏的断口形貌

（A）塑性断裂是由剧烈的塑性变形而引起的，是一种穿晶性断裂。

（B）宏观断口一般是纤维状，暗灰色，断口边缘有剪切唇，附近有宏观的塑性变形。

（C）微观断口呈韧窝状。因受力性质不同，形成正交韧窝、剪切韧窝和撕裂韧窝。

2）塑性失稳

塑性失稳是指要求较高的精密仪器和焊接结构产生屈服或发生了显著的不可回复的塑性变形。

3）塑性破坏的特征

（A）断裂一般都是在有显著塑性变形情况下发生。

（B）因塑性破坏，它是慢慢地扩展到结构的部分到全部、塑性断裂前有显著塑性变形，是完全可以预防的。

（C）破坏时的载荷大于设计承受的极限载荷。

（D）断口处呈纤维状、暗灰色，断口边缘有剪切唇，附近有宏观的塑性变形。

（E）断口形状多为杯状形或呈45°斜断口。

4）塑性破坏的危害

（A）因发生塑性变形，使要求尺寸高的焊接结构报废。

（B）对于高韧性、低强度材料制成的压力容器失效，不是由材料的断裂韧性控制，而是由于强度不是导致塑性失稳破坏。

（C）影响生产，造成设备损失和人员伤亡等。

（2）塑性破坏的原因

1）材料方面　母材的质量规格不符合设计要求，焊接材料与母材不匹配。

2）焊接质量方面　焊工技能不够，责任心不强，有严重的焊接缺陷，如焊缝内部的裂纹、夹渣、气孔，外部的未焊满、未焊透、咬边等不符合有关规范。

3) 应力方面　产生应力是多方面的，有工作应力、焊接残余应力，以及制造、装配时（强力组成）的附加应力等。一旦这些应力超过材料的塑性强度，就会造成结构的破坏。

4) 设计方面　角焊缝焊角高度设计不够，这对压力容器开孔处的补强板焊接、钢结构梁柱间的焊接是非常危险的，受载后很容易产生塑性变形，直致断裂。

(3) 塑性破坏的防止措施

1) 正确、合理地选用材料，并符合设计要求（母材和焊材）。

2) 采用合理的焊接结构设计。对设计有塑性破坏倾向的焊接结构时，一是要做到减少结构的应力集中问题，二是强度设计应满足使用要求。

3) 正确的加工制作。对有塑性破坏倾向的焊接结构，在加工制作安装前一定要制定结构零件加工制作方案和结构安装方案，做好技术交底工作。

4) 提高焊工技术素质和责任心，减少和避免焊缝内外缺陷。

5) 加强焊接过程（从加工制作—运输中的装卸—现场的堆放—总装）中质量的控制

6) 合理的检测手段和方法。

(A) 对重要的对接焊缝和角焊缝（梁与柱的连接），应先用射线检测、并辅以超声波检测；对于不能用射线检测的，可用超声波检测，辅以着色或渗透检测。

(B) 对一些无法用射线和超声波检测的焊缝，可尽量采用渗透或着色检测。

3. 焊接结构的脆性破坏

(1) 焊接结构脆性断裂形式及其危害

1) 脆性断裂形式

根据金属材料在断裂前变形的大小，可分为延性断裂和脆性断裂两种。延性断裂在断裂前有较大的塑性变形；脆性断裂在断裂前没有或只有小量的塑性变形。同一材料在不同的条件下也会出现不同的断裂形式，如低碳钢在低温下也会发生脆性断裂。

(A) 延性断裂。材料在断裂前产生较大的塑性变形后而发生的断裂，称为延性断裂。又可称为塑性断裂或韧性断裂。其断裂过程为塑性金属材料在载荷作用下发生弹性变形，当载荷达到屈服强度时所产生的塑性变形。载荷继续增加，金属将进一步变形并产生微裂口或微空隙。这些微裂口或微空隙，在随后加载过程中逐步汇合起来形成宏观裂纹。当宏观裂纹发展到一定尺寸后则发生失稳扩展，最终导致断裂。

延性断裂的断口一般呈纤维状、暗灰色，边缘有剪切唇，断口附近有宏观塑性变形。杯椎状断口是一种常见的断口。

(B) 脆性断裂。材料在断裂前没有或有少量的塑性变形后而发生的断裂称为脆性断裂，简称"脆断"。脆性断裂，一般是在载荷不高于（往往是低于）结构设计许用应力和没有显著塑性变形的情况下发生的，具有扩展快和突然破坏的性质。不易事先发现和预防，这样就不可避免地造成人员伤亡和财产损失。

脆性断裂的断口一般平整，并与之应力的方向垂直，有金属光泽，没有可以察觉到的塑性变形。

2) 脆性断裂的危害

自从焊接结构得到广泛应用以来，许多国家都发生过一些焊接结构的脆性断裂事故见表 10-3。由于这种事故具有突然发生，不易预防的特点，后果往往是很严重的，甚至是灾难性的。所以，引起了世界各国科学技术人员对焊接结构脆性破坏的注意，推动了对脆性破坏机理的研究，采用多种试验方法研究各有关因素对脆断的影响，并取得不少成果，使脆断事故大为减少。因断裂问题的复杂，有些问题还尚未完全解决，所以，焊接结构的脆性破坏仍是一个应该予以十分重视的问题。

典型脆断事故的实例及产生原因　　　　　表 10-3

损坏日期	结构种类、特点及地点	损坏的情况及产生原因
1934 年	油罐,美国	在气候骤冷时,罐底与罐壁的温差引起脆性裂纹
1938 年～1940 年	威廉德式桥,比利时	由于严重应力集中,残余应力高,钢材性能差,气温骤冷,焊接裂纹引起脆断
1942 年～1946 年	EC2(自由轮)货船、美国建造	设计不当,材料性能差
1943 年 2 月	球形氧罐,直径 13m,美国纽约	应力集中,残余应力大,钢材脆性大(为镇静钢)
1944 年 10 月	液化天然气圆筒形容器,直径 24m,高 13m,美国俄亥俄州	为双层容器,内筒采用 $w_{Ni}=3.5\%$ 的镍合金钢制成,由于材料选用不当,有大量裂纹,在 $-162℃$ 低温下爆炸
1949 年～1963 年	美国以外建造的商船	钢材选用不当,韧性低
1950 年	直径 4.57m,水坝内全焊管道美国	由环焊缝不规则焊波向四周扩展的小裂纹引发
1949 年～1951 年	板梁式钢桥,加拿大魁北克	材料为不合格的沸腾钢,因出现裂纹曾局部修补过
1954 年	大型油船"世界协和号",美国制造	钢材缺口韧性差。断裂发生在船中部,即纵梁与隔舱板中断的两端处引发裂纹,然后裂纹从船底沿两侧向上发展,并穿过甲板。断裂时有大风浪
1962 年	Kings 桥 焊接钢梁,澳大利亚墨尔本	支承钢筋混凝土桥面的四根板腹主梁发生脆裂,裂纹从角焊缝热影响区扩展到母材中
1962 年	原子能电站压力容器,法国 Chinon	厚 100mm 锰钼钢制成,环焊缝热处理不当导致开裂
1965 年 12 月	合成氨用大型压力容器(内径 1.7m,厚 149～150mm),美国	在筒体与锻件埋弧焊时,锻体偏析(Mn-Cr-Mo-V 钢制),在锻件一侧热影响区有裂纹,焊后未进行恰当的消除应力处理
1965 年	"海宝"号钻井船桩腿,英国北海油田	由升降连接杆气割火口裂纹引发脆断,平台整个坍塌
1968 年 4 月	球形容器,日本	壁厚 29mm,800MPa 级高强钢,补焊时热输入量过大,导致开裂
1974 年 12 月	圆筒形石油贮槽,日本	用厚 12mm 的 600MPa 级钢焊制,在环形板的底角处产生 13m 长的脆性裂纹,大量石油外流
1979 年 12 月	400m³ 石油液化气贮罐,中国吉林煤气公司	用厚 28mm 的 Q390(15MnVR)钢焊制,北温带与赤道带的环缝熔合线开裂,迅速扩展至 13.5m,液化石油冲出至明火处引起爆炸

(2) 脆性断裂的特征及产生的原因

1) 脆性断裂的特征

（A）断裂是在没有显著塑性变形的情况下发生，具有突然破坏性质。

（B）由于焊接结构的整体性、大刚度，破坏一经发生，瞬时就能扩展到结构的整体，使脆断难以事先发现加以预防。

（C）结构发生脆断时，材料中的平均应力比材料的屈服极限和设计的许用应力都小得多，是一种低应力下的破坏。

2) 脆性断裂产生的原因

（A）材料的韧性不足。材料的韧性低，在缺口尖端处材料的微观塑性变形能力差。低应力脆性破坏一般在较低温度下产生，材料的韧性随温度降低而急剧下降。此外，随着低合金高强钢的发展，强度指标不断上升，而塑性韧性都有所下降。脆性断裂多发生在焊接区，所以焊缝及热影响区的韧性不足，往往是造成低应力脆性破坏的主要原因。

（B）存在裂纹等缺陷。焊接缺陷是形成脆断的裂源。缺陷中以裂纹为最危险。未熔合、未焊透等缺陷则会造成严重的应力集中、降低材料塑性，都是脆断的裂源。焊接缺陷必须严格控制，加强检测力度，但要完全避免焊接缺陷的产生，还是比较困难的。

（C）一定的应力水平。不正确的设计和不良的加工制作工艺是产生焊接残余应力的主要原因。因此，对焊接结构来说，除工作应力外，还必须考虑焊接残余应力和应力集中程度，以及由于装配等所带来的附加应力。

(3) 脆性断裂的影响因素

1) 应力状态的影响

物体受外载时，在主平面上作用有最大正应力 σ_{max}，与主平面成 $45°$ 的平面上作用有最大剪应力 τ_{max}。如果 τ_{max} 达到屈服点前，而 σ_{max} 先达到抗拉强度，将发生脆性断裂。如果 τ_{max} 先达到屈服点时，就会发生塑性变形及形成延性断裂。可见断裂与应力状态有关。

2) 温度的影响

通过大量实验研究说明：只有具有缺口的试件试验，才能较准确地反映材料和结构抗脆性破坏的能力。温度的降低，材料塑性就会降低，脆性就会增大，断裂方式逐步从延性破坏转为脆性破坏。从延性断裂转变为脆性断裂时的温度，称为韧脆转变温度。

3) 加载速度的影响

随着加载速度的增加，材料的屈服点提高，因而促使材料向脆性转变，其作用相当于降低温度。

4) 材料状态的影响

板厚时，在缺口处易形成三轴拉应力容易发生脆性断裂；同时与轧制过程也有关，如轧制次数少，压延量小，终轧温度高，内外层均匀性较差等也会导致材料的脆性断裂。晶粒度对钢（碳钢和低合金钢）的韧脆转变温度有很大影响，晶粒越细转变温度越低。钢材中的，C、N、O、H、S、P 等元素增加钢的脆性。而 Mn、Ni、Cr、V 等元素适量时，会减少钢的脆性。

5) 制作因素的影响

冷加工（冷弯、剪切）会使材料发生局部加工硬化，因应变时效使材料脆化。

热加工时（气割、碳弧气刨），会使淬硬倾向大的钢材热影响区产生淬硬组织，使淬硬倾向小的钢材热影响后晶粒长大，从而导致热影响区脆性。热冲压和热弯时，不同钢种在一定温度时间条件下，析出脆性相，导致材料脆化。如不锈钢的 σ 相析出脆化等。焊接热循环和应变循环的作用，导致焊接接头产生的脆化，如晶粒长大，淬硬组织、析出的脆性相等引起脆化以及热应变脆化等。焊接缺陷对低温脆性断裂有很大影响（特别裂纹），可以说焊接缺陷是脆性破坏的重要根源。拉伸残余应力会加速裂纹的扩展，对防止脆断非常不利，而压缩残余应力区可阻止裂纹扩展，而有利于防止脆断。

(4) 防止脆性断裂的措施

1) 正确选用材料

采用韧性材料是预防脆性断裂的重要措施。可以说，只依赖良好的设计和制造工艺是很难做到的。所选用的母材和焊材金属，能保证在使用温度下具有合格的缺口韧性。其含义如下所述。

（A）在结构工作条件下，焊缝、热影响区、熔合线等的最脆部位，应具有足够的抗开裂性能，母材金属应具有一定的止裂性能。

（B）随着钢材强度的提高，断裂韧度和工艺性一般都有所下降。因此，不宜采用比实际需要强度更高的材料。不能单纯强调强度指标而忽视其他性能。

2) 采用合理的焊接结构设计

（A）尽量减少结构和焊接接头部位的应力集中：减少和避免搭接接头；采用应力集中系数小的对接接头，当截面有改变时，应采取圆滑过渡，不要形成尖角。

（B）焊缝设计布置必须考虑留有便于（预制和安装）焊接和检验的地方，这样可以避免和减少焊缝内、外部缺陷。焊缝间距要符合有关标准的规定。

（C）在满足结构使用功能的条件下，尽量减少结构的刚度，以便降低附加应力和应力集中的影响。

（D）不采用过厚的截面。因过厚的板材会提高材料脆性断裂转变温度，降低断裂韧性值，反而容易引起脆断。

（E）对于符合不受力焊缝的设计，应与主要承力焊缝一样给予足够重视，以防这些部位产生脆性裂纹后扩展到主要受力元件中，使结构被破坏。

4. 焊接结构的疲劳破坏

焊接结构在交变应力或应变作用下，由于裂纹引发和（或）裂纹扩展而发生的断裂称为疲劳破坏。按照疲劳破坏产生的原因，可分为腐蚀疲劳、热裂疲劳和机械疲劳三种。

(1) 焊接结构疲劳断裂的基本概念

1) 疲劳失效的特点　疲劳断裂与静载荷作用下的断裂不同，有其本身的特点。主要表现有以下几点：

(A) 疲劳断裂是低应力下的破坏，疲劳失效是在远低于材料的静载极限强度，甚至低于屈服点时发生的。

(B) 疲劳破坏宏观上无塑性变形。所以，比在静载下的破坏具有更大的危险性。

(C) 疲劳断裂是与时间有关的一种失效方式，具有多阶段性，疲劳失效的过程就是累积损伤的过程。

(D) 与单向静载断裂相比，疲劳失效对材料的微观、组织和材料缺陷更加敏感，几乎总是在材料表面的缺陷处发生。

(E) 疲劳失效受载荷历程的影响。疲劳断裂和脆性断裂比较一下，可以看出：虽然两者在断裂前都很小，但疲劳断裂需多次加载，而脆性断裂一般不需多次加载；结构脆断是瞬时完成的，而疲劳裂纹的扩展是缓慢的，有时需数年时间；脆性受温度影响特别显著，随温度降低，脆性的危险性迅速增加，但疲劳强度受温度影响都比较小。

疲劳裂纹一般是从应力集中处开始，而焊接结构的疲劳裂纹往往是从焊接接头处产生。

2) 疲劳断裂的过程　任何材料的疲劳断裂过程都要经历裂纹萌生、稳定扩展和失稳扩展三个阶段。在循环应力作用下，由疲劳源慢慢形成微裂纹，以及随后的裂纹扩展，当裂纹达到临界尺寸，构件剩余断面不足以承受外载荷时，裂纹失稳扩展至断裂。焊接接头中产生疲劳裂纹一般要比其他连接形式的循环次数少，这是因为接头中不仅有应力集中（如角焊缝焊趾处），还存在焊接缺陷，同时焊接残余应力也比较高。

(2) 焊接结构疲劳极限的表示方法

1) 疲劳强度和疲劳极限　在金属构件实际应用中，当载荷的数值和（或）方向变化频繁时，即使载荷的数值比静载强度极限小得多，比材料的屈服极限强度低得多，构件仍然可能被破坏，即发生疲劳破坏。人们经常用疲劳强度和疲劳极限表征材料的抗疲劳的能力。

对试样用不同载荷进行多次反复加载试验，即可测得在不同载荷下使试件破坏所需的加载循环次数 N。根据破坏应力与循环次数的关系，绘成如图10-20所示的曲线，即疲劳曲线。

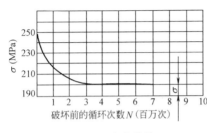

图10-20 疲劳曲线

从疲劳曲线图可以看到：试件和结构中的应力水平越低，则达到疲劳破坏的应力循环次数越高，当试件经受无限次循环而不破坏时的最大应力就称为疲劳极限（亦称疲劳耐久极限）。实际上，不可能对材料进行无限次试验，对于钢材来说，一般认为试件经过 10^7 次循环（$N=10^7$）还不破坏的最大应力，就可作为疲劳极限。

2）应力循环特性和疲劳强度的表示方法　疲劳强度的数值与应力循环特性有关。大多实验室做的疲劳试验是拉伸加载或弯曲加载，在试样内仅引起拉伸应力或压缩应力。在每次循环加载内，与应力循环特性有关的应力参量有如下几种。

σ_{max}——应力循环内的最大应力，N/cm^2；

σ_{min}——应力循环内的最小应力，N/cm^2；

σ_m——平均应力，即最大应力和最小应力代数平均值，N/cm^2；

σ_a——应力振幅，最大应力与最小应力代数差值的1/2称为应力振幅，N/cm^2；

r——应力循环特性系数，它是两个特征应力的比值，（即最小应力与最大应力之比），变化范围为 $-1 \sim +1$。

常见的几种具有特殊循环特性的交变载荷，如图10-21所示。疲劳强度可表示为：

对称交变载荷 $\sigma_{\min}=-\sigma_{\max}$，$r=-1$，其疲劳强度用 σ_{-1} 表示（见图10-21a）；

脉动载荷 $\sigma_{\min}=0$，$r=0$，其疲劳强度用 σ_0 表示（图10-21b）。

拉伸变载荷 $\sigma_{\min}$ 和 $\sigma_{\max}$ 均为抗应力，但大小不等，$0<r<1$，其疲劳强度用 σ_r 表示，下标 r 即相应的应力循环特性系数，如 $\sigma_{0.3}$、$\sigma_{0.5}$ 等（见图10-21c）。

拉压变载荷 $\sigma_{\min}$ 为压应力，$\sigma_{\max}$ 为拉伸力，二者大小不等，其疲劳强度用 σ_{-r} 表示（见图10-21d）。

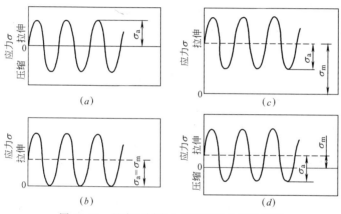

图 10-21　具有不同应力循环特征的变动载荷

不难看出：$\sigma_{\max}=\sigma_{m}+\sigma_{a}$ 和 $\sigma_{\min}=\sigma_{m}-\sigma_{a}$，因此，可以把任何变动的载荷看作是某个不变的平均应力（恒定应力部分）和应力振幅（交变应力部分）的组合。

（3）影响焊接结构疲劳强度的因素

1）应力集中　疲劳强度随应力集中程度的增加而降低。特别是在结构不连续处的焊接接头容易产生疲劳裂纹。

2）焊缝形状　存在余高的对接接头，由于焊趾区的应力集中效应，疲劳强度比去除余高的接头低。角焊缝的根部和焊趾区的应力集中，易引发裂纹，其疲劳强度比对接接头小得多。传递载荷的正面角焊缝接头的疲劳强度与焊角尺寸有关。小焊角时，在根部发生裂纹，疲劳强度变小；大焊角时，则焊趾区的应力集中比根部大,裂纹则在焊趾区产生,这时再增大焊脚尺寸,并不会增加疲劳强度。

3) 残余应力 在具有残余应力的接头上施加交变载荷时,其平均应力值,在有拉伸残余应力的点上是增加的,使疲劳强度降低,而在有压缩残余应力的点上是减少的,使疲劳强度提高。

4) 焊接缺陷 焊接缺陷(如裂纹、夹渣、未焊透、气孔等)是裂源,会使接头疲劳强度显著下降。对疲劳强度大小影响与缺陷的种类、大小、方向和位置有关。片状缺陷要比带圆角的缺陷影响大;表面缺陷比内部缺陷大;垂直载荷方向的片状缺陷比其他方向大;残余应力场区的缺陷比场区外的大,位于应力集中区的缺陷比均匀应力区的大。

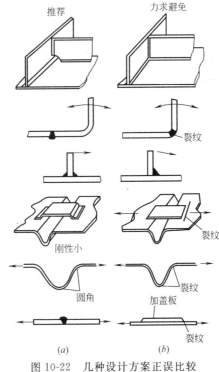

图 10-22 几种设计方案正误比较
(a) 正确;(b) 错误

(4) 改善焊接结构疲劳强度的措施

1) 降低应力集中　应力集中是降低焊接接头和结构疲劳强度的主要原因。所以要降低应力集中，常用的方法有如下几种。

(A) 采用合理的构件结构形式、减少应力集中以提高结构疲劳强度，如图 10-22 所示。

(B) 尽量采用应力集中系数小的焊接接头，如对接接头。采用复合结构将角焊缝改为对接焊缝，同时要保证连接件的截面没有突变，传导力是合理的，实例如图 10-23 所示。图 10-24 是一些不合理对接焊缝实例。

(C) 必须采用焊缝时，一定要采取综合措施，如焊缝端部要进行机械加工、连接板形状要合理、保证根部焊透等来提高接头的疲劳强度，还可降低应力集中和消除残余应力的不利影响。实验证明，采取综合处理后，提高了低碳钢接头处疲劳强度（3～13 倍），对低碳合金钢的效果则显著。

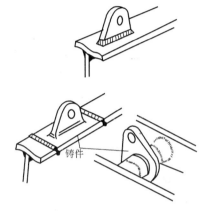

图 10-23　铲土机零件

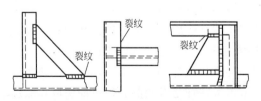

图 10-24　不合理的对接焊缝

(D) 开缓和槽、表面加工及刻槽等方法都可降低构件中的应力集中程度，提高接头的疲劳强度。

(E) 采用电弧整形方法，即在过渡区重熔一次，使焊缝与基本金属之间平滑过渡，减少该区域非金属夹渣物，同时还起到退火作用，因而使接头部位疲劳强度提高。表 10-4 为氩弧焊整形后接头疲劳强度提高的效果表。

氩弧焊整形后接头疲劳强度提高效果　　　表 10-4

接头形式	钢种	试件截面（mm^2）	循环特性	2×10^6 循环下疲劳强度（MPa） 原始状态	2×10^6 循环下疲劳强度（MPa） 加工后	疲劳强度提高（%）	与基本材料
对接	$\sigma_s=340MPa$	70×12	-1	80	120	50	—
对接	$\sigma_s=450MPa$	70×12	-1	115	158	35	—
对接	$\sigma_s=674MPa$	70×12	-1	80	150	90	—
对接	低碳钢 低合金钢	7×2.5	0	52 64	116 181	120 180	0.96
对接	HT60 $\sigma_s=534MPa$	25×25		185	250	35	0.67
搭接并具有加长的端面焊缝	低合金钢	—	0	86	101	30	—
加强板的周边焊缝	$\sigma_s=312MPa$	70×12	-1	95	150	60	—
横加强肋连接	$\sigma_s=341MPa$	70×12	-1	50	90	80	—
横向加肋连接		80×12	0.3	188	219	16	—
纵向加肋连接		80×12	0.3	137	158	15	—

2）调正焊接残余应力场　消除接头应力集中处的残余拉应力或使该处产生残余压应力，都可以提高接头的疲劳强度。

（A）整体处理。包括整体退火或超载预拉法。在循环应力较小或应力循环系数较低，应力集中较高时，残余应力的不利影响增大，采取退火往往是有利的。预拉伸法可降低残余应力，在缺口尖端处产生残余压应力，都可提高接头的疲劳强度。

（B）对接头局部进行处理。采用局部加热或挤压方法。可消除或降低残余应力，因为在应力集中处产生残余压缩力。疲劳强度也就提高了。

（C）改善材料力学性能。通过表面强化处理，如挤压锤击法，以及喷丸法等处理焊缝区，都可以提高接头的疲劳强度。

（D）特殊保护措施。介质往往对材料的疲劳强度有影响，因此采用一定保护层是有利的，例如在应力集中处涂上加填料的塑性层。

（五）接头应力分布及其强度计算

1. 焊接接头工作应力分布

在外力作用下，接头部位产生的应力称为工作应力。接头的工作应力是不均匀的，其原因主要是接头部位的截面变化引起的。不同类型的电弧焊接头因截面变化的急剧程度不同，工作应力分布也有很大的差别。

（1）应力集中的概念

由于焊缝的形状和焊缝布置的不同，焊接接头的工作应力分布是不均匀的。为了表示焊接接头工作应力分布的不均匀程度，这里引入应力集中的概念。

所谓应力集中，是指最大应力值（σ_{max}）比平均应力值（σ_m）高的现象。应力集中的大小，常以应力集中系数 K_T 表示为

$$K_T = \frac{\sigma_{max}}{\sigma_m} \tag{10-1}$$

式中 K_T——应力集中系数；

σ_{max}——截面中最大应力值，MPa；

σ_m——截面中平均应力值，MPa。

在接头部位，由于几何不连续性，不同程度地存在应力集中，即应力集中系数（K_T）均大于1。应力集中现象的产生，往往是由于焊缝断面变化所造成的，也可能是由设计不合理或接头缺陷等所致。

在焊接接头中，产生应力集中的原因是：

1）焊缝中的工艺缺陷。焊缝中经常产生的气孔、裂纹、夹渣、未焊透等焊接缺陷，往往在缺陷周围引起应力集中。其中以裂纹、未焊透引起的应力集中最严重。

2）不合理的焊缝外形。对接接头的焊缝余高过大，角焊缝截面为凸形等，在焊趾处都会形成较大的应力集中。

3）设计不合理的焊接接头。不等厚度的钢板对接时，接头截面突变；加盖板的对接接头，均会造成严重的应力集中。

4）焊缝布置不合理。只有单侧角焊缝的T形接头，也可能引起应力集中。

(2) 焊接接头的工作应力分布

不同的焊接接头在外力作用下，其工作应力分布和工作性能都不一样。

1）对接接头

在焊接生产中，对接接头的焊缝均应略高于母材金属板面，高出部分称之为余高，由于余高造成构件表面不平滑，在焊缝与母材的过渡处即引起应力集中，如图10-25所示。在焊缝余高与母材过渡的焊趾处，应力集中系数 K_T 为1.6，在焊缝背面与母材的过渡处，应力集中系数 K_T 为1.5。应力集中系数 K_T 的大小，主要与余高和焊缝向母材过渡的半径

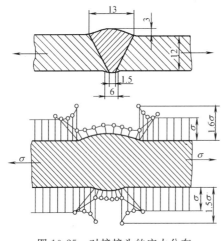

图10-25 对接接头的应力分布

有关，减小过渡半径和增大余高，均能使 K_T 增加。余高太大，虽然能使焊缝截面增厚，但却使应力集中增加，因此生产中应适当控制余高值，不应以增加余高的方法来增加焊缝的承载能

力。在国家有关标准中规定，余高应在 0～3mm 之间，不得超出。

由余高带来的应力集中，对动载结构的疲劳强度是十分不利的，所以要求它越小越好。国家标准规定：在承受动载荷情况下，焊接接头的焊缝余高值应趋于零。因此，对重要的动载结构，可采用削平余高或增大过渡圆弧的措施来降低应力集中，以提高接头的疲劳强度。

对接接头外形的变化与其他接头相比是不大的，所以它的应力集中较小，而且易于降低和消除。因此，对接接头是最好的接头形式，不但静载可靠，而且疲劳强度也较高。

2）T 形接头（十字接头）

由于 T 形接头（十字接头）焊缝向母材过渡较急剧，因此造成应力分布极不均匀，在角焊缝的根部和焊缝向母材的过渡处，产生很大的应力集中，如图 10-26 所示。

图 10-26（a）是未开坡口的 T 形（十字形）接头中正面焊缝的应力分布状况。由于整个厚

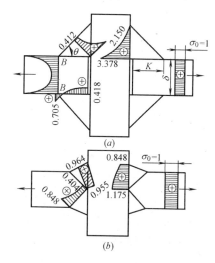

图 10-26　T 形（十字）接头的应力分布

度没有焊透，焊缝根部应力集中很大（$K_T=3.378$），在焊趾截面 B—B 上应力分布也不均匀，B 点的应力集中系数 K_T 随角焊缝的形状而变，应力集中随 θ 角减小而减小，也随焊脚尺寸（K）增大而减小。

图 10-26（b）是开坡口并焊透的 T 形（十字形）接头，这种接头使应力集中大大降低（焊缝根部应力集中系数 $K_T=$

1.175)。因此,保证焊透是降低T形(十字形)接头应力集中的重要措施之一。所以,在生产中对重要的T形(十字形)接头必须开坡口或采用深熔焊法进行焊接。

2. 焊接接头静载强度计算

(1)概述

任何一个焊接结构内都有若干条焊缝,在结构设计时,经常要对接头中的焊缝进行计算和验算。焊接接头的应力分布,尤其是T形(十字形)接头等的应力分布非常复杂,精确计算接头的强度是很困难的,常用的计算方法都是在一些假设前提下的简化计算法。

1)在静载条件下,材料具有足够多的塑性时,应力集中和残余应力可以调匀,因而对强度无不利影响,为了简化计算,通常不考虑接头中的各类应力集中,而认为接头中的工作应力是均匀分布的,可根据平均应力进行计算或验算;在接头和焊缝的强度计算中,也不考虑残余应力的作用。

2)只对传递力的焊缝(即工作焊缝)进行计算和验算,而对不传力焊缝(即联系焊缝)则不需要进行计算。

3)不管实际断裂发生在什么部位,都按作用在计算断面截面积上的应力校核强度,焊缝计算断面截面积是指焊缝计算高度与有效焊缝长度的乘积,焊缝计算高度 a 的定义如图10-27所示。可见,对接焊缝时 a 等于基本母材金属的最小厚度;角焊缝

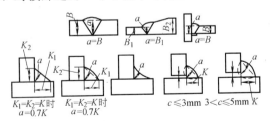

图10-27 焊缝计算高度 a 的定义

焊脚设计 $K_D=\sqrt{2}a$ $c \leqslant 3mm$; $K=K_D$ $3<c \leqslant 5mm$;
$K=K_D+c$ $c>5mm$;插进垫片进行焊接

时，$a=0.7K$（K 为焊脚尺寸）。但对于有较大熔深的埋弧焊和 CO_2 气体保护焊，计算时熔深则不能忽略，此时角焊缝的计算高度 a 如图 10-28 所示。

图 10-28 深熔焊的角焊缝

$$a=(K+p)\cos 45° \quad (10\text{-}2)$$

当 $K \leqslant 8mm$ 时可取 $a=K$，当 $K>8mm$ 时一般可取 $p=3mm$。

有效焊缝长度则认为是焊缝实际长度减去焊缝端部附近易产生缺陷部分的长度。但是具体减多少长度，不同标准规定不同。有的研究认为手弧焊需减去一个焊缝的最大高度值，而我国钢结构设计规范中则建议减去 10mm。

4) 计算中不考虑接头部位微观组织的改变对力学性能的影响。

（2）许用应力

1) 基本金属的许用应力

构件在受拉伸（压缩）外力作用时，将会有一个最大轴向力 N_{max}，该力所作用的横截面称为危险截面，该面上作用的正应力就是最大正应力（也就是最大工作应力），即：

$$\sigma_{max}=\frac{N_{max}}{F} \quad (10\text{-}3)$$

仅知道最大工作应力，并不足以判断该面是否会在强度方面发生破坏。为此，还需知道材料在破坏时的应力，可笼统称为材料在拉伸（压缩）时的极限应力，并用 σ_{jx} 表示。要保证材料不致因强度不足而破坏，应使构件的最大工作应力 σ_{max} 小于极限应力 σ_{jx}，将保证构件具有足够的强度而正常工作的许用应力取为：

$$[\sigma]=\frac{\sigma_{jx}}{n} \quad (10\text{-}4)$$

式中 $[\sigma]$——材料在拉伸（压缩）时的许用应力，N/cm^2；

n——安全系数，其数值通常是由设计规范规定的。

对于每一种材料应该选择相应的应力作为它受拉（压）时的极限应力 σ_{jx}。塑性材料制成的构件，当其发生显著的塑性变形时，往往影响到它的正常工作，所以通常取 σ_s 或 $\sigma_{0.2}$（没有明显流动阶段的塑性材料）作为 σ_{jx}；而脆性材料，由于直到破坏都不会产生明显的塑性变形，由它制成的构件，只有在真正断裂时才丧失正常工作的能力，所以取 σ_b 作为 σ_{jx}。于是塑性材料的许用拉（压）应力应为

$$[\sigma] = \frac{\sigma_s}{n_s} \qquad (10\text{-}5a)$$

或

$$[\sigma] = \frac{\sigma_{0.2}}{n_s} \qquad (10\text{-}5b)$$

而脆性材料的许用拉（压）应力应为

$$[\sigma] = \frac{\sigma_b}{n_b} \qquad (10\text{-}6)$$

一般构件的设计中，规定 n_s 为 1.5～2.0，而规定 n_b 为 2.0～5.0。

2) 焊缝许用应力

焊缝许用应力的大小与许多因素有关，它不但与焊接工艺和材料有关，而且与焊接检验方法的精确程度密切相关。

随着焊接技术的发展以及焊接检验方法的日益改进，焊接接头的可靠性不断提高，焊缝的许用应力也不断增大。确定焊缝的许用应力有两种方法：

（A）用基本金属的许用应力乘以一个系数，确定焊缝的许用应力。该系数主要根据所采用的焊接方法和焊接材料确定，若用一般焊条和焊条电弧焊焊成的焊缝，可采用较低的系数；用低氢型焊条或自动焊焊成的焊缝，则采用较高的系数，见表 10-5。这种方法的优点是可以在知道基本金属许用应力的条件下设计接头，多用于机器焊接结构上。

（B）采用已经规定的具体数值。该方法多为某类产品行业所用，为了本行业的方便和技术上的统一，常根据产品的特点、工作条件、所用材料、工艺过程和质量检验方法等，制定出相应的焊缝许用应力值，见表 10-6。

焊缝许用应力（N/cm²）　　　表 10-5

焊缝种类	应力状态	焊缝许用应力	
		420MPa 及 490MPa 级焊条的焊条电弧焊	低氢型焊条的焊条电弧焊、自动焊和机械化焊接
对接焊缝	拉应力	$0.9[\sigma]$	$[\sigma]$
	压应力	$[\sigma]$	$[\sigma]$
	切应力	$0.6[\sigma]$	$0.65[\sigma]$
角焊缝	切应力	$0.6[\sigma]$	$0.65[\sigma]$

注：1. 表中 $[\sigma]$ 为基本金属的许用拉应力。
　　2. 适于低碳钢和 490MPa 级以下的低合金结构钢。

钢结构焊缝许用应力（N/cm²）　　　表 10-6

焊缝种类	应力种类	符号	自动焊、机械化焊接和用 E43 型焊条的焊条电弧焊				自动焊、机械化焊接和用 E50 型焊条的焊条电弧焊		
			构件的钢号						
			Q215 钢		Q235 钢		Q345 钢（16Mn）钢		
			第一组[①]	第二、三组[①]	第一组[①]	第二、三组[①]	第一组[①]	第二组[①]	第三组[①]
对接焊缝	抗压	$[\sigma'_a]$	15200	13600	16650	15200	23500	22600	21000
	抗拉 自动焊或用精确方法[②]检查质量的手工焊和半自动焊焊缝	$[\sigma'_t]$	15200	13600	16650	15200	23500	22600	21000
	抗拉 用普通方法[②]检查质量的手工焊和半自动焊焊缝	$[\sigma'_t]$	12700	11750	14200	12700	20100	19100	18100
	抗剪	$[\tau']$	9300	8300	9800	9300	14200	13600	12700
角焊缝	抗拉、抗压、抗剪	$[\tau']$	10700	10700	11750	11750	16650	16650	16650

注：① 钢材按其尺寸分组，分组尺寸见表 10-7。
　　② 焊接检验的普通方法指外观检查、测量尺寸、钻孔检查等方法；精确方法是在普通方法的基础上，用射线或超声波进行补充检查。

钢材的分组尺寸（mm） 表10-7

组别	钢材的钢号			
	Q215 或 Q235 钢			Q345(16Mn)钢
	棒钢直径或厚度	型钢或异型钢厚度	钢板厚度	钢材的直径或厚度
第一组	≤40	≤5	4～20	≤16
第二组	>400～100	>5～20	>20～40	17～25
第三组		>20		26～36

注：1. 棒钢包括圆钢、方钢、扁钢及六角钢。型钢包括角钢、工字钢和槽钢。
2. 工字钢和槽钢的厚度指腹板厚度。

（3）对接接头静载强度计算

计算对接接头的强度不考虑焊缝余高，所以计算基本金属强度的公式完全适用于计算对接接头。焊缝长度可取实际长度，计算高度取两板中较薄者的厚度。如果焊缝金属的许用应力与基本金属相等，则可不必进行强度计算。

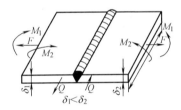

图 10-29 对接接头受力情况

1）对接接头受力种类

对接接头可承受拉、压、弯、剪切等力，全部焊透的对接接头各种受力情况如图 10-29 所示。图中 F 为接头所受拉（或压）力，Q 为剪切力，M_1 为平面内弯矩，M_2 为垂直平面弯矩。

2）对接接头受拉（压）静载强度计算

对接接头受拉时强度计算公式为

$$\sigma = \frac{F}{L\delta_1} \leqslant [\sigma'_t] \tag{10-7}$$

受压时为

$$\sigma = \frac{F}{L\delta_1} \leqslant [\sigma'_a] \tag{10-8}$$

式中 F——接头所受拉力或压力，N；

L——焊缝长度，cm；

δ_1——接头中较薄板的厚度，cm；

σ——接头受拉或受压时焊缝中所承受的应力，N/cm^2；

$[\sigma'_t]$——焊缝受拉或受弯时的许用应力，N/cm^2；

$[\sigma'_a]$——焊缝受压时的许用应力，N/cm^2。

【例】 将两块长 500mm、厚 5mm 的钢板对接在一起，两端受 284000N 的拉力，材料为 Q235 钢，试校核其焊缝强度。

【解】 由表 10-6 和表 10-7 查得 $[\sigma'_t]=14200N/cm^2$，已知 $F=284000N$，$L=500mm=50cm$，$\delta_1=5mm=0.5cm$。

代入对接接头受拉强度计算公式：

$$\sigma=\frac{P}{L\delta_1}=\frac{284000N}{50cm \times 0.5cm}=11360N/cm^2 < 14200N/cm^2$$

该焊缝满足强度要求，工作时是安全的。

3）对接接头受剪切静载强度计算

对接接头受剪切时强度计算公式为

$$\tau=\frac{Q}{L\delta_1} \leqslant [\tau'] \qquad (10\text{-}9)$$

式中 Q——接头所受剪切力，N；

L——焊缝长度，cm；

δ_1——接头中较薄板的厚度，cm；

τ——接头中焊缝承受的切应力，N/cm^2；

$[\tau']$——焊缝许用切应力，N/cm^2。

【例】 两块材料为 Q235 的钢板对接，板厚 10mm，焊缝受 29300N 的剪切力，试计算焊缝长度。

【解】 由表 10-6 和表 10-7 查得 $[\tau']=9800N/cm^2$，已知 $Q=29300N$，$\delta_1=10mm=1cm$，

由上式知：$L \geqslant \dfrac{Q}{\delta_1[\tau']}=\dfrac{29300}{1\times 9800}=2.99cm$

$$L \geqslant 29.9mm$$

取 $L=30mm$ 时，该焊缝满足强度要求。

十一、典型金属结构的焊接

（一）压力容器的焊接

凡承受流体介质压力的密封设备称为压力容器。压力容器一般泛指在石油化工和其他工业生产中用于完成反应、传热、传质、分离和贮运等生产工艺过程，并具有特定功能的承受一定压力的设备。

1. 压力容器的基本知识

（1）压力容器分类及特点

根据《压力容器安全技术监察规程》，压力容器必须同时具备：最高工作压力≥0.1MPa，容器的容积≥25L，工作介质为气体、液化气体和最高工作温度高于标准沸点（指一个大气压下的沸点）的液体这三条规定。否则属于常压容器。

1）压力容器的分类

（A）按压力高低分类有低压容器、中压容器、高压容器和超高压容器。

低压容器——最高工作压力大于或等于 0.1MPa，小于 1.6MPa。

中压容器——最高工作压力大于或等于 1.6MPa，小于 10MPa。

高压容器——最高工作压力大于或等于 10MPa，小于 100MPa。

超高压容器——最高工作压力大于或等于 100MPa。

(B) 根据容器压力的高低、容积的大小、介质的危害程度，以及在生产过程中的重要作用，将容器分为三类。

Ⅰ类容器——指装有非易燃或无毒介质的低压容器，或者是装有易燃或者有毒介质的低压分离容器和换热容器。

Ⅱ类容器——指属于下列情况之一的容器。

A) 中压容器；

B) 装有剧毒介质的低压容器；

C) 装有易燃或有毒介质的低压反应容器及贮罐；

D) 内径小于1m的低压废热锅炉。

Ⅲ类容器——指属于下列情况之一的容器。

A) 高压、超高压容器；

B) 装有剧毒介质的大型低压容器和中压容器；

C) 装有易燃或有毒介质的中压反应容器，中压贮罐或槽车；

D) 中压废热锅炉或内径大于1m的低压废热锅炉。

(C) 根据容器工作温度可分为高温容器（200~500℃）、常温容器（自然环境温度）和低温容器（-20~-253℃）。

(D) 按压力容器作用分：

A) 反应压力容器。主要用于完成介质物理、化学反应的容器。如反应器、发生器、分解锅、蒸煮炉等。

B) 换热压力容器。主要用于完成介质热量交换的容器。如废热锅炉、热交换器、冷却器、蒸发器等。

C) 分离压力容器。主要用于完成介质的流体压力平衡和气体净化分离等的容器，如分离器、过滤器、集油器等。

D) 储存压力容器。主要用于盛装生产和生活用的原料气体、液体、液化气体的容器。如各种形式的贮罐、槽车等。

2) 压力容器特点

(A) 工作条件恶劣。主要表现在载荷、温度和介质三方面。

A) 载荷。除承受静载荷外，还承受低周疲劳载荷。

B) 环境温度。在高温下工作，有时还要在低温下工作。

C）介质。有空气、水蒸气、硫化氢、液化石油气、液氨、液氯、各种酸和碱等。

（B）容易发生事故。这主要是因为：

A）与其他设备相比，容易超负载荷运行。容器内压力会因操作失误或反应异常而迅速升高。往往在尚未发现的情况下，容器已遭到破坏。

B）局部区域受力情况比较复杂。如在容器开孔周围及其他结构不连续处，常因过高的局部应力和反复的加压、卸压而造成破坏事故。

C）隐藏难以发现的缺陷。例如制造过程留下的微小裂纹没有被发现，在使用过程中裂纹就要扩展，或在合适条件下（使用温度、工作介质等）突然发生破坏。

D）使用条件比较苛刻。

（C）使用广泛并要求连续运行。压力容器一般要求连续运行，它不能像其他设备那样可随时停下检修。如果突然停止运行，就会给一条生产线、一个工厂，甚至一个地区的生产和生活造成极大的影响，间接和直接的经济损失也是非常大的。

(2) 压力容器的构成

压力容器的构成形式很多，下面以最常见的组合型容器为例做一说明。这类容器主要由筒体、封头、法兰、密封元件、开孔与接管、支座等构成。

1）筒体。筒体是压力容器主要组成部分之一。储存物料或完成化学反应所需要的压力空间大部分是由它完成的，所以筒体的大小往往是根据工艺要求来确定的。形状有圆筒形、锥形和球形等。

2）封头。根据几何形状的不同，封头可分为球形封头、椭圆形封头、碟形封头和平盖形封头几种形状。在压力容器中，封头与筒体连接时，只能采用球形或椭圆形封头，不允许用平盖形封头。

3）法兰。法兰是容器及管道连接中的重要部件，它的作用是用螺栓连接，并通过拧紧螺栓使垫片压紧而保证密封。

4) 开孔与接管。由于工艺和检修的需要,在容器的筒体或封头上开设各种或安装接管,如人孔、视镜孔、物料进出口孔,以及安装压力表、液位计、流量计、热电偶、安全阀等接管开孔。

5) 密封元件。密封元件是放在两个法兰或封头与筒体端部接触面之间,借助于螺栓等连接件压紧,使筒内的液体或气体介质不致泄漏。

根据容器的工作压力、介质、温度等来选择密封元件。密封元件有金属(紫铜、铝、软钢)密封元件、非金属(石棉、橡胶等)密封元件和组合型密封元件(铁包石棉、钢丝缠绕石棉等)。

6) 支座。支座是支撑压力容器并固定基础上的受压元件。支座是根据容器安装形式来决定的。常见支座形式有鞍式、支撑式、悬挂式、裙座式等,球形容器常采用柱式和裙式两种支座。

2. 压力容器用钢的要求及其分类

(1) 压力容器用钢的要求

焊接压力容器是一种受内压或外压的密封结构。其内部不但承受很高的压力,往往还装有易燃、易爆、有毒和有腐蚀的介质。所以,压力容器用钢要比其他焊接金属结构用钢要求高,需满足下面几点要求。

1) 具有足够的强度 压力容器是具有爆炸危险的设备,为了安全,必须保证压力容器本身及其部件具有足够的强度。特别是经过热加工和多次热处理的钢材,仍应保证强度性能不低于标准规定的下限值。因此,不论容器压力高低,抗拉强度的安全系数为3,屈服点的安全系数为1.6。

2) 塑性和韧性好 压力容器用钢必须具有足够的塑性和韧性,是防止脆性断裂的必要条件之一,也是对压力容器各部件,如筒体、封头和接管等冲压、卷制、热压成型等冷、热加工制造工艺的要求。几种常用压力容器用钢板的低温冲击韧度要求见表11-1(工作温度≤-20℃,试样缺口为V形)。

常用压力容器用钢板的低温冲击韧度要求　　表 11-1

钢　号	钢板使用状态	板厚(mm)	最低试验温度(℃)	冲击韧度 a_K (J/cm²) 试样尺寸(mm×mm×mm) 10×10×55	5×10×55
Q235R[①]	热轧	6～12	-20	≥18	≥12
Q235R[①]	正火	6～20	-20	≥18	≥12
16MnR	热轧	6～12	-25	≥21	≥14
16MnR	热轧	13～20	-20	≥21	—
15MnVR	正火	6～30	-40	≥21	≥14
15MnVR	正火	32～50	-30	≥21	
15MnVNR	正火	11～30	-40	≥28	—
15MnVNR	正火	32～50	-30	≥26	

① R 表示压力容器用钢，下同。

3) 具有相适应的使用温度　各类压力容器工作温度都有很大差异，所以在选用钢材时，除要求具有的强度、塑性、韧性外，还必须保证在不同工作温度下具有足够的力学性能。常见压力容器用钢的工作温度见表 11-2。

压力容器用钢的工作温度　　表 11-2

材料名称	碳素钢(非容器钢除外)	低合金钢	低温钢	碳钼钢及锰钼铌钢	铬钼钢	奥氏体不锈钢
工作温度	-19～475℃	-40～475℃	-90～-20℃	520℃	580℃	-196～700℃

4) 焊接性要好　为了确保焊接压力容器的质量，材料应具有良好的焊接性能。焊接结构压力容器用钢的含碳量不能大于 0.24%。对于大厚度压力容器用钢，其含碳量也应控制在较低值为好。

5) 具有较高的耐腐蚀性　在石油、化工行业中，压力容器装有的介质都有一定的腐蚀性，只是腐蚀性程度不同，重者会使容器泄漏或破裂。为了长期安全运行，应选择在腐蚀介质中工作的压力容器用钢的铬含量不小于 13%。

(2) 压力容器用钢的钢材分类

各类压力容器用钢，对其冶炼方法、合金成分、金相组织和用途均有不同的要求。

1) 按冶炼方法分类　根据冶炼设备不同，炼出的钢有平炉钢、电炉钢和转炉钢三种。

压力容器用钢，如果采用低合金钢和高合金钢材要求严格时，必须用电炉钢；如果压力容器采用碳钢和低合金钢时，可用平炉钢和转炉钢，但转炉冶炼必须采用氧气顶吹法，提高钢材质量。

2) 按脱氧程度分类　按脱氧程度可将钢材分成沸腾钢、镇静钢和半镇静钢。沸腾钢成材后性能很差，所以不能用于压力容器的受压部件（如筒体、封头等），只能用于非受压件。

3) 按合金成分分类　按合金成分分类有碳钢，低合金高强度钢、低温钢、中温钢和高合金钢。

3. 压力容器用焊接材料

(1) 对压力容器焊缝金属性能的基本要求

构成压力容器所有焊缝（筒体、封头、接管等焊缝），承受着与受压壳体相同的各种载荷、温度、工作介质的物理-化学反应的作用。所以对焊缝金属提出以下几点基本要求。

1) 等强性　焊缝金属的抗拉强度不能低于母材标准规定的下限值。这里所指的强度包括常温、高温和持久强度。

对于压力容器高温部件的焊缝金属强度，应当按最高设计温度下的强度指标选择焊接材料，不必要求同时达到室温强度规定的指标。

2) 等塑性　焊缝金属的塑性和韧性指标，不能低于母材标准规定的塑性和韧性指标的下限值。这里所指的塑性包括低温和高温的塑性及韧性指标不低于标准规定的最低值。这里还要指出：韧性值包括焊缝中心、熔合区和热影响区三个部位。

3) 等耐蚀性　焊缝金属的抗氢能力、耐化学腐蚀的稳定性、抗氧化性和抗应力腐蚀性能不低于母材标准规定的指标。

(2) 焊接材料的选择

焊接材料选择的目的就是要保证焊接接头的优良性能。具体选择焊接材料时，还要根据焊接结构材料的化学成分、力学性能、焊接工艺性、产品工作条件（介质、温度等）、接头形式、刚性大小、受力状况和焊接设备等条件，进行综合考虑后再确定。正确选择焊接材料（焊条、焊丝和焊剂）时，还要考虑以下几方面问题。

1) 焊条的选择原则

(A) 对于碳钢和低合金来说，焊缝金属和母材要等强，也就是说，按照母材的强度选择焊条就可以了，这是必须指出钢材（母材）的强度等级是按屈服强度分级的，而焊条是按抗拉强度分级的。所以，选择焊条要按钢材的抗拉强度来考虑。所谓等强，就是说焊缝强度不能过高，否则会使塑性、韧性下降。

(B) 对于耐热钢、耐腐蚀钢等特殊性能的钢种，为了保证焊缝金属的特殊性能，要求焊缝金属的主要金属元素与母材相同或接近。

(C) 对承受压力或应力载荷的结构，除保证抗拉强度外，还必须满足焊缝金属的塑性和韧性的要求。所以，要选择抗裂性好的碱性焊条。

(D) 当介质有腐蚀作用时，应根据介质的种类、浓度、温度等情况，正确选择相应的耐腐蚀焊条。

2) 焊丝和焊剂选择的原则

(A) 焊丝。低碳钢埋弧自动焊，其焊丝一般采用 H08A。当焊件厚度较厚时，应选用 H08MnA 和 H10Mn2 等低硅焊丝。

(B) 焊剂。焊剂的选择应注意与焊丝的合理配合。

A) 焊接低碳钢可选用高锰高硅焊剂配合低碳钢焊丝（如 H08A＋HJ431），或用低锰、无锰焊剂配合低合金钢焊丝（如 H08MnA＋HJ130），均可获得满意的焊接接头。因为对于低碳钢和低合金钢来说，焊缝金属的 Mn/Si 比是决定其韧性的主要因素。各种强度等级的金属焊缝的韧性与 Mn/Si 的关系，总的趋势是 Mn/Si 越高，焊缝金属的韧性越高。当 Mn/Si 小于 2 时，焊缝金属的韧性就不易得到保证。

B) 焊接低合金钢时，多选用与母材成分相近的焊丝，因此应选用低锰或中锰中硅焊剂。

C) 焊接高合金钢时，主要选用惰性焊剂，配合与母材成分相近的焊丝来进行焊接。

4. 压力容器焊接

（1）压力容器的焊工考试

1) 压力容器焊工考试规则的重要性

压力容器的焊接要求是非常高的一次工作，其安全可靠性对于保障人身和财产的安全是至关重要的。要求参与压力容器的焊工必须具备较高的焊接技术素质。凡从事压力容器制造的工作人员和焊工必须严格执行"压力容器焊工考试规则"的有关规定。

在规则中明确凡从事焊条电弧焊、气焊、钨极氩弧焊、熔化极气体保护焊、埋弧自动焊的焊工，必须取得基本知识和操作技能考试合格后，才准许从事受压元件的焊接工作（在有效期内的合格项目）。

2) 考试内容和方法，压力容器焊工考试内容由基本知识和操作技能两部分组成。焊工必须首先通过基本知识考试，合格后才能参加操作技能的考试。

（2）压力容器焊接特点和要求

1) 压力容器焊接特点

（A）压力容器焊接与其他焊接结构的焊接相比，质量要求高；

（B）局部结构受力比较复杂（如开孔处的接管补强焊接）；

（C）使用钢材的品种多，焊接性差；

（D）新技术、新工艺应用广；

（E）对操作工人技术素质要求高；

（F）有关焊接规程、管理制度完备、要求严格。

2）对压力容器的要求

（A）强度。压力容器是带有爆炸危险的设备，为了生产和人身安全，要求容器的每个部件都必须有足够的强度，并且在应力集中的地方要做适当的补强。

（B）刚性。是指在外力使用下能够保持原来形状和能力，不会因强度不足而发生破坏和过量的塑性变形，但由于弹性变形过大也会丧失正常的工作能力。

（C）耐久性。指设备使用年限，通常压力容器的使用年限为 10 年左右，高压容器使用年限为 20 年左右。

（D）密封性。密封性对压力容器是至关重要的，一方面是保证焊接质量（焊缝检验合格）合格，另一方面容器制作完成后，一定还要按规定进行水压试验，确保密封性合格。

（3）压力容器焊接接头形式

1）焊接接头的主要形式

在压力容器中，焊接接头的主要形式有对接接头、角接接头、搭接接头。

（A）对接接头。筒体与封头等主要部件的连接均采用对接接头，因为这种接头受力均匀，也容易做到与母材等强的要求。

（B）角接接头。筒体与管（人孔等）连接均采用角接接头，有插入式和骑座式两种。

（C）搭接接头。搭接接头主要用于非受压部件与受压壳体的连接，如支座与壳体的连接。

2）焊接接头的分类

压力容器壳体上的焊接接头按其受力状态及所处部位可分成 A、B、C、D 四类。见图 11-1。

（A）A 类接头是容器中受力最大的接头，所以要求采用双面焊或保证全部焊透的单面焊缝，主要是筒节的拼接纵缝、封头瓣片的拼接缝、半球形封头与筒体的环焊缝等。

（B）B 类接头的工作应力为 A 类的 1/2，除可采用双面焊的

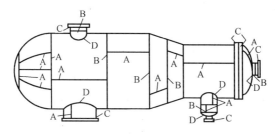

图 11-1 压力容器焊接接头形式分类

对接接头之外,也可采用带衬垫的单面焊缝。它包括筒节间的环焊缝、椭圆形及碟形封头与接管相接的环焊缝等。

(C) C 类接头受力较小,通常用角焊缝连接。但对于高压容器,装有剧毒介质的容器和低温容器应采用全焊透接头。如法兰、管板等处的焊缝。

(D) D 类接头是接管与筒体的交叉焊缝、受力条件较差,且存在较高的应力集中。再有焊接时刚性拘束较大,焊接残余应力也大,易产生缺陷,因此在容器中,D 类接头也应采用全焊透的焊接接头。

(4) 焊接工艺评定及焊接工艺指导书

压力容器产品施焊前,对受压元件之间的对接焊接接头、要求全焊透的 T 形接头、受压元件与承载的非受压元件之间的全焊透的 T 形或角接焊接接头,以及受力元件的耐腐蚀堆焊层等都应进行焊接工艺评定。钢制压力容器的焊接工艺评定应符合《钢制压力容器焊接工艺评定》(JB 4708) 标准的有关规定。

焊接工艺评定是保证压力容器焊接质量的重要措施。焊接工艺评定报告即是验证拟定的焊接工艺指导书是否合适的手段,又是制定正式焊接工艺指导书的重要依据。焊接工艺评定完成后,焊接工艺指导书或焊接工艺卡发给有关部门和焊工,焊工必须遵照实施,不得任意修改。

(5) 对压力容器组焊的要求

1) 不宜采用十字焊缝。相邻两筒节间的纵缝和封头拼接焊缝与相邻筒节间的纵缝应错开。其焊缝中心线之间的外圆弧长一般应大于筒体厚度的 3 倍,且不小于 100mm(下料时,应特别注意)。

2)临时用的吊耳、拉筋板及垫的焊接,应采用与压力容器壳体相同或在力学性能和焊接性能方面相似的材料,并用相应的焊接材料和工艺进行焊接。临时焊件割除后(打磨平滑),应做渗透或磁粉检测,确保容器表面无裂纹。打磨后,该处厚度不得低于设计厚度。

3)不允许进行强力组装。

4)受压元件之间或受压元件与非受压元件之间的组装定位焊,若定位焊缝保留成为焊缝的一部分时,就必须按受压元件的焊缝要求(焊接材料、焊接工艺等)进行定位焊接。

(6)对焊缝返修的要求

1)应分析缺陷产生的原因,提出相应的返修方案。

2)返修应编制详细的工艺,经焊接责任工程师批准后才能实施。

3)同一部的返修次数不宜超过 2 次。如超过两次以上的返修,需经单位技术总负责人的批准。返修次数、部位、检测结果,以及单位技术总负责人批准字样一并载入压力容器质量证明书的产品制造变更报告中。

4)施工现场(工厂及工地)焊接记录应详尽。其内容应包括天气情况、返修长度、焊接工艺参数(电流、电压、速度、预热温度、层间温度、后热温度和保温时间、焊材牌号、规格及焊接位置等)和施焊者及其钢印等。

5)需焊后进行热处理的压力容器,应在热处理后,焊接返修完,否则还要做一次热处理。

6)压力试验后需返修的,返修部位必须按原检测方法要求检测合格。由于焊接接头或接管泄漏而进行返修的,或返修厚度大于 1/2 壁厚的压力容器,还应重新进行压力试验。

7)有抗晶间腐蚀要求的奥氏体不锈钢制作的压力容器,返修部位仍需保证原有的抗晶间腐蚀性能。

(7) 压力容器的焊前预热和焊后热处理

1) 焊前预热

压力容器焊接，焊前预热是防止接头裂纹，改善焊接接头组织性能，减小焊接应力的重要工艺措施。焊前预热的作用在于：

（A）改变了焊接过程的热循环，降低焊接接头各区在高温转变和低温转变温度区间的冷却速度，避免或减少了淬硬组织的形成。

（B）减少焊接区的温度梯度，降低了焊接接头的内应力，并使之较均匀地分布。

（C）扩大了焊接区的温度场，使焊接接头在较宽的区域内处于塑性状态，减弱了焊接应力的不利影响。

（D）延长了焊接区在100℃以上温度的停留时间，有利于氢的逸出。

多层焊时对层间的温度控制，对保证焊接质量也是非常必要的。一般层间温度等于预热温度。

2) 焊后处理

焊后处理根据不同要求可分为三种：即低温焊后热处理、去氢处理和消除应力处理。

（A）低温焊后热处理。即焊接结束后，将焊件或整条焊缝立即加热到150～250℃温度范围，并保持一段时间的处理工艺。

后热主要用于焊前预热不足以防止冷裂纹的产生、焊接性很差的低合金钢或高拘束度接头等场合。后热温度和时间与钢材的冷裂敏感性、焊接材料的含氢量和接头拘束度有关。后热温度越高，保温时间越长，去氢效果愈明显。保温时可按板厚估算，1min/mm，但至少不应少于30min。

（B）去氢处理。即焊接结束后，立即加热到300～400℃并保温一段时间，以加速氢的扩散逸出。氢的排出程度与加热温度和时间有关。温度高保温时间可短些，温度低保温时间就长些。生产中去氢处理的温度为300～400℃，时间为1～2h。

（C）消除应力处理。即将焊件均匀地以一定加热速度加热到 Ac_1 点以下足够高的温度，保温一段时间后随炉均匀地冷却到300~400℃，最后将工件移到炉外空冷。

焊后消除应力处理的目的有以下几点：

A）消除或减少焊缝中氢含量，提高接头的抗裂性和韧性。

B）降低残余应力、消除冷作硬化，提高了接头抗脆断和抗应力腐蚀的能力。

C）改善焊缝及热影响区的组织，使淬硬组织经受回火处理而提高了焊接接头各区域的韧性。

D）稳定低合金耐热钢焊缝及热影响的碳化物，提高接头的高温持久强度。

E）降低焊缝及热影响区的硬度，易于切削加工。

（二）梁、柱的焊接

1. 梁、柱概述

梁和柱是金属结构中的基本元件，尤其在大型钢结中（如高层建筑、桥梁、飞机修理、炼钢等）是承受载荷的主要构件。受力时承受弯曲的构件称为梁；承受压缩的构件称为柱。梁和柱均是由钢板和型钢焊接成形构件。常见的是工字形（或H形）和箱形截面的梁和柱。

（1）工字形截面的梁和柱

工字形截面的梁和柱，都是由三块板组成，上、下为翼板，中间为腹板。仅仅在相互位置、薄与厚、宽与窄、有无筋板等方面有所区别。通过4条焊缝连接组成了工字形截面的梁和柱。若一根梁上受力情况不同时，可沿梁的长度方向上改变梁的截面，制成变截面梁。

（2）箱形截面的梁和柱

箱形梁和柱的截面形状为长方形和正方形，由四块板焊接而成。箱形梁适用于同时受水平、垂直弯矩或扭矩的场合，因刚性大，能承受较大的外力作用，箱形梁多为封闭形的长方形状。箱形柱截面多为正方形状,其壁厚较箱形梁厚,也是通过四条焊缝连结而成。为了提高梁和柱的整体和局部刚性以及稳定性,常在其内部设置筋板和隔板来实现稳定性。梁中的筋板设置比较复杂,制造(主要是焊接)较困难。柱中的隔板,由于板较厚,箱体又是封闭的,所以,要想壁板与筋板焊透困难较大。

2. 焊接接头的坡口形式

大中型钢结构的梁和柱一般为焊接结构,根据结构和不同的焊接方法,将其焊成工字形(或 H 形)、箱形的梁和柱。按照梁、柱结构特点和要求,所有拼板接头均为对接接头,腹板与翼板连接为 T 形角接接头,方形截面箱形柱四块板间连接为 L 形角接接头。

焊接结构的梁和柱,根据对承受载荷要求的不同,角接接头可分为部分焊透和全焊透两种。而所有对接接头要求全部焊透。

坡口的选择原则是:首先要保证焊缝质量,其次考虑焊接方法和工艺、生产效率、焊接变形等综合因素和经济效果。

(1) 拼板焊接坡口

由于大型梁和柱使用的板材均较厚,而且要求全焊透,无论哪种焊接方法,都要保证焊接质量和焊后的平直度。所以一般均选择 X 形坡口。为提高生产效率考虑了埋弧自动焊,如图 11-2 所示。

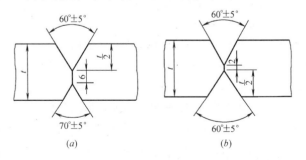

图 11-2 梁、柱拼板焊接坡口
(a) 埋弧自动焊;(b) 焊条电弧焊或 CO_2 气体保护焊

(2) 腹板与翼板之间的"T"形角焊坡口

根据受力大小不同,坡口形式有部分焊透和全焊透两种,如图 11-3 所示。

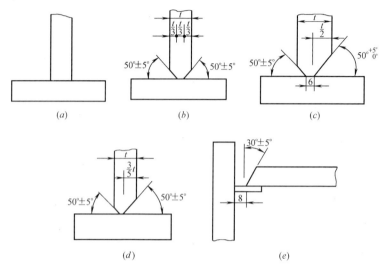

图 11-3 T形角接接头焊接坡口
(a)、(b) 部分焊透;(c)、(d)、(e) 全焊透

当板厚≤18mm,焊角尺寸≤12mm 时,可不用开坡口,如图 11-3(a)所示;当板厚＞18mm,焊角尺寸＞12mm 的角焊缝,可采用部分焊透的角接接头,坡口形式如图 11-3(b)所示,焊后引起的角变形较小些。

要求全焊透的角接接头坡口形式根据选用的焊接方法不同,可分别采用如图 11-3(c)、(d)、(e)所示的坡口。如工字形截面的角接接头采用埋弧自动焊的坡口形式。如图 11-3(c)所示。采用焊条电弧焊或 CO_2 气体保护焊的坡口形式如图 11-3(d)所示。对于长方形箱形截面的"T"形角接接头,由于箱形梁内有横向筋板(或隔板等)就不可能采用埋弧自动焊工艺,如果用"K"形坡口,在箱内采用焊条曲弧焊或 CO_2 气体保护焊,焊后初应力、初变形都比较大,不利于控制箱梁整体变形,同时还要清根（焊补焊缝时），劳动强度大，生产效率低。改"K"形坡口为单面V形坡口加钢衬垫。如图 11-3（e）所示，情况就完全变了，可采用埋弧自动焊，保证焊接质量、生产效率提高了，大大减轻了劳动强度，同时又有利于控制焊接变形。

对于箱形梁内安装的构件与翼板形成的全焊透T形面接头，构件之间的距离小于 400mm 的节点，只能采用焊条电弧焊，其坡口形式如图 11-4（a）所示。板较厚时，还要进行多层多道焊，如果是低合金高强度钢，焊前还要预热，在这样焊位狭小高温下操作，很难达到焊接质量要求。此外，外缝焊前还需清根。

为满足焊透要求，将其坡口改成如图 11-4（b）所示的单面V形坡口加钢衬垫，这样可采用埋弧自动焊工艺，改善了作业环境，又提高了焊接生产效率，同时也保证焊缝的焊接质量。

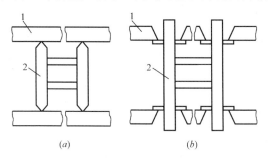

图 11-4 狭小位置T形节点坡口形式
(a) 全焊透T形角接头坡口形式；(b) 单
V形钢衬垫单面焊坡口形式
1—面板；2—腹板

（3）筋板与壁板的焊接坡口

正方形的箱形柱内筋板（横隔板）与壁板的T形角焊缝要求全焊透。对于最后一块壁板盖上去后，与筋板形成的一条T形角焊缝，无法进行焊条电弧焊，在实际生产中采用熔嘴电渣焊方法进行焊接，其坡口形式如图 11-5 所示。

（4）正方形箱形柱焊接坡口

正方形箱形柱的结构特点是板厚，内部空间窄小。为防止焊

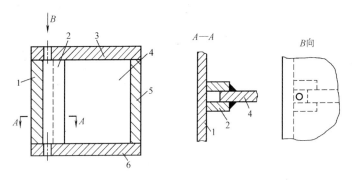

图 11-5 正方形箱柱隔板与壁板熔嘴电渣焊接头形式
1—壁板；2—钢衬垫；3—翼板；4—隔板；5—壁板；6—翼板

接变形，必须先将箱形柱的四块壁板（或称为二块翼板和二块腹板）装配成一封闭的钢体结构后，才能进行四条 L 形角接接头的焊接。对于重要节点和有抗震要求的正方形箱形柱焊接接头需全焊透。全焊透和部分焊透的接头坡口形式根据板厚来选取（如图 11-6 所示）。当板厚≤32mm 时，坡口形式为单边 V 形，如图 11-6（a）所示；当板厚≥36mm 时，为防止通过板厚方向来传递力时可能引起层状撕裂，坡口形式选为 V 形坡口，如图 11-6（b）所示。

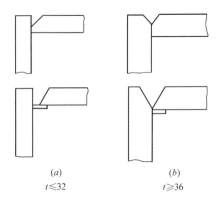

(a) $t \leqslant 32$　　(b) $t \geqslant 36$

图 11-6 正方形箱柱 L 形角接接头坡口形式
(a) 单边 V 形坡口；(b) V 形坡口

3. 焊接方法

焊接结构的梁或柱，其结构还是比较简单，接头形式主要有翼板和腹板本身的拼板对接，以及相互之间的"T"形角接或L形的角接。埋弧自动焊 CO_2 气体保护焊焊条电弧焊，是结构焊接最常用、最普遍的焊接方法。如加强筋板和隔板的焊接，一般均采用焊条电弧焊和 CO_2 气体保护方法，长的横角焊还可用 CO_2 自动气体保护；对于翼板腹板本身及相互之间的焊接，可根据板厚、接头的坡口形式、焊接位置、生产效率、作业环境、变形的控制及生产批量等因素综合考虑。除极特殊焊接位置，如操作人员进不去，结构又要求有足够的刚性和抗扭能力，这就要求采用其他焊接方法了，如熔嘴电渣焊方法，后面将介绍熔嘴电渣焊原理。

（1）拼板对接接头

根据设计要求、腹板和翼板的长度需拼接加长、而形成对接接头，对接接头是要求全焊透的焊缝，焊后要做无损探伤检查。对接焊缝长度（拼接长度）小于 600mm 时，采用焊条电弧焊或 CO_2 气体保护为宜。如焊缝长度大于 600mm 时，采用埋弧自动焊较好（焊接时要用引弧板和收弧板）。

无论采用哪种焊接方法，首先从 X 形坡口深的一边开始焊接。若采用焊条电弧焊或 CO_2 半自动气体保护焊，板厚小于 30mm 时，可将正面全部焊完再焊背面，翻身后清根焊接，直至焊完。当板厚大于 30mm 时，还是先焊 X 形坡口较深的一侧，只焊 2/3 的深度，翻身清根焊背面，直至背面焊完，再次翻身，焊接正面焊缝时留下的那 1/3 的盖面焊缝。若采用埋弧自动焊，其焊接顺序基本与上述相同。只有在板大于 40mm 时，正面焊缝可分两次焊接。这样的焊接方法，虽然构件多次翻身，但对控制焊接变形有利，使变形降到最小程度。

（2）工字形梁、箱形梁的 T 形角接

T 形角接一般采用埋弧自动焊，生产效率高。根据焊件放的位置不同，可将埋弧自动焊分为船形埋弧自动焊和水平位置埋弧自动焊两种方法。

1) 船形位置埋弧自动角焊。船形焊时，将构件置于可调的胎架上，使其倾斜45°左右，焊丝垂直角焊缝，使焊缝熔池始终处于水平位置，如图11-7所示。船形焊的优点是可采用大电流、焊接效率较高，熔透深度大，但也要注意烧穿（装配间隙应大于1.5mm）又能保证较好的焊缝成形和等边的焊角尺寸。对于开坡口的角接接头和大焊角尺寸的角焊缝一般采用多层焊。其缺点是（对生产批量小来说）焊接大型梁、柱时，要配置船形焊的专用胎架和配套焊机轨道架（长度）。一根梁或柱的四条纵向角焊缝，每次只能焊一条，四条焊缝全部焊完，构件需要翻三次身才行；如果板厚达到预热强度，或低合金高强度钢焊前还需预热（翻一次身要重新预热一次），延长了一根梁（或柱）的焊接周期。

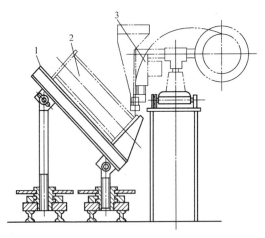

图 11-7 船形位置埋弧自动角焊
1—可调试胎架；2—焊件；3—焊接小车

2) 水平位置埋弧自动角焊。水平位置埋弧自动角焊，是将构件水平放置在搁架上，使角焊缝处于水平位置（以腹板为基面）的一种焊接方法。

焊接时，小车和轨道都可放在工件上（腹板上），无论是工字形梁和柱,还是箱形梁和柱,两条纵向角焊缝,都可同时进行对称焊接,如图 11-8 所示。水平角焊缝的尺寸,可通过调节焊丝与焊件的角度来实现。

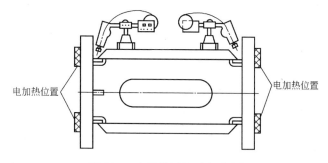

图 11-8　水平位置埋弧自动角焊

从上面两种焊法中可以看到,T 形角接接头水平位置埋弧自动角焊焊法,不需要船形胎架和焊机轨道架,降低成本,工作场地小,只翻一次身,四条角焊缝即可完成,再有就是易于控制焊接变形。

3) 箱形柱的 L 形角接。方形箱形柱的四周壁板(即腹板与翼板)组装成四条 L 形角接头,为防止焊接变形,就必须组成一个刚性较大的构件才能进行焊接。因箱内空间很小,无法进行焊接,无论是要求部分焊透还是全焊透,其坡口都得向外开。单 V 坡口开在腹板上,焊接时,由于焊缝的收缩应力,在翼板厚度方向受到很大的抗应力,如图 11-9 (a) 所示,可能会引起层状撕裂现象,板越厚(大于 36mm),产生撕裂机会就越多。反过来单 V 坡口开在翼板上焊接时,如图 11-9 (b) 所示,焊后不易产生层状撕裂现象,由于焊条电弧焊和埋弧自动焊选择的角度(焊条或焊丝与坡口间)会造成偏熔现象,降低结构强度,所以,在实际生产中,将腹板和翼板开成单 V 坡口,然后组装成 V 形坡口进行焊接,见图 11-9 (c),防止了层状撕裂,又可保证焊接质量和可操作性(焊条电弧焊、CO_2 气体保护焊、埋弧自动焊均可采用)。

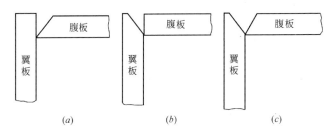

图 11-9 坡口形式对层状撕裂的影响
(a) 复板上开单 V 形坡口；(b) 翼板上开单 V 形坡口；(c) 实际生产中采用的坡口

箱形钢柱 L 形角焊缝主要是采用埋弧自动焊方法，大型钢柱可采用双丝埋弧自动焊。焊缝两端必须安装与焊件同等厚度的引弧板和收弧板。焊接规范要求必须根据钢材的性能正确选定焊接线能量，采用多层多道焊方法。对须预热的钢材，必须控制层间温度。

(3) 箱形钢柱筋板和壁板的 T 形角接

每根箱形钢柱连接若干根梁，为了保证钢柱有足够的刚性和抗扭能力，在柱与梁相连接部位，以及两根梁之间的中间部位，箱形柱内设置了筋板（隔板），它与壁板、腹板和翼板形成 T 形角接头，焊后连成一体。筋板与两块翼板和一块腹板的焊接可在组装成形后，以焊条电弧或 CO_2 气体保护焊完成。当另一块腹板装上去后，与筋板之间形成的 T 形角接头已形成封闭结构，此处的角接头只能用熔嘴电渣焊来完成。下面说明一下熔嘴电渣焊焊接筋板与壁板之间的 T 角接头的原理和过程。

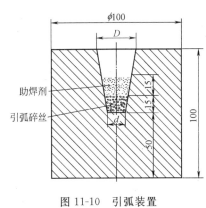

图 11-10 引弧装置

筋板要做窄些（在筋板厚度 20～30mm 时），与装上去的壁板距离为 25mm 左右，同时在筋板端头两侧装上钢衬板。壁板装上后，自然形成空腔（如图 11-5 所示），空腔的大小根据筋板厚度而定。在空腔顶部和底部的翼板上各钻一小孔，以便焊接时放入熔嘴。在空腔底部安装引弧装置（如图 11-10 所示），顶端安装引出器（如图 11-11 所示）。

引弧装置是由紫铜加工成的，中心有一个锥体圆孔，小头 $d>$ 筋板厚度 $+4mm$，大头 $D=(1.25～1.6)d$。安装引弧装置前，先在锥体内撒放 15mm 碎铁丝（或 $\phi 1mm \times 1mm$ 的切断的焊丝）以便引弧顺利。为避免产生明弧，并尽快进入电渣焊过程，又在上面撒放了 15mm 助焊剂。

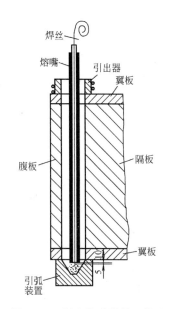

图 11-11 插入熔嘴并导入焊丝

引弧装置可用油泵或千斤顶固定在焊缝的底部，一定对准空腔中心，贴紧底部。

引出器是一个带有圆孔的紫铜水冷却装置，用翼板固定在焊缝的上方，并保证引弧装置、引出器和空腔中心同在一条直线上。

所谓熔嘴就是一根管焊条，在管（$\phi 10mm$）外面涂有 4mm 厚的药皮，其作用是向熔嘴内导入由送丝机构送来的焊丝，并与熔嘴一起熔化成焊缝金属，即形成焊缝。

引弧前，对引弧部位的焊件金属预热到 150℃ 左右，引弧装置预热 70～90℃，然后引弧焊接。

4. 焊接变形的控制

（1）控制焊接变形的基本措施

1）对接接头。T 形接头和十字接头的坡口焊接，在工件放置条件允许或易于翻身的情况下，最好采取双面坡口对称焊接；对于有对称截面的构件，最好采用对称于构件对称轴（面）焊接。

2）对于不对称坡口的双面焊，要先焊坡口深的一侧，后焊坡口浅的一侧，最后焊完坡口深一侧的顺序焊接。

3）对较长的焊缝采用分段退焊法焊接，跳焊法，从中间向两端等焊法。

4）在节点形式、焊缝布置、焊接顺序等情况已确定，最好采用熔化极气体保护电弧焊，或药芯焊丝自动保护电弧焊。

5）采用反变形法。

6）大型结构应采用分部组装焊接，分别矫正变形，然后再进行总装焊接。

（2）工字形截面梁、柱焊接变形的控制

工字形截面梁和柱结构都比较简单，由三块板组成（两块翼板中间一块腹板），如装焊顺序不当，会引起弯曲和上拱变形现象（如图11-12所示）。主要是由于四条纵向角焊缝焊接程序不对而引起的。

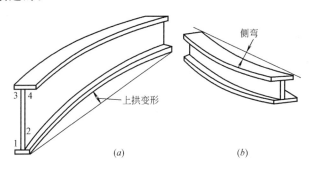

图 11-12　工字形梁的纵向变形
（a）上拱变形；（b）侧弯变形
1、2、3、4为焊接顺序

工字形截面的梁如用于大桥的横梁，就应按图11-12（a）的程序进行焊接，因桥梁制造本身有所要求。对不需上拱的，如焊角小，只需单层焊缝，其焊接程序是先1、2焊缝的50%～

80%的长度，等焊缝全焊完后，再将焊缝1、2全部焊完。

如果角焊缝尺寸较大，需焊两层焊道，先焊焊缝1、2，然后将构件翻身，焊3、4和5、6焊道，然后再焊7和8焊道，见图11-13（a），如果一个焊工焊一根梁时，每一条焊缝都要从中间向两边分段进行焊接，正反面焊缝交叉进行焊接如图11-12（b）所示。最好是两人焊接一根梁或柱。同时焊接，采用相同的焊接规范、焊速、层次和方向进行焊接，见图11-13（c）。

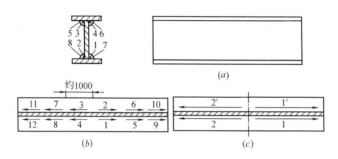

图11-13 工字形梁的多层焊焊接程序

大型工字梁的T形角焊缝，最理想是船形埋弧自动角焊法，因生产率高又能保证焊接质量，也可采用水平位置埋弧自动角焊，这主要取决梁的要求。

采用船形位置埋弧自动角焊时，如不需上拱的梁，其焊接程序可按图11-14（a）进行焊接；需上拱的梁，应先焊下面两条角焊缝使焊件上拱，然后再焊另二道角焊缝，见图11-14（b）所示。如要求全焊透的角焊缝，板又厚，需多层焊时，焊接程序可按图11-14（c）所示进行焊接。对于不需上拱的厚板工字梁，焊接程序可按图11-14（d）所示进行焊接。

水平位置埋弧自动角焊、主要适用小焊角（$k<12mm$）的角焊缝。只要腹板处于水平位置就行，左右两条角焊缝，用两台焊机同时进行焊接。其焊接方向、焊接层数和排列、焊接规范参数均相同，能有效地减小上拱和侧弯的变形。如果焊缝太长（$l>18m$）时，应采用分中退焊法焊接。

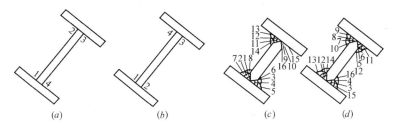

图 11-14 船形位置埋弧自动角焊焊接程序

(a) 焊后不需上拱的工字梁焊接程序；(b) 焊后需要上拱的工字梁焊接程序；(c) 要求全焊透的厚板角焊缝多层焊接程序；(d) 不需上拱的厚板工字梁焊接程序

注：图中数字即是焊接程序号

(3) 箱形梁、柱焊接变形的控制

1) 长方形箱形梁变形的控制

(A) 角变形控制。解决角变形的方法，主要是预先反变形、控制线能量和焊后矫正等几种方法。

若腹板厚度小于上、下翼板 1/2 以上，由于金属熔敷量少，角变形较小，焊后即使有些轻微变形也好调整。腹板厚度要是等于或大于翼板，金属熔敷量增多，产生较大的角变形。焊后矫正工作量大，而且无法矫正平直，翼板上还会产生"S"形残余变形。解决方法：只有将翼板预先加工成反变形来解决，如图 11-15 所示。

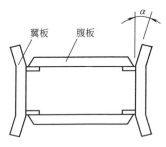

图 11-15 箱形梁翼板反变形

反变形量（即反变形角度）的确定，必须考虑焊接热输入量的影响。线能量大，预热或层间温度过高等，都会使角变形量增大。现以一实例说明，当焊接线能量为 29kJ/cm 时，其反变形的加工角度见表 11-3。

(B) 整体变形的控制。箱形梁整体变形，主要表现在扭曲、挠曲和畸变变形三种。焊接变形后难以矫正，如果变形严重（超差）就有可能报废。所以，必须注意以下几方面的要求。

箱形梁翼板反变形值　　　　　　　　表 11-3

序 号	腹板厚度(mm)	翼板厚度(mm)	反变形角度(°)
1	25	50	
2	25	25	3～3.5
3	16～20	25	2～2.5
4	40～50	35～40	3～3.5

A) 构件加工组装精度要高。如腹板和翼板下料拼接（长度方向）后，产生侧弯或波浪变形，必须将腹板和翼板调直、调平后再组装，严禁强行组装。

B) 腹板与翼板装配间隙不能太大，否则会增大焊接收缩变形。

C) 采用单面焊钢衬垫坡口形式焊接，即解决了箱内焊接难的问题，又保证了焊接质量，但在正式焊接前，衬垫板与腹板先组装好，焊后沿衬垫板长度方向刨边，以确保角接头组装精度。

D) 正确选择焊接工艺。长方形箱形梁的四条纵向 T 形角接焊缝，是控制整体变形主要因素。最好采用埋弧自动横角焊工艺，如图 11-8 所示。

为防止箱形梁的弯曲变形，腹板厚度大于 25mm 时，正面的两条焊缝先焊到腹板厚度的 2/3，然后将箱翻身，焊另两条焊缝并一次焊完，再翻身将正面焊缝焊满。

(C) 预热方式的影响。有些钢种规定，焊前要预热 100～150℃，焊接这种钢材制作的箱形梁时，必须四条角焊缝同时预热（见图 10-8），对后焊的焊缝再提高 50～80℃，在整个焊接过程要始终保持这一温度。这样，可有效地减小箱形梁的扭曲和弯曲变形程度。

(D) 箱形梁端口变形的控制。端口要求不能有任何变形，因它是梁与梁连接质量好坏的关键部位。所以在组装箱形梁时，在两端口临时安装一块假隔板，在保证端口刚度的情况下去选择隔板的厚度。隔板周边一定进行机加工，保证隔板外形尺寸，使其隔板与端口内壁相吻合,并用连接板与端口周边固定(见图11-16)。待四条主焊缝焊接结束后,再去切除,保证了端口尺寸精度。图11-16中的 a、b 为标准值。

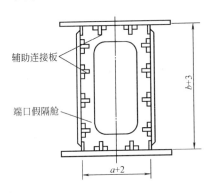

图 11-16 箱形梁端口控制变形措施

2) 方形箱柱变形控制

方形箱柱结构比较简单,内壁空间小,主要是由四块壁板和横隔板焊接而成。横隔板较厚,接头要求焊透,如果焊接程序不当,会引起弯曲变形。箱柱四条 L 形角焊缝的焊接,必须在四块板装配好,形成一个刚体后才能焊接。箱柱壁板之间的焊接采用埋弧自动焊工艺。一个平面的两条焊缝由两台焊机对称、同时、同方向、同规格进行焊接。当板厚超过 40mm,第一个面的多层多道焊,只能焊到板厚的 2/3 高度,然后翻身焊另一面的两条焊道,直至焊完。再次翻身,把原先焊的那两条焊缝焊接完。

方形箱柱安装最后一块翼板与筋板(隔板)所形成的角接头只能采用熔嘴电渣焊方法焊接。电渣焊的线能量都比较大,单侧焊容易引起柱的弯曲变形,所以采用筋板两侧对称进行电渣焊,两平行角接缝同时进行焊接,这种焊法,可减小弯曲变形。

十二、焊接工程施工管理

（一）焊接劳动安全卫生技术与管理

1. 电焊工伤事故及其原因

（1）电焊操作的不安全因素

1）触电机会多

（A）焊工接触电的机会最多，经常要带电作业，如接触焊件、焊枪、焊钳、砂轮机、工作台等。还有调节电流和换焊条等经常性的带电作业。有时还要站在焊件上操作，可以说：电就在焊工的手上、脚下及周围。

（B）电气装置有毛病，一次电源绝缘损坏，防护用品有缺陷或违反操作规程等都可能发生触电事故。

（C）尤其是在容器、管道、船仓、锅炉内或钢构架上操作时，触电的危险性更大。

2）易发生电气火灾、爆炸和灼烫事故

电焊操作过程中，会发生电气火灾、爆炸和灼烫事故的。短路或超负荷工作，都可引起电气火灾；周围有易燃易爆物品时，由于电火花和火星飞溅，会引起火灾和爆炸，压缩钢瓶的爆炸。特别是燃料容器（如油罐、气框等）和管道的焊补，焊前必须制定严密的防爆措施，否则将会发生严重的火灾和爆炸事故。火灾、爆炸和操作中的火花飞溅，都会造成灼烫伤亡事故。

3）电焊高空操作较多，除直接从高空坠落的危险外，还可能发生因触电失控，从空中坠落的二次事故。

4）机械性伤害，如焊接笨重构件时，可能会发生挤伤、压伤和砸伤等事故。

（2）电焊的触电事故及其原因

1）电流对人体的作用

电流对人体的伤害有三种类型，即电击、电伤和电磁生理伤害。电击是指电流通过人体内部，破坏心脏、肺部及神经系统的工作。电伤是指电流的热效应、化学效应或机械效应对人体的伤害，其中主要是间接或直接的电弧烧伤，或熔化金属溅出烫伤等。电磁场生理伤害是在高频电磁场的作用下，使人呈现头晕、乏力、记忆减退、失眠、多梦等神经系统的症状。

通常所说的触电事故是指电击而言，绝大多数的触电死亡事故是电击造成的。

2）电焊用电特点

焊接电源需要满足焊接要求。焊接方法不同，对电源的电压、电流等性能参数的要求也有所不同。我国目前生产的手弧焊机的空载电压限制在 90V 以下（焊接变压器为 55～75V，直流弧焊发电机为 40～70V），工作电压为 25～40V。自动弧焊机为 70～90V；氩弧焊机与等离子弧焊机为 65V。

国产焊接电源的输入电压为 220/380V，频率为 50Hz 的工频交流电。

3）触电事故的原因

焊接的触电事故的发生有多种原因，总的来说：有直接触电和间接触电两类。

（A）直接触电事故的原因

A）换焊条和操作中，手或身体某部分接触焊条、焊钳或焊枪的带电部分，而脚或身体其他部分对地面和金属构件之间又无绝缘。特别是在金属容器、管道、锅炉里或金属构件上，身上大量出汗或在阴雨潮湿的地方焊接时，容易发生触电事故。

B）在接线或调节焊接设备时，手或身体某部碰到接线柱、极板等带电体而触电。

C）在登高焊接时，触及或靠近高压电网引起触电事故。

（B）间接触电事故原因。

A）焊接设备外壳漏电，人体接触而触电。

B）焊接变压器一次绕组与二次绕组间绝缘损坏时，变压器反接或错接在高压电源时，手或身体某部分触及二次回路的裸导体。

C）在操作中，触及绝缘破损的电缆、胶木闸盒损坏的开关等。

D）由于利用厂房的金属结构、管道、轨道、天车吊钩或其他金属物体搭接作为焊接回路而发生触电事故。

（3）电焊发生火灾、爆炸事故的原因

电流的热量、电火花和电弧等是引起电焊火灾、爆炸和灼烫等工伤事故的不安全因素。其原因是焊接电源及线路的短路、超负荷运行、导线或电缆的接触不良、松脱以及焊接设备的其他故障所造成的。

1）危险温度

危险温度是电气设备（如焊接变压器）过热造成的，这种过热主要来源于电流的热量。

焊接时，电焊设备总是要发热的，使温度升高。设计上已经考虑了在安全正常运行情况下温度升高问题，也就是说发热与散热要平衡，这样最高温度就不超过允许范围。例如裸导线和塑料绝缘线规定为70℃；橡皮绝缘线为65℃。换句话说，电焊设备正常运行时，所发出的热量是允许的。

当电焊设备正常运行遭到破坏时，发热量就会增加，温升就会超过规定温度，在一定条件下即可引起火灾。

不正常运行，引起电焊设备过度发热的原因有以下几方面：

（A）短路。发生短路时，短路电流要比正常电流大几倍到几十倍，而电流产生的热量又与电流平方成正比，温度急剧上升并超过允许范围。不仅能烧坏绝缘，而且能使金属熔化。

（B）超负荷。导线通过电流的大小是有规定的。在规定范围内，导线连续通过的最大电流称为"安全电流"。超过安全电流值，即超过了导线的负荷。结果使导线过热，绝缘层烤化加快，甚至变质损坏，引起短路着火事故。

（C）接触电阻过大，接触部位是发生过热最严重的地方。由于接触表面粗糙不平，有氧化皮杂质或接连不牢等，都会引起过热，使导线、电缆的金属变色甚至熔化，并能引起绝缘材料、可燃物质和积落的可燃灰尘燃烧。

（D）其他原因。如焊接变压器的铁芯绝缘损坏或长时间的过电压，将增长涡流损耗和磁滞损耗而过热，由于通风不好，散热不良造成焊机过烧等。

2）电火花和电弧

电火花和电弧都具有较高的温度，特别是电弧的温度高达6000～8000℃。不仅能引起可燃物燃烧，还能使金属熔化、飞溅，构成危险的火源。在有爆炸着火危险的场所，或在高空作业点的地面上存有易燃易爆物品等情况下，更是一种十分有害的因素，不少电焊火灾爆炸事故是由此而引起。

在焊接过程中熔融金属的飞溅，以及上述火灾与爆炸的同时，往往会发生灼烫伤亡事故。

2. 焊接安全用电

（1）对焊接电源的安全要求

1）焊接电源的空载电压，在保证焊接工艺要求的前提下，应考虑对焊工操作安全有利。

2）焊接电源的控制装置必须是独立的，容量符合焊接电源要求，如熔断器或自动断电装置等。控制装置应能可靠地切断设备最大额定电流，以保证安全。

3）焊机的所有外露带电部分，必须有完好的隔离防护装置。焊机的接线柱、极板和接线端应有防护罩。使用掉销孔接头的焊机，掉销孔的接线端应用绝缘板隔离，并装在绝缘板平面内。

4）焊机的线圈和线路带电部分对外壳和对地之间、焊接变压器的一次线圈与二次线圈之间,相与相及线与线之间,都必须符合绝缘标准要求,其电阻值不得小于 1MΩ。

5)焊机的结构,必须牢固和便于维修。焊机各接触点和连接件应联接牢靠,不得松动或松脱等。

(2)电焊设备的安全措施

交流焊机的线圈以及直流焊机的线包和引线绝缘损坏时,电压就会窜到焊机外壳上。一旦人体接触到漏电的焊机外壳,就会发生触电危险。为了保证安全,安全规则规定所有交、直流焊接设备及其他焊接设备的外壳,都必须接地。

在电网为三相三线制系统中,应安设保护接地线;在电网为三相四线制供电系统中,应安设保护接零线。

1)**焊机的保护性接地与接零**

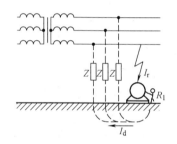

图 12-1 焊机不接地的
危险性示意图

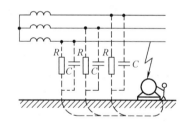

图 12-2 电网绝缘阻抗
组成示意图

(A)焊机的保护性接地装置。焊机必须安设保护接地线:首先让我们来分析在三相三线制供电系统上的电焊设备,不采用保护接地的危险性。如图 12-1 所示,当一相的带电部分碰触焊机外壳,人体触及带电的壳体时,事故电流 I_d 经人体和电网对地绝缘阻抗 Z 形成回路。其中 Z 是由电网对地分布电容 C 和对地绝缘电阻 R 组成,并可看作是二者的并联,如图 12-2 所示。一般情况下,绝缘电阻大于分布电容的容抗,电容越大,容抗则越小,电流也就越大;反之,电流则越小。一般情况下这个电流

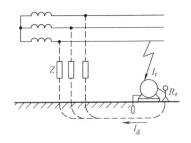

图 12-3 焊机保护接地原理图

是不大的,但是如果电网分布很广,则电容很大,或者电网绝缘强度显著下降,那么事故电流就可能达到危险的程度,这就有必要采取如图 12-3 所示的焊机保护接地安全措施。从图中可以看出,当焊机的外壳带电,人身触及外壳时,通过人体的电流 I_r 仅是全部事故电流 I_d 的一部分,即

$$V_r = \frac{R_b}{R_b + R_r} I_d$$

式中 R_b 是保护接地装置的接地电阻(Ω)。显然,R_b 越小则流经人体的电流也越小,只要我们把 R_b 限制在适当的范围内,就能保障人身安全。因此,在三相三线制中性点不接地的供电系统中,所有的电焊设备均必须采取保护接地措施。保护接地也就是用导线(接地线),将焊接设备的外壳与大地紧密地连接起来。

(B) 焊机的保护性接零装置。首先让我们分析一下在三相四线制中性点接地供电系统上的电焊设备,不采取保护接零措施的危险性,如图 12-4 所示。当一相带电部分碰触焊机外壳,人体触及带电壳体时,事故电流 I_d 经过人体和变压器的工作地构成回路,其大小为

$$I_d = \frac{V}{R_r + R_o}$$

式中 V ——相电压($V = 220V$);
  R_r ——人体电阻,Ω;
  R_o ——变压器工作接地电阻,Ω。

变压器工作地电阻 R_o 通常在 4Ω 以下,人体电体 R_r 按 1000Ω 考虑,因为 R_o 比 R_r 小得多,可以忽略不计,则通过人体的事故电流为

$$I_d = \frac{220}{1000}\text{A} = 0.22\text{A} = 220\text{mA}$$

这个电流值已大大超过使人致命的电流值（50mA 的工频电流就足以使人致命），可见给人带来的危险是太大了。另一方面，这个电流强度又不足以使熔断器动作（一般需几十 A），因此，触电危险长期存在。这就清楚地说明，没有安全装置是绝对不许可的，这种安全装置就是保护接零线。

保护接零装置很简单，是用一根导线的一端连接焊接设备的外壳，另一端接到零线上，如图 12-5 所示。其工作原理是当一相的带电部分碰触焊机的外壳时，通过焊机的外壳形成该相对零线的单相短路，强大的短路电流立即促使线路上的保护装置迅速动作（如保险丝熔断），外壳带电现象立刻终止，从而达到人身安全和设备安全的目的。

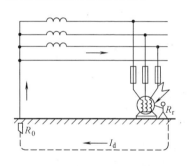

图 12-4　焊机不接零的
　　　　危险性示意图

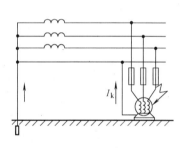

图 12-5　焊机保护接零
　　　　原理图

（C）怎样接地和接零

A）接地电阻。安全规定焊机的接地体的接地电阻不得超过 4Ω。

B）接地体。人工接地体可采用接地电阻小于 4Ω 的铜棒或无缝管，打入地下深度不少于 1m；也可利用自然接地体，如金属结构或自来水管道。这里必须指出，氧气与乙炔管道，以及其他可燃易爆物品的容器和管道，严禁作为自然接地体，以防爆炸。当自然接地体的电阻超过 4Ω 时，应采用人工接地极，否则会发生触电危险和引起火灾事故。

选择和建立接地体时，接地体与建筑物的距离不应小于 1.5m，与避雷针的接地体之间的地下距离不应小于 3m。

C）不应同时存在的接地或接零。焊接变压器的二次线圈一端接地或接零时，则焊件本身不应接地，也不应接零。否则，一旦焊接回路接触不良，焊接电流就可能通过接地线或接零线并将其熔断，使人身安全受到威胁，同时还有引起火灾的可能。

为此规定：凡是在有接地（或接零）线的工件上（如机床上部件、贮罐等）进行焊接时，应将焊件的接地线（或接零线）暂时拆除，待焊完及再恢复。焊接与大地紧密相联的焊件（如自来水管路、埋地较深的金属结构等）时，如果焊件的接地电阻小于 4Ω，则应将焊机二次绕组一端的接地线（或接零线）暂时解开，焊完再恢复。总之，焊接变压器二次端与焊件不应同时存在接地（或接零）装置。见图 12-6 所示。

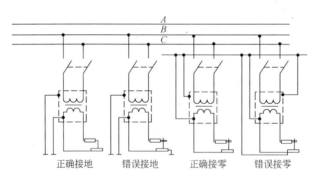

图 12-6　正确与错误的接地和接零

D）接地或接零的导线应符合下列要求。一是要有足够的截面积。接地线截面积一般为相线截面的 1/3～1/2；接零线面积的大小，应保证其容量大于离电焊机最近处熔断器额定电流的 2.5 倍，或大于相应的自动开关跳闸电流的 1.2 倍。二是保证强度的同时，必须是整根的，中间不得有接头。三是连接部位一定要牢靠，螺栓不得松动。

E）所有焊接设备的接地线或接零线，不得串联接入接地体或零线干线。

F）接地线和接零线的连接必须按顺序进行，不得颠倒。应首先将导线接到接地上或零线干线上，然后再将另一端接到焊接设备的外壳上；拆除接地线或接零线时，其顺序恰好与连接时相反。

2）焊机空载自动断电保护装置

前面我们已经谈到，焊机的空载电压都超过了规定的安全电压。所以焊接设备均应安装自动断电保护装置，使焊机的空载电压降至安全电压范围内，即能防止电击，又能大幅度降低焊机的空载损耗，具有安全和节电双重意义。

焊机空载自动断电装置应满足焊机引弧无明显影响；保证焊机空载电压在安全电压范围内；装置的最短断电延时为 (1 ± 0.3)s；降低空载损耗不低于 90%。

图 12-7 为 HD2-300 型空载自动断电保护器，能较好地满足上述基本要求，有关部分正在推广使用。下面介绍一下它的工作原理。

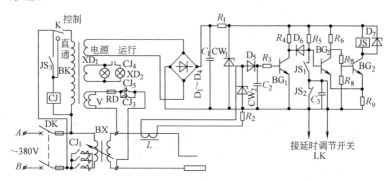

图 12-7　HD2-300 型焊机空载自动断电保护装置电路原理图
BK—控制变压器；CJ—接触器；K—开关；L—互感器；D—二极管；CW—稳压管；
BG—三极管；JS—灵敏断电器；C_1、C_2、C_3—电容

从原理图看，焊机空载时，接触器 CJ 处于释放状态，切断焊机电源，由控制变压器 BK 提供引弧电源（交流焊机 12V，整流焊机 24V）。引弧时焊条与工件接触短路，电流达 0.1～0.15A 时，互感器 L 感应出的信号通过由 R_2、CW_2、D_5、C_2、R_3 组成的输入回路送入 BG_1 基极，使 BG_1 导通。而由 BG_2、BG_3、R_5～R_9 等组成的施密持触发器立即翻转，BG_3 由截止变导通，灵敏继电器 JS 吸合，接触器 CJ 动作，接通焊机电源进行焊接。停焊时，互感器 L 无信号输出，BG_1 截止，由于电容 C_3 等的充电过程，电路经给定延时恢复，CJ 断开焊机电源。延时的调节是通过调节开关 LK 选择不同容量的电容实现的，分为 1、5、10、15、20s 五档，其中一秒用于触电危险性较大的工作环境。

3）焊机常见的故障及维护

焊机的维护及检修工作，对预防触电和电气火灾事故有重要意义。

（A）使用条件。焊机的使用条件应与环境条件相适应，一般情况下，普通焊机的工作条件温度为 －25～40℃，相对湿度不大于 90%（在 25℃ 的环境温度时）。在特殊环境下，如气温过低或过高、湿度过大、气压过低、有腐蚀性或有爆炸性等，应使用符合环境要求的具有特殊性能的焊机。

（B）安置与维护。焊机安放要平稳，避免振动和碰撞。安放地点要通风良好，干燥。室外放置时，要有防雨雪设施。焊机要经常吹扫，保持清洁干净。在有腐蚀性气体和导电性灰尘的场所，必须做隔离维护。

目前有些单位，将焊机装入铁厢内，具有整体性、运输又方便，还能防止日晒雨淋和不受外界碰撞打击的影响。但必须注意，箱体应接地，防止因焊机漏电或电源线绝缘损坏，使箱体带电。箱内不得放有其他杂物，如焊条、工具和工作服等。

（C）检修工作。焊机应每半年进行一次例行检修保养，发现绝缘损坏、电刷磨损、受潮及其他毛病时，应及时检修。交、直流焊机和整流焊机的常见故障及排除方法，分别见表 12-1、

表 12-2 和表 12-3。

交流焊机常见故障及排除方法 表 12-1

故障现象	可能原因	消除方法
焊机变压器过热	1. 变压器过载 2. 变压器绕组短路	1. 减小电流使用 2. 消除短路处
导线接线处过热	接线处接触电阻过大或接线处螺钉太松	将接线松开,用砂纸或小刀将接触导电处清理出金属光泽,然后旋紧螺钉
可动铁芯在焊接时发生嗡嗡的响声	可动铁芯的制动螺钉或弹簧太松	旋紧制动螺塞,调正弹簧,旋紧螺钉
焊接电流不稳定（忽大忽小）	动铁芯在焊接时位置不稳定	将动铁芯调节手柄固定或将动铁芯固定
焊接电流过小	1. 焊接导线过长,电阻大 2. 焊接导线盘成盘形,电感大 3. 电缆线有接头或与工件接触不良	1. 减小导线长度或加大线径 2. 将导线放开,不使成盘形 3. 使接头处接触良好
焊机输出电流反常（过小或过大）	1. 电路中起感抗作用的线圈绝缘损坏时,引起电流过大 2. 铁芯磁回路中由于绝缘损坏产生涡流,引起电流变小	检查电路或磁路中的绝缘情况,排除故障

直流电焊机常见故障及排除方法 表 12-2

故障现象	可能原因	排除方法
电动机反转	三相电动机与电流网路接线错误	三相线中任意因线调换
电动机不起动并发出嗡嗡响声	1. 三相熔丝中某一相烧断 2. 电动机定子线圈断路	1. 更换新熔丝 2. 消除断路处
焊接过程中电流忽大忽小	1. 电缆线与焊件接触不良 2. 网路电压不稳 3. 电流调节器可动部分松动 4. 电刷与铜头接触不好	1. 使电缆线与焊件接触良好 2. 固定好电流调节器松动部分 3. 使电刷与铜头接触良好
焊机过热	1. 焊机过载 2. 电枢线圈短路 3. 换向器短路 4. 换向器脏污	1. 减小焊接电流 2. 消除短路处 3. 清理换向器,去除污垢
导线接触处过热	接线处接触电阻过大或接线处螺钉过松	将接线松开,用砂纸或小刀将接触导电处清理出金属光泽,然后旋紧螺钉

续表

故障现象	可能原因	排除方法
电刷有火花,随后全部换向片发热	1. 电刷没磨好	1. 维护研磨电刷,在更换新电刷时,不可同时换去大于换向器电刷总热的1/3电刷数
	2. 电刷盒的弹簧压力弱	2. 调整好压力必要时可调换架框
	3. 电刷在刷盒中跳动或摆动	3. 检查电刷在刷中的行动电刷与刷盒夹中间隙不超过0.03mm
	4. 电刷架歪曲,超过容差范围或未旋紧	4. 检修电刷架
	5. 电刷边直线不与换向片边对准	5. 校正每组电刷,使换向片排成一直线
换向器片组大部分发黑	换向器振动	用千分表检查换向器,其摆动不应超过0.03mm
电刷下有火花且个别换向片有碳迹	换向器分离,即个别换向片突出或凹下	如故障不显著,可用细浮石研磨,如研磨后无效则应上车床车削
一组电刷中个别电刷跳火	1. 接触不良	1. 仔细观察接触表面开松接线,仔细清除污物
	2. 在无火花电刷的刷绳线间接触不良,因此引起相邻电刷过载并跳火	2. 更换不正常的电刷排除故障

手弧焊整流器故障及排除方法　　　　表 12-3

故　障	原因和现象	修理方法
机壳漏电	1. 电源接线误碰机壳 2. 变压器、电抗器、风扇及控制线路元件等碰机壳 3. 未按安全地线或接触不良	1. 消除碰处 2. 消除碰处 3. 接妥接地线
空载电压过低	1. 电源电压过低 2. 变压器绕组短路	1. 调高电源电压 2. 消除短路
电流调节失灵	1. 控制绕组短路 2. 控制回路接触不良 3. 控制整流回路元件击穿	1. 消除短路 2. 使接触良好 3. 更换元件
焊接电流不稳定	1. 主回踏接触器抖动 2. 风压开关抖动 3. 控制回路接触不良、工作失常	1. 消除抖动 2. 消除抖动 3. 检修控制回路

续表

故　障	原因和现象	修 理 方 法
工作中焊接电压突然降低	1. 主回路部分或全部短路 2. 整流元件击穿短路 3. 控制回路断路或电位器未整定好	1. 修复线路 2. 更换元件检查保护线路 3. 检修调正控制回路
风扇电机不转	1. 熔断器熔断 2. 电动机引线或绕组断线 3. 开关接触不良	1. 更换熔断器 2. 接妥或修复 3. 使接触良好
电表无指示	1. 电表或相应接线短路 2. 主回路出故障 3. 饱和电抗器和交电线组断线	1. 修复电表 2. 排除故障 3. 排除故障

3. 电焊工具和安全操作要求

(1) 焊钳和焊枪

焊钳和焊枪是手弧焊和气电焊、等离子弧焊的主要工具，它与焊工操作方便和安全有直接关系，所以对焊钳和焊枪提出下列要求：

1) 结构轻便、易于操作。手弧焊钳的重量不应超过600g。

2) 有良好的绝缘性能和隔热能力。手柄要有良好的绝热层，以防发热烫手。气体保护焊的焊枪头应用隔热材料包复保护。焊钳由央条处至握柄联接处止。间距为150mm。

3) 焊钳和焊枪与电缆的连接必须简便牢靠，连接处不得外露，以防触电。

4) 等离子焊枪应保证水冷却系统密封。不漏气、不漏水。

5) 手弧焊钳应保证在任何斜度下都能夹紧焊条，更换方便。

(2) 焊接电缆

焊接电缆是连接焊机和焊钳（枪）、焊件等的绝缘导线，应具备下列安全要求。

1) 焊接电缆应具有良好的导电能力和绝缘外层。一般是用紫铜芯（多股细线）线外包胶皮绝缘套制成，绝缘电阻不小于1MΩ。

2）轻便柔软、能任意弯曲和扭转，便于操作。

3）焊接电缆应具有较好的抗机械损伤能力、耐油、耐热和耐腐蚀等性能。

4）焊接电缆的长度应根据具体情况来决定。太长电压降增大，太短对工作不方便，一般电缆长度取20～30m。

5）要有适当截面积。焊接电缆的截面积应根据焊接电流的大小，按规定选用。以保证导线不致过烧而烧坏绝缘层，见表12-4。

电缆截面与最大使用电流 表12-4

导线截面积 （mm²）	单股	25	50	70	95
	双股		2×16	2×25	2×35
最大许用电流(A)		200	300	450	600

6）焊接电缆应用整根的，中间不应有接头。如需用短线接长时，则接头不应超过2个，接头应用铜导体做成，要坚固可靠，绝缘良好。

7）严禁利用厂房的金属结构、管道、轨道或其他金属搭接起来作为导线使用。

8）不得将焊接电缆放在电弧附近或炽热的焊缝金属旁，以避免烧坏绝缘层。同时也要避免碾压磨损等。

9）焊接电缆的绝缘情况，应每半年进行一次定期检查。

10）焊机与配电盘连接的电源线，因电压高，除保证良好的绝缘外，其长度不应超过3m。如确需较长导线时，应采取间隔的安全措施，即应离地面2.5m以上沿墙用瓷瓶布设。严禁将电源线沿地铺设，更不要落入泥水中。

（3）安全操作

为了防止触电事故的发生，除按规定穿戴防护工作服、防护手套和绝缘鞋外，还应保持干燥和清洁。在操作过程中，还应注意下面几方面问题。

1) 焊接工作开始前,应首先检查焊机和工具是否完好和安全可靠。如焊钳和焊接电缆的绝缘是否有损坏的地方、焊机的外壳接地和焊机的各接线点接触是否良好。不允许未进行安全检查就开始操作。

2) 在狭小空间、船仓、容器和管道内工作时,为防止触电,必须穿绝缘鞋,脚下垫有橡胶板或其他绝缘衬垫;最好两人轮换工作,以便互相照看。否则就需有一名监护人员,随时注意操作人的安全情况,一遇有危险情况,就可立即切断电源进行抢救。

3) 身体出汗后而使衣服潮湿时,切勿靠在带电的钢板或工件上,以防触电。

4) 工作地点潮湿时,地面应铺有橡胶板或其他绝缘材料。

5) 更换焊条一定要戴皮手套,不要赤手操作。

6) 在带电情况下,为了安全,焊钳不得夹在腋下去搬被焊工件或将焊接电缆挂在脖颈上。

7) 推拉闸刀开关时,脸部不允许直对电闸,以防止短路造成的火花烧伤面部。

8) 下列操作,必须在切断电源后才能进行:

(A) 改变焊机接头时;

(B) 更换焊件需要改接二次回路时;

(C) 更换保险装置时;

(D) 焊机发生故障需进行检修时;

(E) 转移工作地点搬动焊机时;

(F) 工作完毕或临时离工作现场时。

4. 触电急救

人触电以后,会出现神经麻痹、呼吸中断、心脏停止跳动和肌肉痉挛等情况,外表上呈现昏迷不醒的状态。但不应该认为是死亡,而应该看做假死,要立即抢救,迅速解脱电源是首要因素。

(1) 解脱电源

1) 低压触电事故

(A) 立即拉断开关,切断电源,这是开关(或电源插头)在近处时的做法;如果开关距离较远时,救护人可用干燥衣服、手套、绳索、木板、木棒等绝缘物作为工具,拉开触电者或挑开电线,使触电者脱离电源。

(B) 如果触电者的衣服是干燥的,又没有紧缠在身上,可以用一只手抓住触电者的衣服拉开,使其脱离电源。但救护人不得接触触电者的皮肤,也不能抓住他的鞋。

(C) 如果触电者抽筋而紧握电源线,可用干燥的木柄斧、胶把钳等工具切断电源线,或用干木板等绝缘物插入触电者身下,以隔断电流。

2) 高压触电事故

(A) 立即通知有关部门停电。

(B) 带上绝缘手套、穿上绝缘靴,用相应电压等级的绝缘工具拉开开关或切断电线。

(C) 采用抛掷裸体金属软线的办法使线路短路接地,迫使保护装置动作,断开电源。但必须在抛掷金属线前,要先将金属线的一端可靠的接地。

上述使触电者脱离电源的方法,应根据具体情况,以快、安全可靠为原则选择采用。同时要遵循以下注意事项:

1) 救人时,不可直接用手、金属或潮湿物件作为救护工具,而必须使用适当的绝缘工具。救护人应用一只手操作,以防自己触电。

2) 防止触电者脱离电源后可能的摔伤,特别是触电者在高空作业的情况下,应考虑防摔的措施。即使触电者在平地,也要注意倒下的方向,注意防摔。

3) 触电事故如果发生在夜间时,应迅速解决临时照明问题,以利于抢救,并避免扩大事故。

(2) 现场就地抢救

触电者脱离电源后,应尽量在现场抢救。触电急救最主要的和最有效的方法是人工氧合,它包括人工呼吸和心脏挤压两种方法。

5. 特殊环境焊割作业的危险性及其事故分析

(1) 特殊环境

从安全角度来说,比正常状态下危险性大,容易发生火灾、爆炸、触电、坠落、中毒、窒息等类事故及各种其他伤害的环境,因它不同一般环境,所以,称它为特殊环境。

焊割作业特殊环境不同于焊割作业一般环境,它除有焊割作业一般环境特点外,还具有焊割作业特殊环境的特征。从安全角度看,危险性特别大,存在发生重大伤亡恶性事故的潜在危险。一旦发生事故,破坏性是非常大的,对环境带有摧毁性,对人的伤害具有不可逆性。

根据作业性质和现场条件不同,焊割作业特殊环境大致可分为四类,它们是:

1) 火爆毒烫焊割作业环境;
2) 有限空间场所焊割作业环境;
3) 高处焊割作业环境;
4) 恶劣气象条件焊割作业环境。

(2) 特殊环境焊割作业的危险性

在特殊环境下进行焊割作业,最容易发生火灾、爆炸、触电、坠落、中毒、窒息、灼烫等类事故。例如在石油化工焊割作业场所,具有火灾、爆炸、中毒、窒息危险,是危险性最大的焊割作业场所。

特殊环境焊割作业场所发生的各种事故类别见表12-5。

石油化工生产都具有高温、高压、深冷、负压、易燃、易爆、腐蚀、有毒或易带静电的特点。在生产区内,塔、罐、压力容器、阀门、设备等通过是管道相连接,彼此关联、相互制约、长期连续运行的极为复杂的石油化工生产系统。在这种特殊环境下进行焊割作业,其危险性,无论从哪方面来说都要比一般环境

特殊环境焊割作业场所常见事故类别一览表 **表 12-5**

特殊环境焊割作业场所	常见事故类别
石油化工焊割作业场所	火灾、爆炸、中毒、窒息、触电、灼烫、坠落、物击
易燃易爆有害窒息焊割作业场所	火灾、爆炸、中毒、窒息、触电、灼烫、坠落、物击
高处焊割作业场所	坠落、物击、火灾、爆炸
有限空间焊割作业场所	触电、中毒、窒息、中暑、火灾、爆炸、灼烫
恶劣气象条件焊割作业场所	雷击、触电、坠落、中毒、淹水、中暑

焊割作业的危险性大得多。

(3) 特殊环境焊割作业事故分析

对特殊环境焊割作业事故进行了分析，其中火灾爆炸事故占 78.8%。由此可见，只要弄清了特殊环境焊割作业主要事故的一般原因。

1) 火灾爆炸

火灾爆炸原因是由多方面促成的，主要有以下几种原因。

(A) 思想麻痹，不执行动火制度。

(B) 对焊割设备、装置、管道的性质了解不清、盲目动火。或对焊割现场（焊割件）性质有所了解，但图省事、怕麻烦，既不办理动火手续，也不采取动火防范措施。

(C) 动火系统未与易燃、易爆、中毒及窒息的生产系统完全隔绝。

(D) 动火系统未进行清洗置换。

(E) 未清除焊割作业区周围的易燃物。

(F) 不按时作动火分析。

(G) 没有消防设施，无人监护。

2) 中毒窒息

(A) 缺氧窒息。动火前，要用惰性气体（或氮气、二氧化碳等）对系统（设备）进行气体置换，如果焊割人员误入充有惰性气体的设备内，就会发生缺氧窒息事故。若发现和抢救不及时，就会造成窒息死亡。

(B) 不进行安全分析。

（C）未按规定佩戴防毒面具。

3）高空坠落

（A）未使用防护用具。

（B）安全技术措施不力。

（C）焊割操作人患有高血压、心脏病、癫痫病等。

6. 燃料容器与管道焊补安全措施

在生产过程中或者是定期价格工程等，经常会遇到盛装可燃易爆物质的容器（或管道），因产生裂纹或腐蚀穿孔而需进行动火补焊。如果稍有疏忽，就可能产生爆炸、火灾和中毒等事故，其后果是非常严重的。由此可见，采取切实可靠的防火防爆措施是非常必要的。根据现行安全法规的规定，燃料容器的焊补必须采用置换动火的方法，以保证焊补操作的安全。

（1）发生着火爆炸事故的原因

1）置换不彻底，取样化验和检测数据不准确，或放样部位不适当，结果在容器（或管道）内或工作周围存在着爆炸性混合物；

2）焊补过程中，动火条件发生了变化；

3）动火检修的容器未与生产系统隔绝，致使可燃气体或蒸气互相串通，进入动火区段；或是一面动火，一面生产，互不联系，致使放料排气时遇到火花；

4）在尚具有燃烧和爆炸危险的车间，仓库等室内进行焊补检修；

5）焊补时未经置换处理或无孔洞的密封容器。

（2）置换动火的安全措施

1）隔离要可靠

需焊补的燃料容器在停止工作后，一般均采用盲板将与之连接的进出管路截断，使其与生产的部分完全隔离。为有效地防止爆炸事故的发生，必须注意以下几方面的问题。

（A）密封性好，盲板应保证严密不漏气；

(B) 要有足够的强度；

(C) 当管路压力变化比较大时，应在盲板与阀门之间加设放空管或压力表，并派专人看守。也可将与盲板相邻的管路拆卸一节，以清除管路压力对盲板的作用；

(D) 短时间的动火检修工作，可用水封切断气源，但必须有专人看守水封溢流管的溢流情况，防止水封中断；

(E) 划定固定动火区。

2）严格控制可燃物含量

严格控制可燃物的浓度在安全范围内，这是置换动火成功与否的关键。在采用隔离措施的基础上，尚需用蒸汽蒸煮，然后以惰性介质将容器内的可燃物置换排出。为确保安全，在操作中还必须注意：

（A）置换过程中要多次取样化验分析，严格控制可燃物含量达到合格量：如果在容器外焊补，其容器内的可燃物含量不得超过其爆炸下限的 $1/5$；如果在容器内进行焊补，除上述要求外，还需保证含氧量为 $20\%\sim22\%$，毒物含量应符合《工业企业设计卫生标准》的规定。

（B）当置换介质比被置换介质比重大时，应由容器的最低点进入置换介质，由最高点向外放散。

（C）置换的彻底性，要以气体成分的定量分析数据作为检查依据，判断置换的彻底性。而不能以置换介质相当于被置换介质的几倍数据来说明置换的彻底性，这是不可靠的。

3）清洗要干净

经置换合格的容器，在动火前还需对容器里外进行彻底清洗。原因是有些可燃易爆介质，被吸附在容器内表面的积垢和外表面的保温材料中，在动火时，由于温差和压力变化的原因，会陆续散发出来，引起动火条件的变化而发生爆炸事故。所以，在清洗时，一定注意以下几方面的问题。

（A）根据不同介质类型的容器采取相应的洗涤剂。

（B）提高清洗工作效率，减轻工人劳动强度。

（C）洗涤剂要能进能出，特别要注意弯头和死角处的清洗工作，一定要做好清洗干净工作。

（D）在特殊情况下，上述条件不具备时，才可不经过清洗直接动火，但应尽量多地灌入清水，缩小容器内可能形成爆炸性混合物的空间。

（E）凡用聚四氟乙烯、聚丙烯等塑料做填料，垫圈和有催化剂的容器，在动火前必须拆除干净，以免在高温下分解成易燃易爆和有毒性的气体，引起爆炸、火灾和中毒事故。

（F）容器动火处两侧宽度为 2～2.5m 范围内的保温层要拆除干净，未拆除部分需用防火材料覆盖，以免火花溅落在保温层引起火灾、爆炸事故。

4）预防意外事故和安全管理措施

（A）在动火前半小时，必须进行可燃气体（或蒸气）浓度分析，合格后才可开始动火。

（B）动火后，在整个焊补过程中，应对可燃气体进行监测，如发现可燃气体浓度上升到危险程度时，应立即停止动火，再次进行清洗置换工作直至合格，方可继续焊接。

（C）动火时，应打开容器的人孔、手孔、清扫孔和放散管等所有孔盖。严禁焊补未开孔洞的密封容器。

（D）容器内采用气焊动火时，点火和熄火操作应在容器外进行，以防过多的乙炔气聚集在容器内。

（E）严格遵守动火证审批制度，必须在审批后方可动火作业。

（F）动火前必须进行动火分析，制定动火作业的程序、安全措施和施工草图等。

（G）在动火点周围 10m 内，不得有易燃易爆物质，同时要停止其他用火工作，并且做好消防准备工作。

（H）使用安全保险灯，其电压不得超过 12V。

7. 登高焊割作业安全措施

登高作业是指 2m 以上的地点，登高作业的工伤事故主要是高处坠落、触电、火灾和物件打击等。其安全作业，应注意以下几方面内容。

（1）安全用电

在高至接近高压线、裸导线或低压线时，其距离不符小于2m，同时要检查并确认无触电危险后，方可进行操作。

电源切断后，应在电闸上挂以"有人工作，严禁合闸"的警告牌。

登高作业时，要有人监护，密切注意焊工的动态。电源开关应设在监护人近旁，遇有危险象征时，立刻拉闸，并进行营救。

不得使用带有高频振荡器的焊机，以防因麻电而失足摔落。同时也不得将焊接电缆缠绕在身上操作，以防触电。

（2）加强个人防护

1）凡进入高空作业区和登高进行焊割操作，必须配戴好合格的安全帽、安全带和胶鞋，安全带应紧固牢靠，安全绳不得超过2m。

2）梯子应符合安全要求，梯脚要防滑，与地面夹角不大于60°，放置要稳牢。使用人字梯时应用限跨铁钩挂住单梯，夹角为40°。不准两人在一个梯子（或人字梯的同一侧）同时作业，不得在梯子顶档工作。

3）登高焊割作业的脚手板应事先检查，不允许使用腐蚀或机械损伤的木板或铁木混合板。人行道要符合要求（单为0.6m、双为1.2m）板面要防滑和装有扶手。

4）使用的安全网要拉严密，不得留缺口，而且要跟随作业层翻高。同时要经常检查安全网。

（3）预防物体打击

（4）防火

（5）健康和气象条件

登高人员必须进行健康状态检查。患有高血压、心脏病、精神病和癫痫病等，及医生证明不能登高作业者，一律不准登高操作。

六级以上的大风、雨天、大雪、雾天等情况，禁止登高焊割作业。

8. 焊工安全教育与规章制度

(1) 焊工安全教育和考试

焊工安全教育是搞好安全生产的一项重要工作，国际 GB 5306—1985《特种作业人员安全技术考核管理规则》中明确规定："从事特种作业人员必须进行安全教育和安全技术培训"，为使焊工掌握安全技术科学知识，提高安全操作水平，掌握工伤事故发生的原因和内在规律，充分发挥人的主观能动性，严格遵守操作规程等有着重要意义和作用。只有这样做，才能使各项有关焊接安全防护设施行之有效。

电焊工作属于特种作业。也就是说：它是一个"对作业者本人，尤其对他人和周围设施的安全有重大危险因素的作业"，一旦发生事故对整个企业安全生产会有较大影响。所以，对焊工必须严格要求掌握必要的安全技术知识，其内容有如下几个方面。

1) 有关电气安全技术知识。

2) 有关电的基本知识。

3) 了解电焊机的结构、性能和工作原理。

4) 熟悉电焊工艺的安全要求和安全装置的原理。如焊机空载自动断电装置、焊机接地与接零等。

5) 触电原因及触电急救知识。

6) 懂得有关燃烧和爆炸的基本知识，了解焊接发生火灾和爆炸原因及防火防爆技术。

7) 掌握扑灭火灾方法等。

刚入厂的焊工，必须进行三级安全教育。

按照 GB 5306—1985《特种作业人员安全技术考核管理规则》中规定："经考核取得操作证者，方准独立作业。"

(2) 建立安全责任制

安全责任制是把"管生产的必须管安全"的原则从制度上固定下来，是非常重要的一项安全制度。通过焊接安全制度，明确各级领导，职能部门和工程技术人员应负的责任。例如动火制度，应由企业技术负责人、保卫和消防部门负责审批并监督检查；焊接设备在规定期限内的检验和维修，应由动力、设备部门负责并监督检查；焊接安全防护装置的设置和合理使用、焊接现场的合理组织，以及焊接安全操作规程的制定和实施等，应由车间主任、施工队长或主任负责并监督检查；工程技术人员在产品生产或施工整个过程中，必须考虑安全因素及其要求，并提出相应的安全措施。

(3) 安全操作规程

焊接安全操作规程，是保证安全生产的重要环节。在实际焊接生产中得到了证明，严格执行焊接安全操作规程，就可以保障焊工安全健康和促进安全生产；相反，焊工生命和健康就受到危害，安全生产就不能顺利进行。

焊接安全操作规程是根据不同的焊接工艺建立的。如手弧焊安全操作规程、氩弧焊安全操作规程、埋弧自动焊操作规程、气焊与气割安全操作规程等。同时还要根据专业特点和作业环境，制定相应的安全操作规程。

规程的内容和文字要简明确切，通俗易懂便于记忆和掌握，这样才有利于安全操作规程的执行。

9. 焊接工作地组织与消防措施

(1) 焊接工作地组织

焊接（及气焊与气割）工作地点的设备、工具和材料不得乱堆乱放，一定要堆放整齐。施工现场的通道，如车辆通道、人行通道等要符合安全规定，即车辆通道宽不小于 3m；人行通道宽不小于 1.5m。这样，一旦发生事故，好便于消防、撤离和医务人员的抢救。

操作现场的所有气焊胶管，焊接电缆线等不得相互缠绕。

焊工作业面不应小于 $4m^2$，地面要干燥。保证工作点有良好的照明（照度不得低于 50lx）。

焊接（或气焊与气割）作业点周围 10m 内，不得有易燃易爆物品；如果有，就要干净彻底地清除掉。实在不能清除时，也必须采用有利可靠的方法加以解决。

室内作业时，通风一定要良好，不使可燃易爆气体滞留。多点焊接作业或有其他工种混合作业时，各位间应设防护屏。

室外作业时，操作现场与登高作业、设备的吊运等，应密切配合，秩序井然而不得杂乱无章。地下、管段和半封闭地段等处作业时，要先用仪器检查，判明此处是否有爆炸和中毒危险。对附近的敞开孔洞和地沟，应用石棉板（或其他材料）盖严，防止焊接时的火花进入其内。

（2）灭火措施及灭火物质的选择

目前，生产上常用的灭火物质有水、化学液体、固态粉末、泡沫和惰性气体等，它们的灭火性能与应用范围各有所不同。为了迅速扑灭火灾，必须按照现代的防火技术水平，根据不同的焊接工艺和着火物质的特点来合理地选择灭火物质，否则其灭火效果有时会适得其反。焊接设备着火时的安全注意事项如下所述。

1）电石桶、电石库房着火时，只能用干砂、干粉灭火器和二氧化碳灭火器进行扑救，不能用水或含有水分的灭火器（如泡沫灭火器）救火，也不能用四氧化碳灭火器救火。

2）乙炔发生器着火时，首先要关闭出气管阀门停止供气，使电石与水脱离接触。可用二氧化碳灭火器或干粉灭火器扑救，不能用水、泡沫灭火器和四氧化碳灭火器救火。

3）电焊机着火时，首先要切断电源，然后再扑救。在未断电源前不能用水或泡沫灭火器救火，只能用干粉、二氧化碳、四氧化碳灭火器或 1211 灭火器扑救，因为用水或泡沫灭火器扑救容易触电伤人。

4）氧气瓶着火时，应立即关闭氧气阀门，停止供氧，使火自行熄灭。如邻近建筑物或可燃物失火，应尽快地将氧气瓶搬走放在安全地点，防止受火场高热影响爆炸。

(3) 常用灭火器材及其安全注意事项

1) 四氯化碳灭火器

四氯化碳为无色透明液体，不助燃、不自燃、不导电、沸点低（76.8℃）。当它降落到火区时迅速蒸发，蒸发气相对密度是空气的3.5倍，所以密集在火源周围，包围着正在燃烧的物质或设备，起到了隔绝空气的作用。四氯化碳是一种阻火能力很强的灭火剂，特别适用于电焊设备和电缆的灭火。

使用安全注意事项：

(A) 四氯化碳本身具有毒性，空气中最高允许浓度为0.05mg/L。

(B) 四氯化碳受热250℃以上时，能与水蒸气作用生成盐酸和光气（光气属剧毒气体）。特别是与赤热金属相遇，生成的光气更多，空气中最高允许浓度仅为0.0005mg/L。

(C) 使用四氯化碳灭火器时，必须带防毒面具，并站在上风处。如在四氯化碳中加少量石油、氨或磷酸三甲酚酯等物质，可大大减少光气发生量。

特别指出四氯化碳与电石、乙炔气相遇，会发生化学变化，放出光气，并有发生爆炸的危险。四氯化碳对金属有一定腐蚀性作用。

2) 二氧化碳灭火器

不能用水和四氯化碳灭火的设备，如电石桶、乙炔发生器等，使用二氧化碳灭火剂最合适。灭火器里的二氧化碳是液态灌装的，极易挥发成气体，使体积扩大760倍。使用时，二氧化碳剂从灭火器喷出，因汽化吸热关系而马上变成干冰。此种霜状干冰喷向着火处，立即气化，把燃烧处包围起来，起到隔绝氧的作用。

使用时安全注意事项：

(A) 二氧化碳灭火剂对着火物质和设备的冷却作用较差，

火焰熄灭后,温度可能仍在燃点以上,有发生复燃的可能,故二氧化碳灭火剂不适用于空旷地区的灭火。

(B) 二氧化碳能使人窒息,所以使用二氧化碳灭火器灭火时,人要站在上风处,尽量靠近火源。

(C) 在空气不流畅的焊接场合,如乙炔站或电石破碎间等,使用二氧化碳灭火器喷射后,消防人员应立即撤出。

(D) 二氧化碳灭火剂不能用于碱金属和碱土金属的火灾。因为在高温下,二氧化碳与这些金属接触会起分解作用,游离出碳粒子,有发生爆炸的危险。

3) 干粉灭火器

固体干粉灭火剂,对气焊和电焊火灾都适用。它是由碳酸氢钠加入 $45\%\sim90\%$(与碳酸氢钠重量比)的细矿、硅藻土或滑石粉等制成。从干粉灭火器喷出的这种灭火剂粉末覆盖在燃烧物上,能够构成阻碍燃烧的隔离层。这种灭火剂遇火时可放出水蒸气和二氧化碳,利用它的吸热降温和隔绝空气的作用而熄灭火焰。干粉灭火器集于泡沫、二氧化碳和四氯化碳灭火器的优点。所以,干粉灭火器可适用于扑救可燃气体、电气设备、油类和遇水燃烧物品等的初起火灾。

这里必须指出:旋转式直流电焊机的火灾扑救,不能用干粉灭火剂。

10. 焊接急性中毒管理措施

(1) 焊接发生急性中毒事故的原因

1) 在狭小的作业空间,焊接有涂层(如漆、塑料、镀铅锌等)或经过脱脂的焊件时,涂层物质和脱脂剂在高温作用下,将会产生有毒气体和有毒蒸汽。

2) 由于设备内存放有生产性毒物,如苯汞蒸气、氰化物等,当焊工进入设备内动火时而引起的中毒。

3) 焊接过程,产生较多的窒息性气体(如 CO_2 焊接过程中产生的 CO)和其他有毒性气体,又是在通风不好和作业面狭小空间内操作,这样就可能使焊工急性中毒。

4)对可燃和有毒介质的容器采用带压不置换动火时,从焊补的裂缝喷出有毒气体或蒸汽。

5)采用置换动火焊补时,置换后的容器内是属缺氧环境,焊工进入动火时引起窒息。

(2)预防急性中毒的措施

1)在焊接作业点装设局部排烟装置。

2)在容器、管道内或地沟里进行焊接作业时,应有专人看护或两人轮焊(即一个工作,一个看护),如发现异常情况,可及时抢救。最好是在焊工身上再系一条牢靠的安全绳,另一端系个铜铃于容器外,一旦发生情况,可以铃为信号,而绳子又可作为救护工具。

3)对有毒和可燃介质的容器进行带压不置换动火时,焊工应戴防毒面具,而且应在上风侧操作;采取置换作业补焊时,在焊工进入前,对容器内空气进行化验,必须保持含氧量在19%~21%范围内,有毒物质的含量应符合《工业企业设计卫生标准》的规定。

4)为消除焊接过程产生的窒息性和其他有毒气体的危害,应加强机械通风,稀释毒物的浓度。可根据作业点空间大小、空气流动和烟尘、毒气的浓度等,可采取局部通风换气和全面通风换气。

11. 焊接有害因素来源及危害

总的来说,所有焊接操作都产生有害气体和粉尘两种污染,其中明弧焊问题较大。明弧焊还存在弧光辐射的危害;采用高频振荡器引弧有高频电磁场危害,钍钨棒电极有放射性危害,等离子流以 10000m/min 的速度从喷枪口高速喷射出来时有噪声危害等。焊接发生的这些有害因素与所采用的焊接方法、焊接工艺规范、焊接材料及作业环境等因素有关。我们应当根据具体情况,采取必要的劳动卫生防护措施。

(1) 电焊烟尘

电焊烟尘是对烟和粉尘而言。烟和粉尘是焊件和焊条金属熔融时所产生的蒸汽在空气中迅速冷凝及氧化而形成的。直径小于 $0.1\mu m$ 的固体微粒为烟;直径在 $0.1\sim10\mu m$ 的金属微粒称为金属粉尘。漂浮于空气中的烟和粉尘等微粒,统称为气溶胶。

1) 电焊烟尘的来源

(A) 焊接过程中金属元素的蒸发。尽管各种金属的沸点不同,但当弧柱温度达 6000℃ 以上时,在这样高的温度下,必定有金属元素蒸发。

(B) 金属氧化物。在高温作用下分解的氧对弧区内的液体金属起氧化作用,同时还会向操作现场扩散。

(C) 焊条药皮。焊条药皮的成分很复杂,但总的来说可分为两大类,即矿产化工原料和金属元素。焊接时,各金属元素蒸发氧化,变成各种有毒物质,呈气溶胶状态逸出,如三氧化二铁、氧化锰、二氧化硅、硅酸盐、氟化钠、氟化钙、氧化铬和氧化镍等。同样药皮的蒸发和氧化,也呈气溶胶状态逸出各种有毒物质,如三氧化二铁、氧化锰和二氧化硅等。

2) 电焊烟尘的危害

电焊烟尘的成分比较复杂,但其主要成分是铁、硅、锰。其中主要毒物是锰、铁、硅等。毒性虽然不大,但其尘粒极细($5\mu m$ 以下)在空中停留时间较长,容易吸入肺内。特别是在密闭容器及通风除尘差的地方作业,对焊工的健康将造成危害。

(A) 焊工尘肺。尘肺是指由于长期吸入超过规定浓度的能引起肺组织弥漫性纤维化的粉尘所致的疾病。这种病的主要表现为呼吸系统症状,有气短、咳嗽、咯痰、胸闷和胸痛,部分焊工尘肺患者可能无力、食欲减退、体重减轻以及神经衰弱症候群(如头痛、头晕、失眠、嗜睡、多梦、记忆力减退等),同时对肺功能也有影响。

(B) 锰中毒。锰蒸气在空气中能很快地氧化成灰色的一氧化锰(MnO)及棕红色的四氧化三锰(Mn_3O_4)烟。长期吸入超过允许浓度的锰及其化合物的微粒和蒸汽，则可能造成锰中毒。锰的化合物和锰尘是通过呼吸道和消化道侵入机体。进入机体内的锰及其化合物，绝大部分可通过胆汁、大、小便方式排出，很少一部分在血液循环中与蛋白质相结合，以难溶的盐类形式积蓄在脑、肝、肾、骨骼、淋巴结和发等处。锰及化合物主要作用于末梢神经系统和中枢神经系统，能引起严重的器质性改变。

焊工的锰中毒，主要是发生在高锰焊条和高锰钢焊接中，发病较慢，大多在接触3~5年以后，甚至可长达20年才逐渐发病。初期表现为疲劳乏力、时常头痛头晕、失眠、记忆力减退，以及植物神经功能紊乱。如舌、眼睑和手指的细微振颤等。进一步发展时，神经精神症状更加明显。转弯、跨越和下蹲等都较困难，走路时左右摇摆或前冲后倒，书写振颤不清等。

(C) 焊工金属热。焊接金属烟尘中直径在 $0.05 \sim 0.5 \mu m$ 的氧化铁、氧化锰微粒和氧化物等，很容易通过上呼吸道进入末梢细支气管和肺泡，再进入体内，引起焊工金属热反应。主要症状是工作后发烧、寒战、口内金属味、恶心、食欲不振等，翌晨经发汗后症状减轻。一般在密闭容器、船舱内使用碱性焊条时，容易得此症状。

(2) 弧光辐射

电弧放电时，会产生高热和强光。电弧的高热，可用以进行电弧切割、焊接和炼钢等；电弧的强光可用以照明（如探照灯），或用弧光灯放映电影等。然而，焊接电弧作为一种很强的光源，会产生强光的弧光辐射。焊接弧光辐射包括红外线、可见光线和紫外线。

焊接弧光的光辐射非常强，作用到人体时间长时，会被人体内组织吸收，引起组织的热作用、光化学作用或电离作用，可使人体组织发生急性或慢性的损伤。

1) 来源

弧光辐射是因为物体的温度高，物体的温度达到1200℃以上时,辐射光谱中即可出现紫外线。随着物体温度增高,紫外线的波长变短,其强度也增大。焊接时,电弧温度高达4000℃以上,并产生弧光辐射,而且是一种很强的弧光辐射。焊接弧光辐射的波长范围见表12-6。

焊接弧光的波长范围　　　　表12-6

红 外 线	可 见 光 线	紫 外 线
	红、橙、黄、绿、青、蓝、紫	
$343\sim0.76\mu m$	$0.76\sim0.4\mu m$	$0.4\sim7.6\times10^{-3}\mu m$

2) 弧光辐射的危害

(A) 紫外线。适量的紫外线对人的身体健康是有益的。但长时间,受焊接电弧产生的强烈紫外线照射对人的健康是有一定危害的。

手工电弧焊、氩弧焊、二氧化碳气体保护焊和等离子弧焊等作业,都会产生紫外线辐射。其中二氧化碳气体保护焊弧光强度是手工电弧焊的2~3倍。

紫外线对人体的伤害是由于光化学作用,主要造成对皮肤和眼睛的伤害。

A) 对皮肤的作用。不同波长的紫外线,可为皮肤的不同深度组织所吸收。皮肤受到强烈紫外线照射后,可引起皮炎,弥漫性红斑,有时出现小水泡、渗出液和浮肿,有烧灼感、发痒、头痛头晕、易疲劳、神经兴奋、发烧和失眠等症状。

B) 对眼睛的伤害。紫外线过度照射后,会引发眼睛的急性角膜炎,称为电光性眼炎。初学焊接的焊工和配合焊工的其他人员,会经常患这种电光性眼炎。

C) 对纤维作用。紫外线辐射因光化学作用,对纤维产生破坏和退色作用,氩弧焊和等离子弧焊尤为突出。

(B) 红外线。红外线对人体的危害主要是引起组织的致热作用。焊接过程中,如果眼部受到强烈红外线辐射,立即会感到灼伤和灼痛,发生闪光幻觉。严重时,可造成红外线白内障,视力减退,甚至导致失明,还会造成视网膜灼伤。

(C) 可见光线。明弧焊的可见光线,比人们肉眼正常承受的光度大约大一万倍,过度照射会使眼睛疼痛,看不清东西,这就是我们常说的电焊"晃眼"短期内会失去劳动能力。

(3) 有毒气体

在焊接过程中会产生很多有毒气体,主要有臭氧、氮氧化物、一氧化碳和氧化氢等。这些有毒气体,对焊工身体健康有着很大的危害性。因此,必须采取有效措施,消除(减小到最低量)这些有害因素,以保证工人身体好。

1) 有毒气体的来源

在焊接电弧的高温和强烈紫外线作用下,在弧区周围就会形成多种有毒气体。如臭氧、氮氧化物、一氧化碳和氧化氢等。

2) 有毒气体的危害

(A) 臭氧。臭氧是一种有毒气体,呈淡蓝色,具有刺激性气味。当浓度较高时,有腥臭味;浓度特高时,除有腥臭味还带有酸味。

臭氧对人的呼吸道和肺有强烈刺激作用。当臭氧超过一定限度时,将会引起咳嗽、胸闷、食欲不振、疲劳无力、头晕、全身疼痛等。严重时,可引起支气管炎。

臭氧与橡皮和棉织品能起化学反应,如臭氧浓度高、长时间接触橡皮和棉织品,将会使其老化变性。帆布半个月就可出现变性。

我国卫生标准规定,臭氧最高的允许浓度为 $0.3mg/m^3$。

(B) 氮氧化物。氮氧化物是由于电弧的高温作用,使空气中氮氧分子离解,重新结合而形成的。它属于具有刺激性的有毒气体,种类较多,主要是二氧化氮。

二氧化氮是红褐色气体,具有特殊臭味,对肺组织有强烈刺激及腐蚀作用,可增加毛细血管及肺胞壁的通透性,引起肺水肿、咳嗽激烈、呼吸困难、虚脱、全身软弱无力。

在焊接过程中,氮氧化物单一存在的可能性很小,一般都是与臭氧共存。两种有害气体的同时存在比单一有害气体对人体的危害作用大得多（可提高15～20倍）。

(C) 一氧化碳。明弧焊都产生一氧化碳有害气体。来源主要是：CO_2 气体在焊接电弧高温作用下分解而形成；CO_2 和分解后的氧对熔化金属元素起氧化作用而产生的一氧化碳；氧化铁与熔池金属中的碳发生作用，也会生成一氧化碳。一氧化碳是一种无色、无味、无臭、无刺激性气体。也是窒息性气体。

一氧化碳中毒严重时，能使人窒息致死。但在电焊作业中，一般不会发生。我国卫生标准规定：CO的最高允许浓度为 $30mg/m^3$。

(D) 氟化氢。氟化氢主要产生于手工电焊（还有埋弧自动焊），它是在电弧高温作用下而形成的一种毒性气体。

氟及其化合物均有刺激作用，比较明显的是氟化氢。氟化氢是一种无色气体，可与水形成氢氟酸，两者的腐蚀性均强，毒性剧烈。吸入（通过呼吸道和皮肤）浓度较高的氟及氟化氢气体或蒸汽后，可立即产生眼、鼻和呼吸道粘膜的刺激症状。引起鼻腔和咽喉粘膜充血、干燥、鼻腔溃疡等。严重时可发生支气管炎、肺炎等。我国卫生标准规定：氟化氢的最高允许浓度为 $1mg/m^3$。

焊接烟尘与有毒气体的内在关系是：粉尘越高，电弧辐射越弱，有毒气体浓度越低。反之，电弧辐射越强，则有毒气体浓度越高。

(4) 放射性物质

某些元素不需外界的任何作用，就具有一定的穿透能力的射线，而原子核会自行放出，既看不见也摸不到。这种性质称为放射性，而具有此种性质的元素，称为放射性元素。

1) 放射性物质的来源

焊接中使用的钍钨棒电极，就含有一定数量的天然放射性物质钍。对焊工的危害形式是钍及其衰变产物呈气溶胶和气体的形式进入体内，而且很难从体内排出。

2) 放射性物质的危害

当人体受到的辐射剂量不超过规定时,射线对人身体不会产生危害;但工作在超剂量长时间的情况下,则可能引起病变,造成中枢神经系统、造血器官和消化系统的疾病,严重者发生放射病。

(5) 噪声

1) 在焊接过程中,根据焊接工艺要求,工作气体和保护气体需有一定流速,等离子焰流高速喷出,在工作气体与保护气体的不同流速之间、在气流与静止固体之间、在气流与空气之间,都会发生周期性的压力起伏、振动及摩擦等,于是就产生了噪声。

2) 噪声的危害

(A) 噪声性外伤。突发性的强烈噪声,如爆炸、发动机起动等,会使听觉器官遭到突然而极大的声压,导致严重损伤,出现眩晕、耳鸣、耳痛、鼓膜内凹、充血等。严重者将造成耳聋。

(B) 噪声性耳聋。是在长期连续的噪声环境下工作引起的听力损伤,这是一种职业病。它可分为两种:一是听觉疲劳,二是职业性耳聋。

(C) 噪声对神经、血管都有危害。

(6) 高频电磁场

在空载电压很低的情况下,引弧就感到有些困难,如非熔化极氩弧焊和等离子弧焊就存在这个问题。为了引弧容易,在线路中增加了高频振荡器来激发引弧。这样,在引弧的瞬间 (2～3s) 就有了高频电磁场的存在了。

1) 高频电磁场来源

焊接用的高频振荡器的最高电压可达 3500V,属于脉冲形式的高频电。由于振荡器高频电流的作用,在振荡器和电源传输线路附近的空间,必然形成高频电磁场。

2) 高频电磁场对人的危害

人体在高频电磁场的作用下,能吸收一定的辐射能量,使人有一种热的感觉。如果长期在场强较大的高频电磁场下工作,会引起头晕、头痛、疲乏无力、记忆力减退、心悸、胸闷和消瘦等神经衰弱和植物神经功能紊乱。

12. 焊接有害因素的防护措施

(1) 焊接烟尘和有毒气体的防护

1) 通风措施

采取通风防护措施,可大大降低焊接烟尘和有毒气体的浓度,使其达到或接近国家卫生标准要求。目前多数采用局部机械排气方法,它的主要形式有:

(A) 采用固定式排烟罩法;

(B) 采用可移动式排烟罩法;

(C) 采用气力引射器法;

(D) 排烟焊枪。

2) 加强个人防护措施

除了口罩(包括送风口罩和分子筛除臭口罩)等常用的一般防护用品外,在通风不易解决的场合,如封闭容器内焊接作业,应采用通风焊帽等特殊防护用品。

3) 改革工艺和改进焊接材料

改革工艺和改进焊接材料也是一项主要措施。如实行机械化、自动化,就可降低工人的劳动强度、提高劳动生产率及减少焊工与毒性物质接触的机会;通过研制改进焊接材料,使焊接过程中产生的烟和气降低,符合卫生标准要求。这是消除焊接烟尘和有毒气体危害的根本措施。采取措施有以下几方面内容。

(A) 在保证产品质量的前提下,合理设计,减少以致完全不在容器内部焊接,可采用单面焊双面成形的新工艺。同时,还减轻了尘毒对人的危害程度。

(B) 尽量采用埋弧自动焊,代替手工电弧焊。这样做可消除弧光,还可以减少有毒气体和烟尘的危害。

(C) 采用机械手。

(D) 采用无毒或少毒材料制造焊接材料。

(2) 弧光辐射的防护

为了保护眼睛不受电弧的伤害,焊接时必须使用镶有特制防护眼镜片的面罩。防护镜片有两种,一种是吸水式滤光镜片;另一种是反射式防护镜片。滤光镜片有几种牌号,可根据焊接电流强度和个人眼睛情况,进行选择。

为防止弧光灼伤皮肤,焊工必须穿好工作服、戴好手套和鞋盖等。工作服应用表面平整、反射系数大的纺织品制作。决不允许卷起袖口,穿短袖衣及敞开衣领等进行电弧焊操作。

(3) 放射性物质防护

焊接放射性防护,主要是防止含钍的粉尘和气溶胶进入体内。其方法有如下几种。

1) 综合性防护措施。对施焊区进行密闭,可用金属薄板或有机玻璃制作,焊枪及焊件置于罩内,罩的一侧安有观察镜。

2) 焊接作业点应设有单室。

3) 设有专门用于磨钨棒的砂轮机,即在砂轮机上装有抽排装置。

4) 手工焊接操作时,必须戴送风防护头盔或采用其他有效措施。磨钨棒时,一定戴除尘口罩。

5) 选择合理规范,可避免钍钨棒的过量烧损。

6) 与钨棒接触后,应用肥皂和自来水(流动水)洗手,并经常清洗工作服及手套等。

(4) 噪声的防护

1) 焊工应佩戴隔声耳罩或隔声耳塞等防护工具。

2) 在房屋结构、设备等部分采用吸声和隔声材料。

3) 研制和采用适合于焊枪喷口部位的小型消声器。

4) 噪声强度与工作气体的流量等有关,在保证焊接工艺和质量要求的前提下,应选择低噪声的工作参数。

(5) 高频电磁场防护措施

1) 焊件接地良好,可大大降低高频电流。接地点距焊件越近，越能降低高频电流，这是因为焊把对地的脉冲高频电位得到降低的缘故。

2）电焊软线和焊枪装设屏蔽。因脉冲高频电是通过空间与手把的电容耦合到人体身上的，加装接地、屏蔽能使高频电场局限在屏蔽内，从而大大减少对人体的影响。

3）在不影响使用的前提下，降低振荡器频率。脉冲高频电的频率越高，通过空气和绝缘体的能力越强，对人体影响越大。因此，降低频率能使情况有所改善。

4）减少高频电的持续时间，即在引弧后立即切断振荡器线路。

（二）焊接质量管理

我国已加入WTO国际组织，企业与产品面临世界市场，具有竞争对手多和竞争激烈的特点。所以我国的企业就必须按照国际标准ISO 9000建立起质量体系、实行质量管理的国际化。

1. 我国GB/T 19000族标准

随着ISO 9000的发布和修订，我国及时、等同地发布和修订了GB/T 19000族国家标准。2000版ISO 9000标准发布后，我国又等同地转换为GB/T 19000—2000（Idt ISO 9000：2000）族国家标准，这些标准包括：

（1）GB/T 19000 表述质量管理体系基础知识，并观察质量管理体系术语。

（2）GB/T 19001 规定质量管理体系要求，用于组织证实其具有提供满足顾客要求和适用的法规要求的产品能力，目的在于增进顾客满意度。

（3）GB/T 19004 提供考虑质量管理体系的有效性和效率两方面的指南。其目的是组织业绩改进和使顾客及其他相关方满意。

(4) GB/T 19011 提供审核质量和环境体系指南。

GB/T 19000—2000 族标准的特点有：

(1) 本标准修订后只保留了上述四个标准。其中 GB/T 19001—2000 代替了 GB/T 19001—1994、GB/T 19002—1994 及 GB/T 19003—1994。

(2) 本标规定的质量管理体系除保证产品质量外，还旨在增强顾客的满意，所以不再有"质量保证"一词。

(3) 取消了一些应用和实施性的指导，标准更具有通用性，可以适用于所有产品类别及不同规模和类型的企业对标准的需求。

(4) 标准中增加了 8 项质量管理原则和 12 项质量管理体系的基本原理，使得标准具有一定的理论基础和适宜的思想方法。

(5) 将顾客满意或不满意信息的监控作为评价企业业绩的一种主要手段，强调企业要以顾客为中心。

(6) 采用"过程方法"的模式结构和 PDCA 循环，逻辑性更强，相关性更好。

(7) 更强调最高管理者的作用。最高管理者应组织建立质量方针和质量目标，承诺向全体员工传达满意顾客和法律、法规要求的重要性。策划建立和实施质量管理体系，提供必要的资源，进行管理评审等。

(8) 突出"持续改进"是提高质量管理体系有效性和效率的重要手段。

(9) 减少了对程序的文件化程度的要求。仅要求 6 种程序文件，即文件控制、质量记录的控制、不合格的控制、内容审核、纠正措施和预防措施。其他程序文件由企业自己决定。

(10) 标准体系简化了，并与其他管理体系相容，有利于实现建立综合管理体系；标准的内容简明，语言通俗易懂，用概念图表达术语间的逻辑关系。

(11) 标准明确要求质量管理体系以顾客为中心，并考虑了所有相关方（包括员工、投资方、供方、合作伙伴和社会等）的利益。

（12）标准不仅仅是为谋求认证的组织提供依据，更充分利用了当代质量管理理论和实际的成果，为提高组织的整体业绩提供了规范性的要求和指南。

2. 术语

根据 GB/T 19000《质量管理体系——基础和术语》在这里介绍几个有关的基本术语。

（1）质量的概念

在 GB/T 19000—2000 标准中，质量的定义是：一组固有特性满足要求的程度。质量还包括以下含义：

1) 质量的主体是产品、体系、项目或过程，质量的客体是顾客和其他相关方。

2) 质量的关注点是一组固有的特性，而不是赋予的特性。对产品来说，例如母材的化学成分、力学性能就是固有特性；对过程来说，固有特性是过程将输入转化为输出的能力；对质量管理体系来说，固有特性是实现质量方针和质量目标的能力。

3) 质量是满足要求的程度。要求包括明示的、隐含的和必须履行的要求和期望。明示的要求，是指法律、法规所规定的要求和在合同环境中，用户明确提出的需要或要求，通常是通过合同标准、规范、图纸、技术文件所做的明确规定；隐含是指组织、顾客和其他相关方的惯例或一般做法，有时则应随科学进步和人们消费观念的变化，对变化了的需求进行识别。

4) 质量的动态性。质量要求不是固定不变的，随着技术的发展，生活水平的提高，人们对产品、项目、过程或体系会提出新的质量要求。因此，应定期评定质量要求，修订规范，不断开发新产品，改进老产品，满足已变化的质量要求。

5) 质量的相对性。不同国家、不同地区的不同项目，由于自然条件、技术发达程度、消费水平和风俗习惯等的不同，对产品也会提出不同的要求，所以产品应具有这种环境适应性。例如销往欧洲地区的彩电就要符合欧洲的电视制式、电压及电压波动范围。

对产品的质量要求，已从"满足标准规定"，发展到"顾客满意"，到现在的"超越顾客的期望"的新阶段。

（2）质量控制

GB/T 19000—2000 标准中，质量控制的定义是：质量管理的一部分，致力于满足质量要求。质量控制的定义，还可以从以下几方面理解：

1）质量控制的目标就是确保产品的质量能满足顾客、法律、法规等方面提出的质量要求。可通过定量或定性指标对质量进行描述和评价，如适用性、可靠性、安全性、经济性以及环境适宜性等。

2）质量控制的范围涉及产品质量形成全过程的各个环节，任何一个环节的工作没有做好，会使产品质量受到损害而不能满足质量要求。

3）质量控制的工作内容包括了作业技术和活动，也就是包括专业技术和管理技术两方面。作业技术是直接产生产品或服务质量的条件，但并不是具备相关作业能力，都能产生合格的质量，还必须通过科学的管理，来组织和协调作业技术活动的过程，以充分发挥其质量形成能力，实现预期的质量目标。

4）由于产品是根据业主的要求而制作的，因此产品的质量总目标是根据业主意图提出来的，即通过产品的定义、规模、标准、使用功能的价值等提出来的。产品质量控制包括设计、招标、投标、施工安装、竣工验收等阶段，均应围绕致力于满足业主要求的质量总目标而展开。

（3）质量管理

确定质量方针、目标和职责，并在质量管理体系中，通过质量策划—控制—保证—改造，使其实施的全部管理职能的所有活动。

在 ISO 9000—2000 标准中增加了 8 项质量管理原则,是组织领导做好质量管理工作必须遵循的准则,8 项质量管理原则如下所述。

1) 以顾客为关注焦点　组织依存于顾客。因此,组织应理解顾客当前和未来的需求,满足顾客的要求并争取超越顾客的期望。

2) 领导作用　质量管理体系是最高管理者推动的质量方针和目标,是领导组织策划的,组织机构和职能分配是领导确定的,资源配置和管理是领导决定安排的,顾客和相关方要求是领导确认的,企业环境和技术进步质量管理体系改进和提高是领导决策的等,所以领导作用是非常重要的。

3) 全员参与　各级人员是组织之本。调动全体员工的积极性和创造性,努力工作、勇于负责、持续改进、做出贡献,这对提高质量管理体系的有效性和效率,具有极其重要的作用。

4) 过程方法　过程方法是将活动和相关的资源作为过程进行管理,可以更高效地得到期望的结果。因此过程概念反映了从输入到输出具有完整的质量概念,过程管理强调活动与资源结合,具有投入产出的概念。过程概念体现了用 PDCA 循环改进质量活动的思想。过程管理有利于适时进行测量保证上下工序的质量。通过过程管理可以降低成本、缩短周期,从而可更高效地获得预期效果。

5) 管理的系统方法　是将相互关联的过程作为系统加以识别、理解和管理,有助于组织提高实现目标的有效性和效率。系统方法包括系统分析、系统工程和系统管理三大环节。

6) 持续改进　持续改进是组织永恒的追求、永恒的目标、永恒的活动。为了满足顾客和其他相关方对质量更高期望的要求,为了赢得竞争的优势,必须不断地改进和提高产品及服务的质量。

7) 基于事实的决策方法　有效决策建立在数据和信息分析的基础上。基于事实的决策方法,首先应明确规定收集信息的种类、渠道和职责，保证资料能够为使用者得到。通过对得到的资料和信息分析，保证其准确、可靠。通过对事实分析、判断，结合过去的经验做出决策并采取行动。

8) 与供方互利的关系　供方是产品和服务供应链上的第一环节，供方的过程是质量形成过程的组成部分。供方的质量影响产品和服务的质量，在组织的质量效益中包含有供方的贡献。供方应按组织的要求也建立质量管理体系。通过互利关系，可以增强组织及供方创造价值的能力，也有利于降低成本和优化资源配置，并增强对付风险的能力。

上述8项质量管理原则之间是相互联系和相互影响的。其中，以顾客为关注焦点是主要的，是满足顾客要求的核心。

(4) 质量体系要素展开

质量体系要素就是构成质量体系的基本单元。对于从事焊接结构产品，特别是重要焊接结构产品（如锅炉、压力容器等）的企业来说，建立一个适用、有效和经济的质量体系就必须考虑自身的行业特点和产品类型等。并按 GB/T 19000 和 GB/T 12467.1~4 两个系列标准中的要求来确定质量体系的构成。

1) 管理职责　管理职责是指管理和设计，实施质量体系的全部职责。由企业最高管理者担负领导职责，下属各级管理者担负相应职责，包括质量方针的制定与实施，确定质量目标以及建立质量体系。

2) 质量体系的原理和原则　质量体系是对质量产生、形成和实现的全过程的管理，涉及到产品寿命周期的全部阶段（通常称为质量环）。它由市场调研、产品设计和开发、采购、生产或服务提供、验证、包装和贮存、销售和分发、安装和投入运行、技术支持和服务、售后到使用寿命结束时处置或再生利用。它是指导企业建立质量体系的理论基础和依据。

质量体系的原则由质量体系的结构、质量体系的文件化、质量体系审核、质量体系评审和评价以及质量改进等5部分组成。

3) 质量成本　质量成本是指为了确保和保证满意的质量而

发生的费用以及没有达到满意质量所造成的损失。质量成本体现了质量经济性的特征,没有良好经济性的质量体系是难以生存的。

4) 营销质量　准确掌握市场和顾客对产品质量的需要和期望是一件十分重要的事情。企业能否生产出适销对路产品以满足顾客和市场的需要,以及及时获得顾客反馈的信息,调整产品结构,提高市场竞争力,这首先取决于营销质量。

5) 规范和设计质量　规范和设计职能就是把顾客需要转化为材料、产品和工艺的技术规范,以顾客接受的价格提供顾客满意的产品。规范和设计质量是决定产品质量关键因素之一,应做到技术先进,使用可靠,易于生产、验证和控制。

6) 采购质量　采购的材料、元件、零部件等物质,直接影响产品的质量。因此,企业要对采购活动进行计划并采用文件化程序进行控制。在质量体系中有关采购的内容应包括:提出适用版本的规范、图样、采购文件和其他技术资料;选择合格的承包方;质量保证协议;验证方法协议;进货检验程序;进货控制、进货质量记录等。

7) 工艺质量　工艺质量主要指技术准备的质量。使产品质量形成的各有关过程处于受控状态。

8) 生产工艺的控制　即生产过程的控制。同时对产品寿命周期的各阶段也要进行控制。

9) 产品验证　对产品进行检验、试验、检查、核对、评审、审核等活动统称为产品验证。是质量体系中重要因素之一。产品验证根据生产过程可分为购进材料验证、工艺检验和成品检验三部分内容。

10) 检验、测量和试验设备控制　所用的工具、量具、仪器、仪表、检测设备等,必须在国家规定检验期使用,确保计量结果的准确度。不宜超过规定使用期限,应按规定到国家认定的计量部门进行复验。

11) 不合格产品的控制　即"不满足规定要求"的产品。偏离或缺少一种或多种质量特性或质量体系要素。应对不合格产品做好标识、记录、隔离、评审和处置作出具体规定，同时制定对策，防止不合格产品再次出现。

12）纠正措施 纠正措施就是返修、报废和整顿、改进等。

13）生产后的活动 生产后活动指贮存、交付、安装、服务、售后和市场返馈等活动。这些都是企业生产经营不可缺少的环节，对产品质量都有一定的影响，所以要加以控制。

14）质量记录 为已完成的生产经营活动或达到的结果提供客观证据的文件，它为证明满足质量要求的程度或质量体系要求运行的有效性提供客观证据，同时也证实可追溯性以及采取预防和纠正措施提供客观证据。质量记录的类型有：检验报告、试验数据、鉴定报告、确认报告、考察和审核报告、不合格品评审报告、标准数据及质量成本报告等。各企业可根据产品的特征和自身情况选用，确定更加具体的记录形式。

15）人员 人是管理的主体。只有调动企业人员的积极性，通过教育和培训提高人员素质，才能保证质量体系的有效运行。

16）产品安全性和责任 企业对其产品必须承担责任。安全关系到人的生命和财产，关系到企业名誉的生存，关系到对社会的影响，所以我国已把安全标准作为强制性标准予以执行。

17）统计方法的应用 正确使用统计方法有助于质量体系的有效运行，通常应用的统计方法有：实验设计和析因分析、方差分析和回归分析；安全性评价或风险分析；显著性检验、质量控制图和累积技术、统计抽样检验等。

3. 焊接质量要求标准简介

国家技术监督局于1998年8月12日发布了GB/T 12467.1～4—1998《焊接质量要求 金属材料的熔化焊》系列标准，并于1999年7月1日实施。该系列标准等同采用 ISO 3834—1～3834—4：1994系列国际标准，同时取代了GB/T 12467—1990

和 GB/T 12468—1990 标准。这套标准在我国更具适用性和协调性，对生产焊接结构的企业来说，贯彻 GB/T 12467.1～4—1998 标准，建立完善的焊接质量体系，确保焊接产品的质量，提高效益具有重要意义。

(1)《焊接质量要求　金属材料的熔化焊——第一部分：选择及使用指南》(GB/T 12467.1—1998)(idt ISO 3834—1：1994)

该标准给出了企业中焊接作为一种生产手段及其质量要求，并为企业建立起符合 GB/T 12467.2～4—1998 系列标准的质量体系提供指南。在 GB/T 19000 质量体系系列标准中，由于焊缝不能被随后的产品检验及试验所充分验证其质量是否已满足质量标准。因此，焊接被视为"特殊过程"处理。标准中对使用的环境和目的作了规定与说明。

1) 引用的标准（新版出后，以新版为准）

(A) GB/T 19000—2000《质量管理体系——基础和术语》；

(B) GB/T 12467.2—1998《焊接质量要求　金属材料的熔化焊　第二部分：完整的质量要求》；

(C) GB/T 12467.3—1998《焊接质量要求　金属材料的熔化焊　第三部分：一般质量要求》；

(D) GB/T 12467.4—1998《焊接质量要求　金属材料的熔化焊　第四部分：基本质量要求》。

2) 焊接质量要求的选择

标准中规定了在合同的焊接要求情况下有完整、一般和基本要求三种形式，以适用于焊接结构类型。如合同的焊接要求为"完整质量要求"情况下，使用 GB/T 12467.2；"一般质量要求"情况下使用 GB/T 12467.3；"基本质量要求"情况下，使用 GB/T 12467.4。

这里要说明一下"合同"的含义，一是由用户指定，并保证双方同意的结构要求；二是企业为待售的用户成批生产的产品而做的基本规定。

标准还对从合同评审到质量记录所列的质量要求，将三个标准进行了总体对比（见表12-7）。

GB/T 12467.2～4 焊接质量要求的总体对比　　表 12-7

要　素	GB/T 12467.2 （完整质量要求）	GB/T 12467.3 （一般质量要求）	GB/T 12467.4 （基本质量要求）
合同评审	所有文件的评审	评审范围稍小	建立这种能力并具备信息手段
设计评审	确认焊接的设计		信息手段
分承包商	按主要制造商对待		应符合所有要求
焊工	按 GB/T 15169 或有关标准认可		
焊接协作	具有相应技术知识的焊接协作人员或类似知识的人员		无要求但制造商的人员责任除外
检验人员	具有足够的、胜任的人员		足够并胜任、必要时从他方获得
生产设备	对制备、切割、焊接、运输、起重及安全设备和防护服均有要求		无特殊要求
设备维修	要进行维修计划是必需的	无特殊要求,合适即可	无要求
生产计划	必需的	需要有限度的计划	无要求
焊接工艺规程（WPS）	向焊工提供作业指导书		无要求
焊接工艺认可	符合 JB/T 6963 的相应部分,按应用标准或合同要求进行认可		无特殊要求
作业指导书	具有焊接工艺规程或明确的作业指导书		无要求
文件	必需的	未规定	无要求
焊接材料的批量试验	只在合同有规定时进行	未规定	无要求
焊接材料的贮存及保管	按 JB/T 3223 标准要求		
母材的存放	要求避免环境的影响；保持标志		无要求
焊后热处理	需要规程及完成的记录	需要对规程作确认	无要求
焊前,焊时及焊后检验	按规定的要求		按合同规定的职责
不符合项	具有一定措施		
校准	具有一定措施	无规定	

续表

要 素	GB/T 12467.2（完整质量要求）	GB/T 12467.3（一般质量要求）	GB/T 12467.4（基本质量要求）
标志	一般有要求	必要时有要求	无规定
可追溯性			无规定
质量记录	需要,以满足产品可靠性规则	由合同要求	
	保存至少 5 年以上		

(2)《焊接质量要求 金属材料的熔化焊——第 2 部分：完整质量要求》(GB/T 12467.2—1998 idt ISO 3834—2：1994)

本标准作为焊接质量要求的最高级模式对企业焊接质量体系的要素作出了具体的规定。各企业根据自己产品特点并结合实际,可以在合同情况下使用,亦可作为企业执行标准以证明其焊接工艺水平的能力等。

1) 引用标准 在引用的标准中要考虑到标准最新版本的情况,如出最新版本应按最新版本标准执行,引用的标准有：

GB/T 9445—1999 无损检验人员技术资格鉴定与认证
GB/T 12467.1—1998 焊接质量要求 金属材料的熔化焊
　　　　　　　　　第 1 部分：选择及使用指南
GB/T 15169—1994 钢熔化焊手焊工资格考核方法
JB/T 6963—1993 钢制件熔化焊工艺评定
JB/T 3223—1996 焊接材料质量管理规程
ISO 13916：1996 焊接 焊接时预热温度、道间温度及预
　　　　　　　　热维持温度的测定

2) 合同及设计评审 标准中明确对合同及设计因素进行评审。所谓合同评审就是在签订合同前,为确保产品焊接质量要求规定得合理,明确并形成文件,且企业能够实现,由企业所进行的系统活动。合同评审在签订合同前进行,以明确合同中的焊接质量要求,确定企业满足和实现这些质量要求的能力。所谓设计评审就是为了评价设计满足焊接质量要求的能力,对设计所作的

综合的、系统的,并形成文件的检查。在合同评审中要求企业为保证产品的焊接质量必须考虑的因素有:将使用的有关标准包括焊接、无损检验及热处理规程等;焊接工艺评定执行方法;人员资质的认可;焊后热处理;试验和检验;对所用材料、焊工及焊缝做出的记录要求正确并可核查验证;独立机构(如锅炉压力容器监察部门)在任何情形下介入企业的质量控制管理;有其他焊接要求时,如焊接材料的批量试验,焊缝金属铁素体含量、时效、氢含量;现场焊接环境条件,如低温、恶劣气候条件下的措施;分承包单位的管理;对不合格品的控制。在设计评审中所考虑的因素有:所有焊缝的位置;可操作性及焊接顺序;坡口加工(包括清理)及焊缝剖面图;母材的焊接技术要求及接头的性能;使用衬垫情况;施焊焊缝的场合;接头的制备及焊完后接头的尺寸及其详细情况;特殊方法的使用,如单面焊双面成形;焊缝的质量及合格要求;其他特殊要求,如热处理、喷丸处理等。

3)分承包 当企业在采用分承包商服务时(即焊接、检查、无损检验、热处理),标准中也规定了企业必须向分承包商提供有关的规程及标准,并要求分承包商进行实施。这样以保证产品实施标准的统一性和完整性,保证焊接质量。

4)焊接人员 焊接人员包括焊工和焊接协作人员。标准中规定焊工及焊接操作工应按 GB/T 15169 或有关标准,经相应考试后,方可从事焊接作业,焊接协作人员要职责范围分工明确,并要根据生产需要制定出必要的工艺规程或作业指导书。

5)检查、试验及检验人员 标准中要求企业配置足够的胜任从事焊接生产检查、试验及检验人员。这些人员必须经过有关标准的认可取得资质。无损检测人员要求按 GB 9445 标准或其他标准考核认可。

6)设备 为保证焊接生产按照标准中规定的要求去落实,保证焊接质量,标准对企业要求配置有关焊接设备以及设施也作出了规定。这些设备和设施有:

(A)焊接电源及其他机器;

(B) 接头制备及切割（包括热切割）设备；
(C) 预热及焊后热处理设备（包括温度指示仪）；
(D) 夹具及固定机具；
(E) 用于焊接生产的起重及装夹设备；
(F) 人员防护设备及直接与焊接有关的其他安全设备；
(G) 用于焊接材料处理的烘干炉、保温筒；
(H) 清理设施；
(I) 破坏性试验及无损检验设备。

为了能反映出企业设备的焊接生产能力，以及质量保证能力，还要求对上述的有关设备登录明细表。内容包括最大起重机的容量，车间可装夹的构件尺寸，机械化或自动化焊接设备能力，焊后热处理炉的尺寸及最高温度；平板、弯曲及切割设备的能力等。这样，可通过明细表的内容对企业设备的焊接生产能力乃至焊接质量保证能力作出评估。对于新设备（或改造后的设备）安装之后，应进行相应的试验，试验结果符合有关标准后，可投入生产。此外对影响到焊接结构质量的设备保养和维修（包括检验等）计划安排，标准也作出了规定。

7) 焊接 焊接生产前应制定出指导生产的文件，包括生产计划，焊接工艺规程（WPS），作业指导书等文件。这些文件应按相关标准或经过认可。生产计划的内容包括结构制造顺序的规定，结构制造所要求的每个工艺说明，相应的焊接及相关工艺规程的参照，每个工艺实施时的指令及时间，试验检验规程（包括独立机构的介入），环境条件，如防风、防雨措施等。焊接工艺规程是由企业的技术主管部门的有关负责人员根据焊接工艺评定的结果并结合实践来确定。工艺规程一旦形成并最终确定，则企业确保其在生产中得到正确运用成为在产品生产中必须遵守的法则。焊接工艺规程可以直接用于焊工进行焊接作业，但亦可根据焊接工艺规程编制专门的作业指导书，这些作业指导书来源于认可的焊接工艺规程而无须作单独的认可。企业应建立并保持焊接工艺规程焊接工艺评定记录、焊工合格证书的控制程序。

8) 焊接材料　对焊接材料的控制标准中要求按 JB/T 3223—1996 标准执行，主要是在合同要求时作批量试验，以及贮存和保管的有关规定。

9) 焊后热处理　对于焊后需做热处理的接头应严格按照相应的标准或规定进行热处理。热处理记录中应反映出规程已被遵照执行，对特殊的热处理操作应具有可追溯性。

10) 与焊接相关的试验、检验及检查　焊接生产的检验是贯穿于焊前、焊接过程中和焊后全过程的检验。对检查、检验和试验的内容标准中也作了详细的规定。焊前检查的内容有：

（A）焊工考核证书的适用性、有效性；

（B）焊接工艺规程的适用性；

（C）母材的识别；

（D）焊接材料的识别；

（E）接头的制备（符合 GB/T 985 1988、GB/T 986 1988 的形式及尺寸要求）；

（F）工装、夹具及定位；

（G）焊接工艺规程中的任何特殊要求，如防止变形；

（H）所有生产试验的安排；

（I）焊接工作条件（包括环境）的适宜性；

焊接过程中的检查内容有：

（A）主要焊接参数（焊接电流、电弧电压及焊接速度）；

（B）预热/道间温度；

（C）焊道的清理与形状，焊缝金属的层数；

（D）根部清理；

（E）焊接顺序；

（F）焊接材料的正确使用及保管；

（G）焊接变形的控制；

（H）所有的中间检查，如尺寸检验。

焊后试验及检验必要时应对照标准或规范确定是否符合合格的要求，检查的内容有：

（A）利用宏观检验检查外部缺陷情况；

（B）按相应的标准进行无损检验；

（C）按相应的标准进行破坏性检验；

（D）焊接结构的形式、形状及尺寸符合设计要求；

（E）焊后操作的结果及记录，如研磨、焊后热处理、时效。

在进行上述试验及检验时，还要对试验和检验的状态，采取的方式加以说明或加上标志等。

11）不符合项及改正措施 企业应制定严格措施加强对不合格品的控制，对不合格项的修复及矫正应制定相应的程序。修复后仍要按原始要求进行检验、试验和检查。确保不合格品不得被使用。

12）检验设备的校准 由于检测设备的检验结果直接关系到产品的质量状况，因此企业要对检验、测量和试验设备的有关计量器具进行适时校准，保证检验结果的正确性。

13）标识及可追溯性 在整个生产过程中应保持标识及可追溯性。涉及到焊接操作识别以及可追溯性的文件有：生产计划、跟踪卡片、结构中焊缝部位的记录、焊缝标识、钢印、标签等；对特殊焊缝的可追溯性（包括焊工、焊接操作者在内的全机械化、自动化焊接设备）；焊工及焊接工艺的认可；无损检测工艺及人员的认可；使用的焊接材料包括型号、批号或炉号；母材的型号、批号；修复部位。这些都应保持标识及其可追溯性。

14）质量记录 质量记录是反映焊接质量状况的客观证据文件。标准中规定质量记录的文件有：

（A）合同/设计评审记录；

（B）材料合格证；

（C）焊接材料合格证；

（D）焊接工艺规程；

（E）焊接工艺评定记录；

（F）焊工或焊接操作者考核证书；

（G）无损检验人员证书；

（H）热处理工艺规程及记录；

（I）无损检验及破坏性试验程序及报告；

（J）尺寸报告；

（K）修复记录及其他不符合项的报告。

当无特殊规定时，上述质量记录应至少保持五年。

(3)《焊接质量要求　金属材料的熔化焊——第3部分：一般质量要求》(GB/T 12467.3—1998　idt　ISO 3834—3：1994)

本标准对企业建立质量体系涉及到焊接生产时焊接质量要素按照"一般质量要求"进行明确与规定。与 GB/T 12467.2—1998 标准相比，除没有"检测设备的校准"这一要素外，其他要素均一样。但在对要素规定的程度上有一定的区别，这里通过与 GB/T 12467.2—1998 标准的比较来说明 GB/T 12467.3—1998 标准。内容要求相同的要素不再叙述。

1) 合同评审　在评审文件的项目上一样，但 GB/T 12467.3—1998 的评审范围比 GB/T 12467.2—1998 要小。

2) 设备　在设备维修方面本标准没有明确规定要求，强调只要适用并得到保养即可。在有关新设备（包括改造后的设备）使用方面与 GB/T 12467.2—1998 一样作明确规定。

3) 焊接　本标准在有关生产计划内容中的要求有：结构制造的顺序规定；制造结构所需的焊接及有关工艺的说明，相应工艺规程的参照，焊接工艺规程制定的相关标准；试验及检验规程。与 GB/T 12467.2—1998 标准相比，对制造结构所要求的每个工艺说明，环境条件以及对按批量、零部件物品的标识等方面并无要求。对焊接工艺要求按 JB/T 6963—1993 或相应标准进行认可，而对焊接工艺规程的制定及其运用没有明确规定，在有关质量文件的编制及控制方面，本标准也没有明确要求。

4) 焊接材料　本标准对焊接材料的贮存及保管要求应按照 JB/T 3223—1996 要求执行，这一点与 GB/T 12467.2—1998 标准一样。但在对焊接材料根据合同规定要求作批量试验没有规定。

5) 焊后热处理　本标准要求焊后热处理工艺符合相应标准和规定，焊后需要做适当的热处理记录。对特殊的热处理操作并无规定。

6) 检测设备的校准　本标准中没有检测设备的校准这项要求。

7) 标识及可追溯性　本标准只规定必要时，在生产过程中应保持标识及可追溯性。对焊接操作、标识和可追溯性文件体系也没有明确规定。

8) 质量记录　本标准对质量记录要求的内容与 GB/T 12467.2—1998 标准一样，但强调质量记录按合同要求进行。

(4)《焊接质量要求　金属材料的熔化焊——第 4 部分：基本质量要求》(GB/T 12467.4—1998　idt　ISO 3834—4：1994)

本标准对企业在焊接生产建立质量体系按照"基本质量要求"时，对焊接质量要素进行明确的规定。与 GB/T 12467.2—1998 和 GB/T 12467.3—1998 两个标准相比，在焊接质量要素与对质量要素内容规定的程度上均减少或降低。

1) 引用标准　引用的标准有三个：

(A) GB/T 9445—1999《无损检验人员技术资格鉴定与认证》；

(B) GB/T 1247.1—1998《焊接质量要求　金属材料的熔化体　第 1 部分：选择及使用指南》；

(C) GB/T 15169—1994《钢熔化焊手焊工资格考核方法》。

2) 合同及设计评审　标准中明确要求企业对焊接结构的相关数据进行评审，获得保证生产的必要信息，做好准备工作。对有关评审的具体内容与要求未明确规定。

3) 分承包　对分承包商只要求按照订货要求及本标准来生产即可。

4) 焊工　所有焊工及焊接操作工按 GB/T 15169—1994 或有关标准考核认可。

5) 焊接设备　要求焊接设备应维护以适应工作需要，有关设备的其他方面没有要求。

6) 焊接　只要求按正确的焊接工艺实施，相关生产计划、作业指导书等文件均无要求。

7) 焊接材料　要求企业按焊接材料生产厂的建议进行保管和使用。

8) 与焊接相关的试验、检验及检查　要求企业对焊接生产进行有效地监督。有关检验和试验按合同要求进行。

9) 质量记录　对焊接质量记录要求按合同进行确定，质量记录保持5年以上。

4. 焊接工艺评定

焊接工艺评定是验证焊接接头是否达到产品设计和有关规程标准规定的要求以及是否满足使用要求性能，验评施焊单位制定的焊接工艺是否正确的重要质量控制环节。对于一些设计生产制造和安装重要焊接结构的产品，焊接工艺评定则是确保产品质量的重要前提。我国劳动部颁发的《蒸汽锅炉安全技术监察规程》(1996)、《压力容器安全技术监察规程》(1990)、国家技术监督局颁发的《钢制压力容器》GB 150—1998等规程和标准均对焊接工艺评定的必要性作了规定。国际上许多国家均制定了焊接工艺评定的规程，我国也颁布了有关焊接工艺评定的规程与标准。一些行业还根据行业特点制定了行业焊接工艺评定规程。本节按照《钢制压力容器焊接工艺评定》JB/T 4708—1992（以下简称为《焊评》）规程的要求，介绍焊接工艺评定。

(1) 焊接工艺评定的程序

焊接工艺评定是从焊接工艺角度（焊前准备、焊接材料、设备、方法、顺序、操作、焊后热处理等）根据标准所规定焊接试件、检验试样来测定评价焊接接头是否具有所要求的性能。

焊接工艺评定是在钢材的焊接性试验的基础上进行，并在产品焊接之前完成。焊接工艺评定的一般程序如图12-8所示。

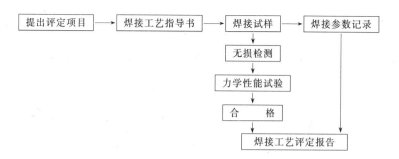

图 12-8 焊接工艺评定程序

(2) 焊接工艺评定规则

《焊评》中有关焊接工艺评定的规则主要有以下几个方面。

1) 焊接工艺评定基本条件 评定所选用的设备、仪表和辅助设备均应处于正常工作状态；钢材、焊接材料必须符合相应的标准；评定工作要由本单位技能熟练的焊接人员施焊和热处理，不得由外单位人员操作，或在外单位进行工艺评定；这是衡量企业焊接生产能力和质量控制有效性的重要手段。

2) 焊接工艺评定试件形式 评定对接焊缝工艺与角焊缝工艺时，均可采用接头形式为对接焊缝的试件。对接焊缝试件评定合格的焊接工艺同样适合于角焊缝。评定组合焊缝（角焊缝加对接焊缝）焊接工艺时，要根据焊件的焊透要求确定采用组合焊缝试件或对接焊缝试件或角焊缝试件。当组合焊件为全焊透时，可采用与焊件接头坡口形式和尺寸类同的对接焊缝试件进行评定，也可采用组合焊缝试件加对接焊缝试件（后者的坡口形式和尺寸不限定）进行评定。当组合焊缝焊件不要求全焊透时，若坡口深度大于焊件中较薄母材厚度的1/2，则按对接焊缝对待，若坡口深度小于或等于焊件中较薄母材厚度的1/2时，则按角焊缝对待。

板材对接焊缝试件评定合格的焊接工艺评定适用于管材的对接焊缝；板材角焊缝试件评定合格的焊接工艺，适用于管与板的角焊缝。反之亦然。

3) 焊接工艺因素 《焊评》中将焊接工艺因素分为重要因

素、补加因素和次要因素。见表12-8。

焊接工艺评定的重要因素和补加因素　　　表12-8

类别	焊接条件	重要因素						补加因素					
		气焊	焊条电弧焊	埋弧焊	熔化极保护气焊	钨极保护气体焊	电渣焊	气焊	焊条电弧焊	埋弧焊	熔化极保护气焊	钨极保护气体焊	电渣焊
填充材料	1. 焊条牌号（焊条牌号中第三位数字除外）	—	○	—	—	—	—	—	—	—	—	—	—
	2. 当焊条牌号中仅第三位数字改变时，用非低氢型药皮焊条代替低氢型药皮焊条	—	—	—	—	—	—	—	○	—	—	—	—
	3. 焊条的直径改为大于6mm	—	—	—	—	—	—	—	○	—	—	—	—
	4. 焊丝钢号	○	—	○	○	○	—	—	—	—	—	—	—
	5. 焊剂牌号；混合焊剂的混合比例	—	—	○	—	—	○	—	—	—	—	—	—
	6. 添加或取消附加的填充金属；附加填充金属的数量	—	—	—	○	○	—	—	—	—	—	—	—
	7. 实芯焊丝改为药芯焊丝或反之	—	—	—	○	—	—	—	—	—	—	—	—
	8. 添加或取消预置填充金属；预置填充金属的化学成分范围	—	—	—	—	○	—	—	—	—	—	—	—
	9. 增加或取消填充金属	—	—	—	—	○	—	—	—	—	—	—	—
	10. 丝极改为板极或反之，丝极或板极钢号	—	—	—	—	—	○	—	—	—	—	—	—
	11. 熔嘴改为非熔嘴或反之，熔嘴钢号	—	—	—	—	—	○	—	—	—	—	—	—
焊接位置	从评定合格的焊接位置改变为向上立焊	—	—	—	—	—	—	—	○	—	○	○	—
预热	1. 预热温度比评定合格值降低50℃以上	—	○	○	○	○	—	—	—	—	—	—	—
	2. 最高层间温度比评定合格值高50℃以上	—	—	—	—	—	—	—	○	○	○	○	—

续表

类别	焊接条件	重要因素						补加因素					
		气焊	焊条电弧焊	埋弧焊	熔化极保护气体	钨极保护气体	电渣焊	气焊	焊条电弧焊	埋弧焊	熔化极保护气体	钨极保护气体	电渣焊
气体	1. 可燃气体的种类	○	—	—	—	—	—						
	2. 保护气体种类；混合保护气体配比	—	—	—	○	○	—						
	3. 从单一的保护气体改用混合保护气体，或取消保护气体	—	—	—	○	○	—						
电特性	1. 电流种类或极性	—	—	—	—	—	—	○	○	○	○	○	
	2. 增加热输入或单位长度焊道的熔敷金属体积超过评定合格值（若焊后热处理细化了晶粒，则不必测定热输入或熔敷金属体积）									○	○	○	
	3. 电流值或电压值超过评定合格值15%	—	—	—	—	—	○						
技术措施	1. 焊丝摆动幅度、频率和两端停留时间									○	○		
	2. 由每面多道焊改为每面单道焊									○	○		
	3. 单丝焊改为多丝焊，或反之									○	○		
	4. 电（钨）极摆动幅度、频率和两端停留时间	—	—	—	○	—	—				○		
	5. 增加或取消非金属或非熔化的金属成形滑块	—	—	—	—	—	○						

注：符号○表示对该焊接方法为重要因素或补加因素。

重要因素是指影响焊接接头抗拉强度和弯曲性能的焊接工艺因素。补加因素是指影响焊接接头冲击韧度的焊接工艺因素。次要因素是指对要求测定的力学性能无明显影响的焊接工艺因素。

当任何一项重要因素变更时，都需要重新评定焊接工艺；当增加或变更任一个补加因素时，则可按增加或变更的补加因素增焊冲击韧度试件进行试验；当变更次要因素时不需重新评定焊接工艺，但需要编制焊接工艺指导书。

4) 重新评定焊接工艺的条件　对于下列情况之一者，需要重新进行焊接工艺评定：

（A）改变焊接方法，需重新评定。

（B）施焊单位首次焊接的钢种或新钢种需进行评定或重新评定。为减少焊接工艺评定数量，根据母材的化学成分、力学性能和焊接性能进行分类、分组（见表12-9）。

钢材的分类与分组　　　　表12-9

类别号	组别号	钢　号	相应标准号
Ⅰ	Ⅰ-1	Q235—A·F(A3F,AY3F)	GB 912,GB 3274
		Q235—A(A3、AY3)	GB 912,GB 3274
		Q235—B、Q235—C	GB 912,GB 3274
		20HP	GB 6653
		20R	GB 6654
		10	GB 8163,GB 6479
		20G	GB 6479
		20、25	GB 8163,GB 9948,JB 755
Ⅱ	Ⅱ-1	Q345(16Mn)	GB 6479,JB 755
		16MnR	GB 6654,GB 5681
		16MnRC	GB 6655
	Ⅱ-2	Q390(15MnV)	GB 6479
		15MnVR	GB 6654
		15MnVRC	GB 6655
		20MnMo	JB 755
Ⅲ	Ⅲ-1	15MnVNR	GB 6654
	Ⅲ-2	18MnMoNbR	GB 6654
		15MnMoV	JB 755

续表

类别号	组别号	钢 号	相应标准号
Ⅲ	Ⅲ—2	20MnMoNb	JB 755
Ⅳ	Ⅳ—1	12CrMo	GB 6479,GB 9948
		15CrMo	GB 6479,JB 755,GB 9948
		15CrMoR	
	Ⅳ—2	12Cr1MoV	JB 755
	Ⅳ—3	12Cr2Mo	GB 6479
		12Cr2Mo1R	
		12Cr2Mo1	JB 755
Ⅴ	Ⅴ—1	1Cr5Mo	GB 6479,JB 755
Ⅵ	Ⅵ—1	16MnD	JB 755
		16MnDR	GB 3531
	Ⅵ—2	09Mn2VD	JB 755
		09Mn2VDR	GB 3531
	Ⅵ—3	06MnNbDR	GB 3531
Ⅶ	Ⅶ—1	1Cr18Ni9Ti	JB 755
		0Cr19Ni9	GB 4237
		0Cr18Ni9Ti	GB 2270
		0Cr18Ni11Ti	GB 4237
		00Cr18Ni10	GB 2270
		00Cr19Ni11	GB 4237
	Ⅶ—2	0Cr17Ni12Mo2	GB 4237
		0Cr19Ni13Mo3	GB 4237
		0Cr18Ni12Mo2Ti	GB 2270
		0Cr18Ni12Mo3Ti	GB 2270
		00Cr17Ni14Mo2	GB 4237,GB 2270
		00Cr19Ni13Mo3	GB 4237,GB 2270
Ⅷ	Ⅷ—1	0Cr13	GB 4237,GB 2270,JB 755

注：本表中的标准现国家已区分推荐和强制性两种，请参考相应资料。

凡一种母材评定合格的焊接工艺，可用于同组别号的其他母材。表中组别为Ⅵ—1母材的评定适用于组别为Ⅱ—1的母材。在同类别号中，高组别号母材的评定适用于该组别号母材与低组别号母材所组成的焊接接头。除上述情况外，当母材组别号改变时，需重新评定。除类别号为Ⅱ，组别号为Ⅵ—1的同钢号母材的评定适用于该类别号或该组别号母材与类别号为Ⅰ的母材所组成的焊接接头外，不同类别号的母材组成焊接接头，即使母材各自都已评定合格，其焊接接头仍需重新评定。

（C）改变焊后热处理类别，需重新评定。焊后热处理的类别按铬镍不锈钢分为不热处理和热处理（固溶或稳定化）以及除铬镍不锈钢外的分为不热处理、消除应力处理、正火、正火加回火、淬火加回火。试件的焊后热处理应与焊件的制造时焊后热处理基本相同。在消除应力热处理温度下，试件的保温时间不得少于在焊件制造过程中累计保温时间的80%。

（D）对接焊缝评定合格的焊接工艺，适用母材厚度和焊缝金属厚度的有效范围见表12-10，当超出表中规定的范围时，需重新评定。

焊接工艺评定选用厚度的有效范围（单位：mm） 表12-10

工艺评定的试件母材厚度 T 或焊缝金属厚度 t	适用焊件母材厚度的有效范围		适用焊件焊缝金属厚度的有效范围	
	最小值	最大值	最小值	最大值
$1.5 \leqslant T(或\ t) < 8$	1.5	$2T$ 且 $\leqslant 12$	不限	$2t$ 且 $\leqslant 12$
$T(或\ t) \geqslant 8$	$0.75T$	$1.5T$	不限	$1.5t$

当采用两种或两种以上焊接方法（或焊接工艺）焊接的试件评定合格后，适用于焊件的厚度有效范围，不得以每种焊接方法（或焊接工艺）评定所用的最大厚度进行叠加。

（E）耐蚀层堆焊中，凡属于下列情况之一者，均需重新评定。

A）改变或增加焊接方法；

B）基体钢材类别号为Ⅳ时，改变组别号；

C）改变基体钢材的类别号；

D) 除横焊、立焊或仰焊位置的评定适用于平焊位置外，改变评定合格的焊接位置；

E) 预热温度比评定范围下限降低 50℃ 以上或层间温度超过评定范围的最大值；

F) 改变焊后热处理类别；

G) 焊后热处理温度下的总保温时间比评定最长保温时间延长 25% 或更多；

H) 多层堆焊变更为单层堆焊，单层堆焊变更为多层堆焊；

I) 变更电流种类或极性。

对于焊条电弧焊除上述 9 项规定之外，当变更焊条牌号（焊条牌号中第三位数字除外）或堆焊首层时，变更焊条直径或首层施焊电流比已评定范围的上限值增加 10% 以上时仍需重新评定。

对于埋弧焊、熔化极气体保护焊或钨极气体保护焊堆焊，除上述 9 项时，属下列情况之一者仍需重新评定。

A) 变更焊丝（或钢带）钢号；

B) 变更焊剂牌号、混合气体的混合比例；

C) 变更同一熔池上的焊丝根数；

D) 添加或取消附加的填充金属；

E) 增加或取消焊丝的摆动；

F) 焊丝或附加的填充金属公称横截面积的变化超过 10%；

G) 热输入或单位长度焊道内熔敷金属体积比评定范围的上限值增加 10% 以上；

H) 变更保护气体种类、混合保护气体配比；

I) 取消保护气体或保护气体流量比评定范围下限值降低 10% 以上。

(3) 试件、试样和检验

《焊评》中对母材、焊接材料、坡口和试件的焊接及试件的数量和尺寸均作了具体详细的规定。进行焊接工艺评定时应严格按照规定的要求执行。试件与试样的检验项目通常分为外观检查（表面不得有裂纹、未焊透和未熔合缺陷）、无损探伤、力学性能试验和金相试验等。检查与试验的项目和评定标准《焊评》中也作了规定，在检查与试验时，均应按照相应规定的要求进行。

(4) 焊接工艺评定中的几个问题

1) 试件中钢号及组别划分

(A) 要充分利用规程上所规定的替代原则，尽量扩大评定的覆盖面。例如同属Ⅱ—1类组的16Mn（新标准为Q345）、16MnR、16MnRC。如果用16Mn钢号进行评定，而产品是16MnR或16MnRC钢材，因16Mn钢材没有V形冲击试验要求，所以，就需要重新评定了（16MnR或16MnRC有V形冲击试验要求）；如果用16MnR进行评定，产品是16Mn或16MnRC也好，该组别钢号均可适用。因此，在进行焊接工艺评定时，不一定要选择与具体产品接头相同的钢号，尽可能选择同组中性能要求较全的钢号或覆盖面广的钢号，特别是有冲击韧度要求的钢号。

(B) 国产钢材（已列入国标或行业标准的钢号）有的未列入《焊评》中，可根据附录中说明的规定，可依据该钢号的化学成分、力学性能和焊接性能纳入相应的类别、组别中。如果该钢号中的化学成分与"评定"中的类组有一定差异，焊接性能又不了解，在这种情况下，就必须单独进行评定。

(C) 对于进口钢材原则上要进行评定。如果该钢号已进行过化学成分分析、力学性能和焊接性试验，以及焊接工艺评定，又与表12-9中某钢号相当，可以免作评定。目前进口钢材比较复杂（国家品种），根据使用情况大致分为以下几种类型。

A) 碳素钢和碳锰钢。这类钢号应用较多，碳素钢方面有日本的SS41、SM41B（SM400B）、STB35等；德国的ASt41、RSt37-2、St35.8、St45.8等；碳锰钢有美国的SA662Cr.C和日本的SPV355（SPV36）等。所有这些钢材的焊接性能都比较良好。国产焊接材料基本上也与之相匹配，多数单位有一定的使用经验，也进行过一些工艺评定，这样单位可对这类钢材与国内钢材进行类比分类。

B) 低合金高强度钢。这类钢材有德国的 BHW35、BHW38 等,特点是合金元素含量较多、一般都比较厚、强度也比较高。对于首次使用单位来说(有的单位使用已成熟),仍有必要进行焊接性能试验和焊接工艺评定,以确保产品的焊接质量。

C) 铬钼钢。这类钢材有德国的 13CrMo44、10CrMo910,美国的 WC6、WC9、P91(T91)等。对于首次使用此类钢材的单位,应按《焊评》中的要求进行焊接性能试验和焊接工艺评定。

D) 低温钢。在《焊评》中,低温钢有 －40℃、－70℃ 和 －90℃ 三个档次的非奥氏体钢。但在目前实际使用中,还有对低温钢的更高要求,如德国的 13MoNi63。同时,国内生产的焊接材料不匹配而须与之匹配进口的焊接材料。

E) 奥氏体不锈钢。从美国进口的 18-8 型 TP347、TP307 及 18-12 型 TP317 型等。这类钢材使用范围较广,虽然焊接性能优良,国内生产的焊接材料又能与之相匹配,但此类型钢多用在低温、高温、耐酸、耐腐蚀容器中,为防止产生晶间腐蚀还需做焊接工艺评定。

F) 复合钢板。对这类钢(复合钢板种类也较多)的评定《焊评》中尚未考虑,这需制造单位,根据有关标准进行评定。

2) 试件厚度、焊缝金属厚度和焊接方法组合的确定

《焊评》中已作了较为明确的规定,在这里再说明以下几个问题。

(A) 对接焊缝试件用于焊件对接焊缝,当焊件等厚,且焊接方法单一时,又不考虑其他影响重新评定要素的条件下,要考虑试件的厚度覆盖范围要大。如果焊件等厚,并采用组合焊接方法时,有两种可能,一种是按几种焊接方法在产品中厚度比例对焊件进行施焊;另一种是按每种焊接方法单独焊试件,然后组合用于焊件施焊,应当指出的是,组合焊接方法的评定,就厚度因素而言,必须同时考虑到母材厚度和焊缝金属厚度对每种焊接方法都要满足其要求,而不能以每种焊接方法评定后所适用的最

大厚度进行叠加。至于焊缝金属厚度也要按 1.5δ 覆盖焊件焊缝金属厚度的原则来考虑。上述的厚度范围还要考虑到《焊评》中的有关特殊限制。

(B) 对接焊缝试件或角接焊缝试件用于焊件角焊缝。在这种情况下，按《焊评》规定焊件厚度的有效范围不限。当采用角焊缝试件来评定角焊缝时，如为板-板形式，一般都使用 3mm 以上的厚度，等厚焊件。如为管-板形式，要选的管径应适中，有利于取试样。

(C) 对接焊缝试件用于焊件组合焊缝。在《焊评》标准中将组合焊缝分为三种。一种为不焊透，但坡口深度大于焊件中较薄母材厚度的一半；一种为不焊透，但坡口深度小于或等于焊件中较薄母材厚度的一半；再一种为全焊透。

对于第一种情况按对接焊缝要求来评定，对接焊缝试件的厚度要覆盖焊件两侧母材厚度。第二种情况视为角焊缝，没有厚度限制。最后全焊透组合焊缝，按照《焊评》标准规定，一是采用对接焊缝试件评定（坡口形式和尺寸相同），评定试件厚度同样要覆盖组合焊缝焊件的厚度；再有就是采用"组合焊缝试件加对接焊缝试件进行评定"，这时，对接焊缝试件只要重要因素与组合焊缝相同，没有坡口形式和尺寸限制。对于组合焊缝试件则有两种形式。板-板或管-板。采用何种形式要根据需评定的组合焊缝形式而定。管与壳体或封头的组合焊缝，则为管-板形式，而平盖和壳体的组合焊缝，则为板-板形式，试件坡口形式不限，只要焊透即可。

3) 试件的制备和施焊

焊接工艺评定试件的制备和施焊应按"焊接工艺指导书"的要求进行，但也要考虑到试件尽可能提高覆盖面。

(A) 试件的制备。一是应优先选用有冲击韧度要求的板材，其厚度能覆盖较大的范围。二是按指导书中规定的焊接方法，以便确定评定，依此准备试件。制备坡时，一定注意有一面坡口可单道焊焊满，这样可以在不增加试件的情况下扩大评定范围。因为按照《焊评》规定对上述三种焊接方法,当有冲击韧度要求时,"由每面多道焊改为每面单道焊"需新评,反之则不需重评。

(B) 试件的焊接。试件焊接应按焊接工艺指导书去做。焊接工艺指导书应是非常详细和具体的,且可操作性很强的焊接指导性文件。除涵盖《焊评》中规定的因素外,还要考虑到《焊评》中没有规定或规定不太详细并对质量有影响的因素,如坡口角度、衬垫、埋弧焊时导电嘴与工件的距离、气体保护焊的气体种类(单一气体或混合气体)、纯度以及流量等都要有详细记录。

4) 特别情况下的焊接工艺评定

有些企业生产的焊接产品有时使用了特殊材料,产品的结构以及使用条件也较为特殊。在这种情况下,进行焊接工艺评定时,可参考有关标准进行。如不锈钢复合板的焊接工艺评定就可参照 GB/T 13148—1991《不锈钢复合板焊接技术条件》标准的要求进行。另外,对于使用较为特殊材料,企业可根据国外有关标准、规范以及产品设计要求和使用要求等制定评定标准,并上报有关部门批准备案后作为实施焊接工艺评定的依据。

5) 焊接工艺评定报告与焊接工艺规程的关系

焊接工艺评定报告是焊接工艺评定试验条件下试件检验结果的真实记录,以及依据相应的评定标准所作出的评价。焊接工艺评定报告是焊接生产企业质量管理的主要证明文件,是国家技术监督部门以及用户对企业质量体系评审和产品监督的必检项目。

焊接工艺规程是一种经过评定合格的焊接工艺文件,主要用来指导焊工按法规的要求焊制产品。焊接工艺规程必须由生产该焊件单位自行编制,它是技术质量监督部门检查企业是否具有按法规要求生产焊接产品资格的文件之一,是企业质量体系中重要的质量文件之一。焊接工艺规程的编制依据是焊接工艺评定报告。在这里还要说明一点,对焊接工艺规程来说,不论是主要参数还是次要参数发生改变,都要重新编制焊接工艺规程。

（三）施工组织设计

1. 施工组织设计和焊接工艺规程编制原则

施工组织设计和焊接工艺规程是将生产中需要注意的和必须执行的各项内容，按照一定的规定和格式写成的文件。它是指导生产和进行组织、管理的重要指导性文件，也是获得优质工程和高质量产品的保证。因此，施工组织设计和焊接工艺规程一经制定，就必须严格执行，任何人也不能随便更改，在实际生产中，如发现问题，应通过一定的手续，才能进行修订。

在一定的生产环境和条件下，必须保证在既经济又安全的前提下，满足设计、图样的技术要求，并为不断提高工程质量和产品质量创造条件。

为此，编制施工组织设计和焊接工艺规程时，应掌握以下几项原则。

（1）工艺上的先进性

在制定施工组织设计和焊接工艺规程时，要根据调查材料、情报信息，了解国内外施工和焊接工艺技术的发展情况；要充分利用施工工艺和焊接技术的最新科学技术成果，广泛采用新的发明创造、合理化建议和各地的先进经验。如在焊接技术上推广CO_2气体保护焊、氩弧焊等高效率、高质量的焊接方法，在焊条电弧焊上采用高效率的铁粉焊条、立向下焊条、纤维素打底焊条等，可使施工方案和工艺规程具有明显的先进性。

（2）经济上的合理性

在一定的生产条件下，要对各种工艺方法和施工措施进行对比，尤其要对关键部位的施工工艺和主要部件的焊接方法进行方案论证，选择经济上最合理的方法，在保证质量的前提下力求成本最低。

例如，施工降水是采用井点还是大口井，要根据现场条件和水文资料进行对比，看采用哪种方法，既能满足降水要求，又能做到经济合理；也可考虑在不同的地段采用不同的方法。又如壁厚 50mm 以下的容器采用电渣焊焊接，在经济上是并不合理的。另外，在结构生产中还应考虑产品批量的大小，以确定采取的方法和使用的设备。若是单件生产，在使用工装上则应考虑选择常规的通用性工装；如果是大批量生产，则可考虑采用专用工装，以提高质量和生产率。

(3) 技术上的可行性

制定施工方案和焊接工艺规程必须从本企业、本单位、本车间的实际条件出发，依据现有的设备、人力、技术水平、场地等条件，来制定切实可行的方案和规程。使制定出来的方案和规程在生产中具有可行性，真正成为指导生产的技术文件。否则，过高的条件和要求是难以实现的。

(4) 安全上的可靠性

制定的方案必须要保证生产者和设备的安全。因此在制定过程中一定要充分考虑到施工中的各种不安全因素，并加以分析，以制定切实有效的安全防护措施。安全生产是第一重要的，没有安全，就谈不上生产。如深槽作业的防止塌方、高空作业的防止坠落、密闭容器和管道内作业的加强通风以防止中毒以及交通安全等都是要考虑的内容。

另外，在方案和规程的制定中还应考虑尽量改善操作者的劳动条件，尽可能采用较先进的工装。如管道安装时采用对口器，以减轻操作者的劳动强度；在容器和管道焊接中，尽量减少内部的焊接工作量，以改善焊接条件。

2. 施工组织设计和焊接工艺规程编制的内容

(1) 施工组织设计

1) 施工组织设计编制的依据

编制施工组织设计必须具有充分的原始资料，这些资料包括如下内容：

（A）施工工程的设计说明书。设计说明书是编制施工组织设计最主要的资料。设计说明书中包含有：施工位置、工程工作量、各项技术要求以及施工中要求注意的事项。所有这些都是编制施工组织设计时重要的依据，要根据设计说明书中提出的各种要求，制定切实可行的施工方案。

（B）施工中的有关技术标准。对于施工中的各项要求，目前都有相应的国家标准和部颁标准。因此，编制时必须依据并符合这些标准。当同一内容同时有两种以上标准时，原则上应该按高标准执行。各企业也可按本企业实际情况制定本企业的有关技术标准，但在技术上应不低于相应的部标和国标。

（C）工程验收的质量标准。编制方案时一定要满足工程验收的国家质量标准，并在方案中明确地表示出来。如各工序的质量要求、检查方法及合格标准等，都应作为施工过程中技术要求的依据。

（D）施工环境及条件。在编制施工组织设计前，必须对施工现场及周围环境和条件作深入细致的调查研究，以掌握现场的第一手资料作为编制方案时的依据。

A）施工现场的地形地貌，施工是否穿越河流、水渠、水塘及山丘，是否穿越道路、铁路等；周围有多少建筑物，是商店还是居民住宅，距离工地的距离有多少；是否有树木，其中是否有古树；若穿越道路，交通流量有多大，是否能断路；现场是否有水源、电源等。所有这些问题都是在编制施工组织设计时需要考虑和解决的问题，以便在施工中妥善地安排，保证施工得以顺利进行。

B）除上述地面上的条件外，还应掌握地下的情况，如地质情况、地下水的状况以及地下管线的分布情况，以便在编制施工方案时考虑选择施工方法和采取保护措施。

C）另外，还要了解施工所处的季节，是否要经过冬季和雨季，以便在方案中考虑是否需要制定冬季施工措施和雨季施工及防洪措施等。

(E) 本企业的实际生产条件

为了使所编制的施工组织设计真正可行,确实起到指导生产的目的,所以一定要从本企业的实际情况出发,要依据自己的实力来编制施工方案。如必须根据现有设备能力、工力的情况来安排施工部署,像确定多少工作面,分几个段落同时施工时,都是要依据本单位的实际条件来确定的。

2) 施工组织设计编制的内容

施工组织设计既然是指导生产的重要文件,因此它所包括的内容是很广泛的,一般来说应包含以下内容。

(A) 工程简介

A) 工程概况。说明工程的基本情况,如工程名称、工程类型、结构形式、所处的位置(若是管线,则是起止位置和经过的主要地方)、建设单位、监理单位以及工程中须要交待的事宜。

B) 工程量。说明本工程项目的工作量,若是管线则包括规格、长度以及辅助设施(如闸井、柔口、排气孔、检修孔等)。

C) 工程特点。简要描述该工程的特点,有什么特殊的要求,所处的环境条件对施工的要求以及给工程带来的困难等。

D) 开、竣工日期。

(B) 质量目标设计

A) 质量目标。提出本单位对该项工程总的质量承诺,即准备使该工程要达到的水平。

B) 质量目标分解。提出工程中各工序的质量要求。

C) 检验标准和检验方法。

D) 质量保证措施。对各工序的质量要求都应有保证质量的具体措施。

E) 质量记录清单。各种质量检验和记录的表格名称的清单。

(C) 文件资料和检验标准。施工方案的编制所依据的资料及质量检验标准都要明确地表示出来。

(D) 总体施工部署,其中包括:

A) 组织机构。项目经理部及管理部门的组成人员。

B) 工、料、机计划。说明工程中各阶段所需工力的多少、材料供应要求和所需的机械设备。

C) 拆迁工作量。

D) 生产及生活用水、用电的安排。

E) 排降水工程。

F) 土方工程。

G) 焊接。

H) 施工部署及工程进度控制。

I) 其他有关施工项目的安排。

(E) 技术措施。对施工过程中可能遇到的各种情况和问题都应有具体的技术措施，以保证工程顺利进行和满足质量的要求。如具体的施工方法、施工降水、打桩、钢结构、开槽方法及要求、焊接方法及要求、交通措施、地下管线保护措施、地上各种情况的保护措施等。

(F) 安全保证措施。对工程中各种不安全因素都应有切实可行的规定和保证措施，以确保生产安全。

(G) 环保及文明施工措施。

(H) 冬（雨）季施工措施。应依据施工过程中所处的季节来制订，若没有这种季节则可省略。

(I) 必要的附表和附图。如工力计划表、材料计划表、机械设备计划表、质量目标分解表、工程进度表及网络图、拆迁综合情况表、总平面图及其他必要的图样。

(J) 附件。对各单项技术措施的详细说明和具体方案。

总之施工组织设计包括的内容很多，但是由于各种工程的性质和特点不同，所编制的项目内容会有所增减。

(2) 焊接工艺规程

1) 焊接工艺规程的定义

焊接工艺规程是制造焊件所有有关的加工和实践要求的细则文件，可以保证熟练焊工或操作工操作时质量的再现性。

按照美国锅炉与压力容器法规有关条款，对焊接工艺规程可作如下定义：焊接工艺规程是一种经济评定合格的书面焊接工艺文件，用以指导按法规的要求焊制产品焊缝。具体地说，焊接工艺规程可用来指导焊工和焊接操作者施焊产品接头，以保证焊缝的质量符合法规的要求。

焊接工艺规程必须由生产该焊件的企业自行编制，不得沿用其他企业的焊接工艺规程，也不得委托其他单位编制用以指导本企业焊接生产的焊接工艺规程。因此，焊接工艺规程也是技术监督部门检查企业是否具有按法规要求生产焊接产品资格的证明文件之一，目前已成为焊接结构生产企业认证检查中的必查项目之一。因此，焊接工艺规程是企业质量保证体系和产品质量计划中最重要的文件之一。

2) 焊接工艺规程编制的依据

编制焊接工艺规程同样必须具有充分的原始资料，这些资料包括：

（A）结构设计说明书及产品的整套装配图样和零部件工作图。结构设计说明书及整套装配图样是编制焊接工艺规程的最主要资料。在设计说明书和装配图上可以了解到产品的技术特性和要求、结构的特点和焊缝的位置、产品的材料牌号和壁厚、探伤的要求和方法、焊接节点和坡口的形式等。产品零件图则是确定零件特征的最基本而详尽的资料。在零件图上可以了解到零件本身的焊接方式、材料、坡口等，它是编制焊接工艺卡的主要依据。

（B）与产品有关的焊接技术标准。产品的种类、材料的牌号、坡口的形式都有相应的一系列的国家标准和部颁标准。编制焊接工艺规程时必须依据并符合这些标准。当同一内容同时有两种以上的标准时，原则上应该按高标准执行。

（C）产品验收的质量标准。制定焊接工艺规程时，一定要考虑到产品验收的质量标准，并在工艺规程中明确地表示出来。如焊缝外表的几何尺寸要求、探伤的方式及合格标准、水压试验的试验压力等。

(D) 产品的生产类型。焊接结构的生产量分为单件生产、成批生产和大量生产三种类型，见表12-11。应根据生产类型制定相应的工艺。例如，成批生产和大量生产的产品，应该考虑比较先进的设备、专用的工卡量具和专门的厂房；而单件生产则应利用工厂现有的生产条件，充分挖掘潜力，不然将使产品成本过高，在经济上是不合算的。

生产量类型划分　　　　　　　　　表12-11

生产类型		产品类型及同种零件的年产量(件)		
		重型	中型	轻型
单件生产		5以下	10以下	100以下
成批生产	小批	5~100	10~200	100~500
	中批	100~300	200~500	500~5000
	大批	300~1000	500~5000	5000~50000
大量生产		1000以上	5000以上	50000以上

(E) 工厂现有的生产条件。为了使所编制的焊接工艺规程切实可行，达到指导生产的目的，一定要从工厂实际情况出发，即要掌握车间的工作面积和动力、起重、加工设备等的能力，车间生产工人的数量、工种和技术等级等资料。

3) 焊接工艺规程的内容

焊接工艺规程是指导焊工按法规要求焊制产品焊缝的工艺文件。因此一份完整的焊接工艺规程，应当列出为完成符合质量要求的焊缝所必需的全部焊接工艺参数，除了规定直接影响焊缝力学性能的重要工艺参数外，也应规定可能影响焊缝质量和外形的次要工艺参数。具体项目包括：焊接方法，母材金属类别及牌号，厚度范围，焊接材料的种类、牌号、规格，预热和后热温度，热处理方法和制度，焊接工艺参数，接头形式和坡口形式，操作技术和焊后检查方法及要求。对于厚壁焊件或形状复杂的易变形的焊件，还应规定焊接顺序。如焊接工艺规程编制者认为有必要，也可列入对按法规焊制焊件有用的其他工艺参数，如加可熔衬垫或其他焊接衬垫等。

在生产受劳动部门安全监督的焊接结构或生产法规产品的企业中，焊接工艺规程必须以相应的工艺评定报告为依据。而且当每个重要焊接工艺参数的变化超出法规规定的评定范围时，需重新编制焊接工艺规程，并应有相应的工艺评定报告作为支持。

4）焊接工艺规程的编制程序

对于一般的焊接结构和非法规产品，焊接工艺规程可直接按产品技术条件、产品图样、工厂有关焊接标准、焊接材料和焊接工艺试验报告以及已积累的生产经验数据进行编制，经过一定的审批程序即可投入使用，无需事先经过焊接工艺评定。

对于受监督的重要焊接结构和法规产品，每一份焊接工艺规程都必须有相应的焊接工艺评定报告作为支持，即应根据已评定合格的工艺评定报告来编制焊接工艺规程。如果所拟定的焊接工艺规程的重要焊接工艺参数已超出本企业现有焊接工艺评定报告中规定的参数范围，则该焊接工艺规程必须按所规定的程序进行焊接工艺评定试验，只有经评定合格的焊接工艺规程才能用于指导生产。

焊接工艺规程原则上是以产品接头形式为单位进行编制的。如压力容器壳体纵缝、环缝，筒体接管焊缝，封头人孔加强板焊缝都应分别编制一份焊接工艺规程。如容器壳体纵缝、环缝采用相同的焊接方法、相同的重要工艺参数，则可以用一份焊接工艺评定报告作为支持纵缝、环缝两份焊接工艺规程。如果某一焊接接头需要采用两种或两种以上的焊接方法焊成，则这种焊接接头的焊接工艺规程应以相对应的两份或两份以上的焊接工艺评定报告为依据。

焊接工艺规程大多数选用表格的形式。每个企业也可根据自己的经验设计符合本企业实际需要的格式。但任何格式都必须便于焊工使用和保管。格式确定后，在一段较长的时期内不会改动，可将其铅印成空白表格。因此，编写焊接工艺规程实际上是逐行填写空格。

在编写焊接工艺规程时应当注意下列事项：

（A）名词术语标准化和通用化。焊接工艺规程中所用的名词术语应统一采用国家标准 GB/T 3375—1994《焊接术语》中规定的名词术语，不应采用本企业的习惯用语。

（B）用词简洁、明了、易懂，切忌用词模糊不清，含义不确切。

（C）书写字迹应工整，简体字应符合规范，数字不连写，不准涂改。

（D）插图描绘要符合制图标准，尺寸及公差应标注清晰、正确。焊接顺序和焊道层次可用数字标注，焊接方向可用箭头表示。

（E）物理量名称及符号应符合国家标准 GB 3102.1～8—1993，计量单位应采用法定计量单位。

附 录

焊接工艺方法符号

附表1

焊接名词	符号	焊接名词	符号
氧乙炔焊	OAW	电阻焊	RW
焊条电弧焊	SMAW	扩散焊	DFW
埋弧焊	SAW	爆炸焊	EW
二氧化碳气体保护电弧焊	CO_2W	超声波焊	USW
钨极惰性气体保护电弧焊	TIG	硬钎焊	B
熔化极惰性气体保护电弧焊	MIG	软钎焊	S
活性气体保护电弧焊	MAG	热切割	TC
钨极脉冲氩弧焊	TAW-P	氧乙炔气割	OFC-A
熔化极脉冲氩弧焊	MAW-P	等离子弧切割	PAC
气电立焊	EGW	激光切割	LBC
等离子弧焊	PAW	火焰喷涂	FLSP
电渣焊	ESW	电弧喷涂	EASP
电子束焊	EBW	等离子弧喷涂	PSP
激光焊	LBW	焊态	AW
热剂焊	TW	母材	BM
高频电阻焊	HFRW	焊缝	WM
闪光对焊	FW	热影响区	HAZ
摩擦焊	FRW		

碳素结构钢新旧牌号对照表

附表2

	GB 700—1988(新标准)		GB 700—1979(旧标准)
Q195	不分等级,化学成分和力学性能(抗拉强度、伸长率和冷弯)均须保证,但轧制薄板和盘条之类产品时,力学性能的保证项目,根据产品特点和使用要求,可在有关标准中另行规定	1号钢	Q195的化学成分与本标准1号钢的乙类钢B1同,力学性能(抗拉强度、伸长率和冷弯)与甲类钢A1同(A1的冷弯试验是附加保证条件)。1号钢没有特类钢
Q215	A级 B级(做常温冲击试验,V形缺口)		A2 C2

续表

GB 700—1988(新标准)		GB 700—1979(旧标准)	
Q235	A级(不做冲击试验)	A3	(附加保证常温冲击试验,U形缺口)
	B级(做常温冲击试验,V形缺口)	C3	(附加保证常温或-20℃冲击试验,U形缺口)
	C级 ⎫ (作为重要焊接结构用)	—	
	D级 ⎭	—	

化学元素符号表   附表3

原子序数	元素名称	符号	原子序数	元素名称	符号	原子序数	元素名称	符号	原子序数	元素名称	符号
1	氢	H	27	钴	Co	53	碘	I	79	金	Au
2	氦	He	28	镍	Ni	54	氙	Xe	80	汞	Hg
3	锂	Li	29	铜	Cu	55	铯	Cs	81	铊	Tl
4	铍	Be	30	锌	Zn	56	钡	Ba	82	铅	Pb
5	硼	B	31	镓	Ga	57	镧	La	83	铋	Bi
6	碳	C	32	锗	Ge	58	铈	Ce	84	钋	Po
7	氮	N	33	砷	As	59	镨	Pr	85	砹	At
8	氧	O	34	硒	Se	60	钕	Nd	86	氡	Rn
9	氟	F	35	溴	Br	61	钷	Pm	87	钫	Fr
10	氖	Ne	36	氪	Kr	62	钐	Sm	88	镭	Ra
11	钠	Na	37	铷	Rb	63	铕	Eu	89	锕	Ac
12	镁	Mg	38	锶	Sr	64	钆	Gd	90	钍	Th
13	铝	Al	39	钇	Y	65	铽	Tb	91	镤	Pa
14	硅	Si	40	锆	Zr	66	镝	Dy	92	铀	U
15	磷	P	41	铌	Nb	67	钬	Ho	93	镎	Np
16	硫	S	42	钼	Mo	68	铒	Er	94	钚	Pu
17	氯	Cl	43	锝	Tc	69	铥	Tm	95	镅	Am
18	氩	Ar	44	钌	Ru	70	镱	Yb	96	锔	Cm
19	钾	K	45	铑	Rh	71	镥	Lu	97	锫	Bk
20	钙	Ca	46	钯	Pd	72	铪	Hf	98	锎	Cf
21	钪	Sc	47	银	Ag	73	钽	Ta	99	锿	Es
22	钛	Ti	48	镉	Cd	74	钨	W	100	镄	Fm
23	钒	V	49	铟	In	75	铼	Re	101	钔	Md
24	铬	Cr	50	锡	Sn	76	锇	Os	102	锘	No
25	锰	Mn	51	锑	Sb	77	铱	Ir	103	铹	Lr
26	铁	Fe	52	碲	Te	78	铂	Pt			

注:混合稀土元素用"RE"表示,不是化学元素符号。

力学性能常用符号表   附表4

符号	σ_s	σ_b	δ	ψ	a_k	HB	HV	HRC	α
单位	MPa	MPa	%	%	J/cm²				(°)
名称	屈服强度	抗拉强度	伸长率	断面收缩率	冲击值	布氏硬度	维氏硬度	洛氏硬度	冷弯角

参 考 资 料

1. 张士相主编. 焊工（基础知识）. 北京：中国劳动社会保障出版社，2002
2. 李建三主编. 电焊工. 北京：中国劳动出版社，1996
3. 机械工业技师考评培训教材编审委员会编. 焊工技师培训教材. 北京：机械工业出版社，2001
4. 何方殿编. 弧焊整流电源及控制. 北京：机械工业出版社，1983
5. 陈祝年编. 焊接工程师手册. 北京：机械工业出版社，2002